喀斯特小流域信息特征与生态优化调控策略

罗光杰/著

科学出版社
北京

内 容 简 介

本书在简要介绍喀斯特流域基本知识的基础上，运用 3S 技术手段，结合实证调查与监测分析方法，以贵州省为研究区，划分喀斯特小流域单元，分析喀斯特小流域基本形态特征，建立了"地貌+岩性+地形"的喀斯特小流域分类标准，并开展喀斯特小流域类型划分，从水土资源赋存、土地利用变化、人地关系演化等方面解剖各类型喀斯特小流域信息特征，构建基于喀斯特小流域关键脆弱性的生态优化调控模式，并在此基础上开展基于喀斯特二元结构的小流域划分方法研究与试验论证。

本书可供地理学、水文学、土地利用与管理、生态学和土地规划等学科领域的研究人员及相关高等院校师生参考阅读。

图书在版编目（CIP）数据

喀斯特小流域信息特征与生态优化调控策略/罗光杰著. —北京：科学出版社，2018.11
ISBN 978-7-03-059363-4

Ⅰ. ①喀… Ⅱ. ①罗… Ⅲ. ①喀斯特地区–小流域–生态环境–环境保护–研究 Ⅳ. ①X321

中国版本图书馆 CIP 数据核字（2018）第 249246 号

责任编辑：林　剑／责任校对：樊雅琼
责任印制：张　伟／封面设计：无极书装

科学出版社 出版
北京东黄城根北街 16 号
邮政编码：100717
http://www.sciencep.com

北京虎彩文化传播有限公司 印刷
科学出版社发行　各地新华书店经销

*

2018 年 11 月第 一 版　开本：787×1092　1/16
2018 年 11 月第一次印刷　印张：14
字数：350 000

定价：158.00 元
（如有印装质量问题，我社负责调换）

前　　言

流域与行政边界不同，它是以水为纽带，贯穿于社会、经济和水生态 3 个子系统的相对独立的自然综合体，表现为一个具有物质、能量与信息内外传递和循环的研究单元，是水资源管理与生态保护等方面的基本单元，也是地貌学、地理学、水文学等地学学科基本的可视化研究单元。受控于喀斯特地区小流域地上地下"二元"结构背景，纵向上从地表植物冠层向下至地下含水层基岩空间范围内，形成的具有独特结构、功能与规律的喀斯特小流域关键带，是更加完整地表述区域人类社会发展所在的资源环境带。长期以来，在喀斯特水文学、土壤侵蚀、水资源管理、生态系统等领域开展的大量以地表过程为主的研究工作，多以小流域为基本单元。同时，喀斯特地区实施的石漠化治理、水土流失防治、河湖管理（河湖长制）等一系列生态建设与管理措施，都是以流域为基本单元，但当前未形成基于喀斯特小流域生态优化建设的统一小流域空间单元，致使一些措施的布局不合理、效益不佳，制约了流域水资源管理与生态恢复项目的有效实施。

本书从基础数据集构建、小流域初步划分、形态信息特征分析、类型划分、关键因子解剖，到生态优化调控模式构建，做了大量的研究工作，并在此基础上开展基于喀斯特二元结构的小流域划分方法研究与试验论证，进而为今后喀斯特小流域基础研究与生态建设与管理提供基础支撑。充分考虑喀斯特特殊生态水文背景特征，本书开展了区域尺度的喀斯特小流域提取和空间信息图谱构建；立足喀斯特宏观地质背景差异，建立喀斯特小流域分类指标体系，开展喀斯特小流域类型划分，探讨在地质背景控制下的主要类型喀斯特小流域共性与个性特征；在此基础上，分析小流域地貌特征、水土过程、生态过程、土地利用过程、人地关系演化过程等小流域地理过程特征；提出喀斯特典型小流域人地系统优化调控模式，可为喀斯特地区生态建设、脱贫攻坚、乡村振兴提供基础参考。

本书主体内容为作者本人在中国科学院地球化学研究所攻读博士期间，在王世杰研究员、白晓永研究员指导下完成的学位论文。同时，也得到刘秀明、黎廷宇、程安云、李雄耀、罗维均、彭韬、刘惑及中国科学院地球化学研究所环境地球化学国家重点实验室多位老师给予的大量关心与帮助；中国科学院水利部成都山地灾害与环境研究所张信宝研究员、贵州大学周运超教授、贵州科学院苏维词教授等多位专家学者也对本研究相关内容给予指导与帮助；贵州师范学院的学科团队罗绪强、陈起伟、廖晶晶、邓宝昆等老师为我分担了大量工作任务；课题组曾广能、李勇、田义超、秦罗义、李盼龙、张斯屿、李月、许燕、吴路华等师兄弟妹也为本研究做了大量工作。总之，本书研究过程倾注了太多人的期望与汗水，在此一并深表感谢！

本书研究得到国家重点研发计划（No. 2016YFC0502300）、国家自然科学基金（No. 41461041）、贵州省高层次创新型人才培养计划"十"层次人才项目（黔科合平台人才［2016］5648）、喀斯特科学研究中心联合基金（U1612441）等项目资助，得到了科学出版社和贵州师范学院等的大力支持，在本书写作过程中引用和参阅了大量国内外学者的相关论著，借此机会表示感谢！由于作者水平有限，书中难免存在不妥之处，敬请各位专家和读者批评指正。

罗光杰

2018 年 9 月

目　　录

| 1 | 绪　　论

1.1　流域的概念

1.1.1　流域的定义

流域是指地表水及地下水的分水线所包围的集水区或汇水区，因地下水分水线不易确定，习惯指地面径流分水线所包围的集水区。在国际上，流域常用"drainage basin""watershed""catchment area"等名词表示，尤其在水文学界，"catchment area"因含有直接的水资源供给意义而被广泛使用（Fairbridge，1968），并将"流域"定义为：大气降水、冰川与降雪融水等地表水汇集到同一个具有较低高程点的空间区域范围，这个最低点即为流域出口，流域全部水体经过该点进入另外的水体，如江河、湖泊、水库、湿地、海洋等。可见，流域作为一个非常传统的水文学、地貌学名词，它具有十分明确的空间形态，即分水线所包围的集水区，它是具有可视性的地球表层空间实体单元，含有分水线、集水区、出水口三个基本要素。

1.1.2　流域的基本特征

流域既是一个封闭系统也是一个开放系统。作为封闭系统，主要表现在流域内部物质、能量、信息交换过程往往有明确的边界条件；而作为开放系统，流域范围内接收太阳辐射与地球内部活动的能量输入，以及来自于气候过程的降水、大气沉降的物质输入，通过坡面、地表地下、径流等过程，由流域出口向外排泄物质（Dixey，1974）。

流域是具有可视化的地表单元。流域与行政边界不同，它的边界主要由地貌与自然过程决定（Hollenhorst et al.，2007），是水资源管理与生态保护等方面的基本单元。它也是地貌学、地理学、水文学等多种地学学科基本的可视化研究单元，流域的形态特征与流域内部生态水文地质过程是紧密相关的。一个流域的形态特征，既是对过去形态的继承，也对当前地学过程产生重要作用，进而对未来流域形态发展产生控制作用。因此，流域形态特征与其地学过程相互作用，产生大量值得不断深入研究的科学问题（Dixey，1974）。

流域范围大小随流域出水口位置的变化而变化。因流域是一个水文学与地貌学概念，其范围与水文过程和地貌过程紧密联系。根据流域定义，只要能够成为一个集水区域，就可以将其划为一个流域，因此，最小流域可以是地表一个基本水文响应单元（Flügel，1995），也可以是一定区域地表径流形成点以上的集水范围（Schumm，1979），依次地，流域范围的大小取决于流域出水口的位置，同一河流线上，流域出水口越往下游区域，其所形成的流域范围越大，流域面积也随水道的级别数呈几何级数变化（Horton，1945），单一河流最大流域范围是以其入海口为流域出口时的集水范围。可见，流域范围大小取决于出水口的位置，具有明显不确定性。

总之，流域是一个可视化的、范围大小可变、相对封闭而又富有开放性的地球表层实体单元，由分水线、集水区、出水口三个要素构成，它是一个立体三维空间系统，垂直方向上，上界为产生大气降水的对流域顶，下界为具有生态水文过程的地球表层关键带下部；水平方向上，它包括从分水线沿坡面、沟谷、河道向出水口的地球表面。

1.2　喀斯特特征及分布

喀斯特是一种包括洞穴及在可溶岩作用下形成的地下水文系统的特殊地形（Ford and Williams，2007）。它是世界最卓越的景观之一，主要由碳酸盐岩上发育的特殊地形及相关的生态系统组成，以伏流、洞穴、暗河、峡谷、洼地、锥状和塔状山峰为特征（熊康宁，2014）。在岩性、构造等地质背景作用下，可溶碳酸盐岩在水动力的溶蚀与侵蚀作用下形成了地上与地下双层结构（杨明德，1982），这种结构驱动产生了喀斯特地区水文条件时空异质性（Meng et al.，2015）。在喀斯特山区，降水通过竖井、落水洞、地下裂隙等快速转移到地下，个别地区渗透系数甚至达到 80% 以上（Liu and Li，2007；Meng and Wang，2010）；同时，土壤也在快速地流失和漏失（Febles et al.，2012）。相对于非喀斯特地区，在二元水文结构作用下喀斯特坡地地表径流量与土壤流失量较小，大多数降水通过裂隙、地下管道等进入地下径流系统，而仅少部分形成地表径流（Peng and Wang，2012）。这些特殊的过程为喀斯特地区提供了多样的地下生境，如洞穴水流、地下水库、泉、地下裂隙等，影响着喀斯特的生物多样性（Bonacci et al.，2009）。

世界上喀斯特出露面积约占陆地总面积的 12%，主要集中分布于热带、亚热带地区的北美东南部、地中海沿岸和东南亚片区（袁道先和蔡桂鸿，1988）。以贵州为中心的西南喀斯特地区是世界上最典型、最复杂、景观类型最丰富、连片分布面积最大的喀斯特集中区，碳酸盐岩分布面积达 50 万 km² （袁道先，1994）。中国的喀斯特面积为 347 万 km²，约占国土面积的 36%，约占世界喀斯特面积的 15.6%（蒋忠诚等，2014）。西南喀斯特地区，特定的地质演化过程奠定了脆弱的环境背景。以挤压为主的中生代燕山构造运动使西南地区普遍发生褶皱作用，形成高低起伏的古老碳酸盐岩基岩面；以升降为主，叠加在此之上的新生代喜山构造运动塑造了现代陡峻而破碎的喀斯特高原地貌景观，由此产生较大的地表切割度和地形坡度，为水土流失提供了动力潜能；从震旦纪到三叠纪，在该区域沉积了深厚的碳酸盐岩地层，为喀斯特石漠化的发生提供了物质基础，特别是纯碳酸盐岩的大面积出露，为石漠化的形成奠定了物质条件（王世杰等，2003），使西南八省（自治区）喀斯特地区石漠化土地总面积达 1200.2 万 hm^2，约占喀斯特面积的 26.5%，区域国土面积的 11.2%。

1.3　喀斯特流域特征与非喀斯特流域特征对比

在 20 世纪末，杨明德对喀斯特流域及其特征进行了分析，认为喀斯特流域是指特殊的含水介质（可溶岩双重含水介质）、特殊的流域边界（地表、地下双重分水岭）、独特的地貌—水系结构及水文动态过程耦合的地域综合体，它是在特定的流域边界条件约束下，一组结构有序和功能互补的水文地貌要素集合，且会随时间的推进，而处于有序动态变化的一个三维空间地域系统。喀斯特流域与非喀斯特流域，特别是相同气候背景下的非喀斯特流域相比，其流域空间形态结构和水文过程特征都有鲜明的差别。

与非喀斯特流域相比，喀斯特流域因存在碳酸盐岩非均质含水介质体，并在构造控制下，受含侵蚀性的 CO_2 及运动着的水的差别溶蚀和侵蚀作用，形成了大量次生溶孔、溶隙和溶蚀管道，从而构成了一个复杂的、空间上不均一的储水系统，使同一含水介质系统中同时存在储水形式、水流运动规律、水力学特征各异的裂隙流和管道流两种水流方式，水流流态上达西流（慢速层流）与非达西流（快速紊流）共存，并在一定条件下相互转化，水化学类型简单（一般为 HCO_3—Ca 或 HCO_3—CaMg 型水），矿化度低（常在 150～250mg/L 以下）。

在流域水文流场形态结构方面，喀斯特流域在宏观流场上表现为二元形态结构，即喀斯特流域在整体上具有调控流域水文过程的地表、地下两套地貌结构流域，形成地表地下两个水系、两个分水岭、两个流域，与非喀斯特流域不同，喀斯特二元流域的边界复杂且不重叠，这种流域结构导致地表喀斯特流域存在着结构上的水量不平衡状态，存在水资源赋存状态的盈亏之别。

喀斯特流域与非喀斯特流域相比，流域面积具有时空上的不稳定性，即许多喀斯特流域的流域汇水面积在洪、枯水时期是不一致的，通常在枯水期扩大，洪水期缩小，或者在枯水期缩小，在洪水期趋于正常，这导致喀斯特流域往往成为地表流域与地下流域的范围均难划定的原因，即使从一个断面的水文信息能推测出汇流面积的大小，但仍难以确切地指出其汇流区的真实空间位置。

1.4　喀斯特小流域信息提取与生态优化调控的重要意义

在数字水文模型中，数字高程模型（digital elevation model，DEM）是进行流域范围提取与地形分析的技术基础（Mantelli et al.，2011；李丽和郝振纯，2003）。其中，流域提取主要包括填洼处理与地形表达两个方面（Soille and Ansoult，1990）。因此，从 20 世纪 70 年代早期以来，DEM 就被广泛地用于流域分水线、河道、范围等地形信息的提取（Peucker and Douglas，1975；Gallant and Hutchinson，2009）。在早期的研究中，水流累积值（空间上流入某点的水流汇集区域的范围）是建立河流路径的基础（Marks et al.，1984；O'Callaghan and Mark，1984），划分流域的过程包括三个阶段，即确定河道、划分汇流区域和标记流域等（Band，1986）。近年来，结合地理信息系统（GIS）技术，基于DEM自动提取流域的技术已得到广泛应用（García and Camarasa，1999；Ahamed et al.，2002；Hollenhorst et al.，2007；Qiu and Zheng，2012）。按照上述方法，全国第一次水利普查运用国家 1∶5 万比例尺基础数字地形图、2.5m 遥感影像等资料，通过内业提取并普查了全国流域面积 50km² 及以上河流基本信息。

当前，大多数聚焦于喀斯特地区水文过程、水土流失、水资源、生态系统等的研究都是以流域作为基本空间单元（Rimmer and Salingar，2006；Navas et al.，2013；McCormack et al.，2014）。但是，许多研究并没有对流域空间范围的准确性进行评估，个别评估流域范围的研究多针对单个的喀斯特泉或地下河的集水区域。因此，小流域作为喀斯特地区生态管理与基础研究的基本空间单元（熊康宁，2014；Doglioni et al.，2012），在地理区域尺度（大于 100~10 000km²）划分喀斯特小流域，探索基于地上地下二元结构的流域范围划分方法是十分迫切的。

同时，在我国西南喀斯特地区，受人类不合理社会经济活动的干扰破坏所造成的土壤侵蚀十分严重，基岩大面积出露，土地生产力严重下降，地表出现类似荒漠景观的石漠化土地退化过程，已经成为我国最主要的生态环境问题之一（Bai et al.，2013；Yan and Cai，2015）。因此，国家启动了石漠化专项治理工程，相继实施了一大批生态建设工程（肖华等，2014）。实施这些项目的基本空间单元都是小流域，但当前一方面未形成基于喀斯特小流域生态优化建设的统一小流域空间单元；另一方面，项目实施过程中随意确定的流域单元往往未能充分考虑流域的地质背景与生态水文过程，致使一些措施的布局不甚合理、效益不佳，进一步制约了流域水资源管理与生态恢复项目的有效实施。因此，充分考虑喀斯特地区特殊的生态水文地质背景，开展喀斯特小流域单元的划分工作，分析喀斯特小流域信息特征，构建基于喀斯特小流域关键脆弱性的生态优化调控模式，在理论研究和实践应用方面都具有重要意义。

参 考 文 献

蒋忠诚，罗为群，邓艳，等.2014.岩溶峰丛洼地水土漏失及防治研究.地球学报，（5）：535-542.

李丽，郝振纯.2003.基于 DEM 的流域特征提取综述.地球科学进展，18（2）：251-256.

王世杰，李阳兵，李瑞玲.2003.喀斯特石漠化的形成背景、演化与治理.第四纪研究，23（6）：657-666.

肖华，熊康宁，张浩，等.2014.喀斯特石漠化治理模式研究进展.中国人口·资源与环境，（S1）：330-334.

熊康宁.2014.中国南方喀斯特内涵深刻、历史悠久的故事.世界遗产，（6）：29-30.

杨明德.1982.论贵州岩溶水赋存的地貌规律性.中国岩溶，（2）：81-91.

袁道先.1994.中国岩溶学.北京：地质出版社.

袁道先，蔡桂鸿.1988.岩溶环境学.重庆：重庆出版社.

Ahamed T R N, Rao K G, Murthy J S R. 2002. Automatic extraction of tank outlets in a sub-watershed using digital elevation models. Agricultural Water Management, 57 (1): 1-10.

Bai X Y, Wang S J, Xiong K N. 2013. Assessing spatial-temporal evolution processes of karst rocky desertification land: Indications for restoration strategies. Land Degradation & Development, 24 (1): 47-56.

Band L E. 1986. Topographic partition of watersheds with digital elevation models. Water Resources Research, 22 (1): 15-24.

Bonacci O, Pipan T, Culver D C. 2009. A framework for karst ecohydrology. Environmental Geology, 56 (5): 891-900.

Dixey F. 1974. Drainage basin form and process: A geomorphological approach. Journal of Hydrology, 23 (3): 357-360.

Doglioni A, Simeone V, Giustolisi O. 2012. The activation of ephemeral streams in karst catchments of semi-arid regions. CATENA, 99: 54-65.

Fairbridge R W. 1968. Drainage Basin Geomorphology. Berlin: Springer Berlin Heidelberg Press.

Febles J M, Vega M B, Amaral N M, et al. 2012. Soil loss from erosion in the next 50 years in karst regions of Mayabeque province, Cuba. Land Degradation & Development, 25 (6): 573-580.

Flügel W. 1995. Delineating hydrological response units by geographical information system analyses for regional hydrological modelling using PRMS/MMS in the drainage basin of the River Bröl, Germany. Hydrological Processes, 9 (3-4): 423-436.

Ford D, Williams P D. 2007. Karst Hydrogeology and Geomorphology. Chichester: John Wiley & Sons.

Gallant J C, Hutchinson M F. 2009. A differential equation for specific catchment area. Water Resources Research, 47 (5): 143-158.

García M J L, Camarasa A M. 1999. Use of geomorphological units to improve drainage network extraction from a DEM: Comparison between automated extraction and photointerpretation methods in the Carraixet catchment (Valencia, Spain). International Journal of Applied Earth Observation and Geoinformation, 1 (3): 187-195.

Hollenhorst T P, Brown T N, Johnson L B, et al. 2007. Methods for generating multi-scale watershed delineations for indicator development in great lake coastal ecosystems. Journal of Great Lakes Research, 33 (3): 13-26.

Horton R E. 1945. Erosional development of streams and their drainage basins, hydrophysical approach to quantitative morphology. Journal of the Japanese Forestry Society, 56 (3): 275-370.

Liu Y H, Li X B. 2007. Fragile Eco-environment and Sustainable Development. Beijing: The Commercial Press.

Mantelli L R, Barbosa J M, Bitencourt M D. 2011. Assessing ecological risk through automated drainage extraction and watershed delineation. Ecology Inform, (6): 325-331.

Marks D, Dozier J, Frew J. 1984. Automated basin delineation from digital elevation data. Geoprocessing, 2 (3): 299-311.

McCormack T, Gill L W, Naughton O, Johnston P M. 2014. Quantification of submarine/intertidal groundwater discharge and nutrient loading from a lowland karst catchment. Journal of Hydrology, 519: 2318-2330.

Meng H H, Wang L C. 2010. Advance in karst hydrological model. Progress in Geography, 29 (11): 1311-1318.

Meng X, Yin M, Ning L, et al. 2015. A threshold artificial neural network model for improving runoff prediction in a karst watershed. Environmental Earth Sciences, 2015, 74 (6): 1-10.

Navas A，López-Vicente M，Gaspar L，et al. 2013. Assessing soil redistribution in a complex karst catchment using fallout 137Cs and GIS. Geomor，196：231-241.

O'Callaghan J F，Mark D M. 1984. The extraction of drainage networks from digital elevation data. Computer Vision Graphics & Image Processing，28（3）：323-344.

Peng T，Wang S J. 2012. Effects of land use，land cover and rainfall regimes on the surface runoff and soil loss on karst slopes in Southwest China. Catena，90（1）：53-62.

Peucker T K，Douglas D H. 1975. Detection of surface-specific points by local parallel processing of discrete ierrain elevation data. Computer Graphics and Image Processing，4（4）：375-387.

Qiu L J，Zheng F L. 2012. Effects of dem resolution and watershed subdivision on hydrological simulation in the Xingzihe watershed. Acta Ecologica Sinica，32（12）：3754-3763.

Rimmer A，Salingar Y. 2006. Modelling precipitation-streamflow processes in karst basin：The case of the Jordan River sources. Journal of Hydrology，331（3）：524-542.

Schumm S A. 1979. Geomorphic thresholds：The concept and its applications. Transactions of the Institute of British Geographers，4（4）：485-515.

Soille P J，Ansoult M M. 1990. Automated basin delineation from digital elevation models using mathematical morphology. Signal Processing，20（2）：171-182.

Yan X，Cai Y. L. 2015. Multi-scale anthropogenic driving forces of karst rocky desertification in Southwest China. Land Degradation & Development，26（2）：193-200.

2 | 研究区域概况与研究方案

2.1 研究区域概况

2.1.1 贵州省概况

贵州省简称"黔"或"贵",位于我国西南地区东部,北纬24°37′~北纬29°13′、东经103°36′~东经109°35′,东西长570km,南北宽510km,东毗湖南、南邻广西、西连云南、北接四川和重庆,全省辖区面积17.61万km²,辖贵阳、六盘水、遵义、安顺、毕节、铜仁6个地级市,黔东南、黔南、黔西南3个自治州,1个国家级新区(贵安新区),9个县级市和79个县(区),其中少数民族自治县11个。2015年末全省常住人口3529.5万人。

贵州省境内高原山地居多,素有"八山一水一分田"之说。全省地貌可概括分为高原山地、丘陵和盆地三种基本类型,其中92.5%的面积为山地和丘陵。贵州喀斯特(出露)面积10.91万km²,约占全省土地总面积的61.9%。境内岩溶分布范围广泛,形态类型齐全,地域分异明显,构成一种特殊的岩溶生态系统。气候温暖湿润,属亚热带湿润季风气候区;但其气候不稳定,灾害性天气种类较多,干旱、凝冻、冰雹等自然灾害频度大,对农业生产有一定影响。

2.1.2 贵州地貌特征

贵州高原地势西部最高,中部最低,自中部向北、东、南三面倾斜,构成东西三级阶梯、南北两面斜坡。平均海拔1100m,地面起伏大,最高点韭菜坪高2900m,最低点都柳江出省处为137m。大娄山、武陵山、乌蒙山、老王山和苗岭五大山脉构成了贵州高原地形的基本骨架(贵州省地方志编纂委员会,1988)。

贵州高原地貌形成背景是以挤压为主的中生代燕山构造运动使西南地区普遍发生褶皱作用,形成高低起伏的古老碳酸盐岩基岩面;以升降为主,叠加在此之上的新生代喜山构造运动塑造了现代陡峻而破碎的喀斯特高原地貌景观,由此产生较大的地表切割度和地形坡度(王世杰等,2003)。由于高原面在遭受剥蚀趋于夷平化以后,留下了不同海拔高度的剥夷面,自西至东,大致以赫章的妈姑镇以西、妈姑镇至镇远县及镇远县以东,依稀呈现顺次下降的三级梯面:西部威宁及赫章、水城、盘县的一部分属云南高原的东部,海拔

2000m 以上；向东逐渐降低到黔中高原，海拔 1000 ~ 1450m，高原地貌保存较好；再向东逐渐过渡到海拔 500 ~ 800m 的低山丘陵（陈建庚，2000）。此外，高原境内地壳运动的穹隆、折皱与断裂类型十分复杂，背斜或断块抬升而成的构造山地或构造侵蚀山地，反映在地貌上多为延伸较长或断续的山脉。

2.1.3 贵州省流域基本情况

根据第一次水利普查公报，流经贵州省全流域面积 50km² 以上的河流有 1059 条，总长度约为 33 829km；全流域面积 100km² 及以上的河流有 547 条，总长度约为 25 386km；全流域面积 1000km² 及以上的河流有 71 条，总长度约为 10 261km；全流域面积 10 000km² 及以上的河流有 10 条，总长度约为 3176km。

贵州河流分属长江、珠江两大流域，苗岭为省内一级分水岭，以北属长江流域，以南属珠江流域。长江流域面积 11.57 万 km²，约占全省总面积的 65.7%；珠江流域面积 6.03 万 km²，约占全省总面积的 34.3%。其中，长江流域分为四个流域，即乌江流域、牛栏江—横江流域、赤水河—綦江流域、沅江流域；珠江流域亦分为南盘江、北盘江、红水河、都柳江四个流域（韩至钧，1996）。

2.2 本书研究方案

2.2.1 研究思路

由于喀斯特小流域信息提取与生态优化调控的前期可供借鉴的基础工作较少，这决定了本研究可借鉴的研究基础较缺乏，只能摸着石头过河，研究从基础数据集构建、小流域初步划分、形态信息特征分析、类型划分、关键因子解剖、生态优化调控模式构建开始做起，并在此基础上开展了基于喀斯特二元结构的小流域划分方法研究与试验论证，进而为今后喀斯特小流域基础研究与生态建设与管理提供基础支撑。

2.2.1.1 构建喀斯特小流域信息提取与优化调控基础数据集

为提高喀斯特小流域信息提取的准确性，高质量的数据源是重要保证。本研究的基础数据集主要由 1∶50 000 数字化 DLG、水文地质图、地质图、土壤、水系、亚米级高分辨率遥感影像、人口等构成，以及上述数据提取的衍生信息数据，如土地利用、生物量、岩性、地貌区、坡度、石漠化程度、人口密度、水网等矢量空间化数据。

2.2.1.2 开展喀斯特小流域初步划分

运用 ArcGIS 10 空间分析模型、水文分析模型、地形分析模型等工具，进行 DEM 制作、地形表达、洼地填充、汇流累积、河道水头阈值确定、河网提取、分水岭划分、流域提取等程序，在此基础上通过人工实验室核查、野外调查等方法，修正因数据误差导致的流域划分错误数据。

2.2.1.3 划分小流域类型并分析喀斯特小流域关键特征

按"分区+分类"和"宏观+中观+微观"原则开展喀斯特小流域类型划分工作。分区主要考虑大区域地质背景下的区域地貌单元（宏观）进行划分，分类主要考虑小流域地形起伏特征（中观）、内部岩性组成背景（微观）两个方面划分小流域类型。在此基础上充分解剖制约喀斯特小流域优化调控的地质背景、地表形态、水文过程、植被覆盖、土地利用、土壤厚度、人类活动等关键因子。

2.2.1.4 对典型喀斯特小流域进行特征解剖，并构建优化调控模式

在上一步骤的基础上，在不同地貌类型区选取典型喀斯特小流域，从地形地貌、水文状况、生态系统、土地利用、人地关系等方面开展特征解剖，并在此基础上构建典型喀斯特小流域生态优化调控模式，提出相应的优化调控策略。

2.2.1.5 基于"二元"结构的喀斯特小流域划分

充分考虑喀斯特地上地下二元结构系统，在上述研究的基础上，深入分析喀斯特生态水文地质结构特点，开展基于喀斯特二元结构的小流域划分方法研究与试验论证，进而为今后喀斯特小流域基础研究与生态建设与管理提供基础支撑。

2.2.2 数据来源与处理

本研究采用的基础图件及其矢量数据主要由中国科学院环境地球化学国家重点实验室、中国科学院普定喀斯特生态系统观测研究站等机构提供，遥感数据主要来源于美国国家地质调查局官方网站公布的 Landset 7、8 组成，米级和亚米级高分辨率主要遥感数据源为 Quick-bird、高分一号、资源三号等卫星数据。生物量数据主要由作者前期参加的贵州省生态环境质量十年评估项目组提供。人口数据为第六次全国人口普查数据，并进行了空间化处理。其他衍生数据资源主要通过 ArcGIS 10 对基础数据进行矢量化、空间分析后得到，具体处理过程与研究方法将在对应章节另行讨论。

2.3 提取喀斯特小流域方法

2.3.1 准备数据

尽管喀斯特地下径流系统受地质构造与岩层组合格局的支配，但由于水文动力学特征作

用，从大区域格局来看高程属性仍然是喀斯特径流系统格局的重要影响因素（White and White，1983）。随着 GIS 与 DEM 的发展，处理大数据量的地形信息正变得越来越容易，为进行大空间尺度、更高准确度的喀斯特流域地貌形态计量分析提供了技术支撑（Gao et al.，2002）。因此，数字高程数据的质量与分辨率决定了流域信息提取准确性程度。当前，大范围的数字高程数据主要从航空或卫星成像测量和地面调查制图两种途径获取，而 GPS 主要提供特定点位的高精度高程数据（Wilson and Lorang，1999；Weibel and Heller，1991）。另外，考虑到喀斯特地区常分布锥峰、塔峰等微地貌形态单元，其高度常在 60~200m（杨明德等，1987；Ford et al.，2007），部分流域（尤其地形起伏较小的岩溶高原地区）分水岭地带的锥峰、塔峰之间的鞍部相对高度则在数十米范围内。因此，本研究采用全省 20m 高程间距的 1：50 000 数字化等高线地形图数据为基础数据进行流域信息提取。

2.3.2　制作 DEM

数字化的等高线地形图数据通常能够转化为三种数据形式：规则的二维格网数据、不规则三角网数据、曲面网状数据（Wilson and Gallant，2000）。其中，规则的二维格网数据由于简单的数据结构与便利的计算机处理过程而成为目前应用最广泛的数字高程数据结构类型（DEM）。因此，利用 ArcGIS 数据转换与 3D 分析工具，将 1：50 000 数字化矢量等高线数据转换为 DEM 数据，在本研究中，转化后的 DEM 数据空间分辨率为 30m，高程分辨率为 1m。

2.3.3　填充洼地

由于 DEM 数据水平分辨率和垂向分辨率的制约以及 DEM 制作过程中的数据误差，DEM 并不能准确反映地势轻微起伏地区的高程变化，导致一些平原区河网提取结果与实际偏差较大（李丽等，2003）。另外，实际上，多边形喀斯特（主要指喀斯特洼地系统）在全球喀斯特地区也是广泛分布，这导致这些地区流域河网提取过程出现中断不连续现象（Williams，1971）。因此，喀斯特流域提取过程中必须对 DEM 数据进行填洼处理。由于洼地是不能确定径流方向的高程单元，其周围八个方向上没有比其高程更低的相邻高程单元，故填洼处理实际上是将 DEM 数据中的洼地和平坦区改造成坡面，从而使每个栅格单元都有一个明确的水流方向（万民等，2008）。ArcGIS 中，通过反复迭代运算完成洼地填充，最终形成近似坡面的无洼数字高程模型（图 2.1）。

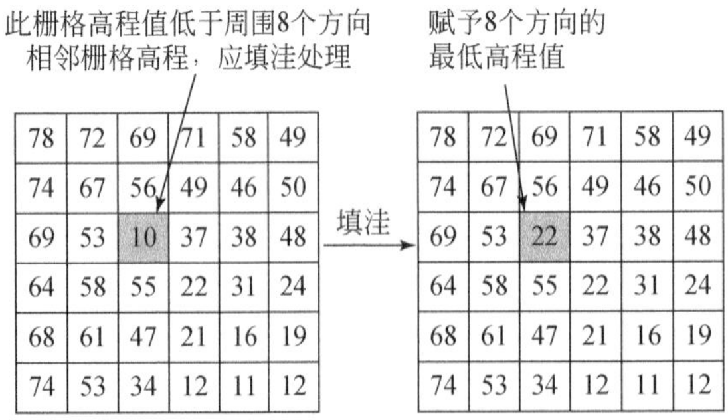

图 2.1　填洼过程示意图

2.3.4　分配流向

确定每一个二维高程栅格单元的径流方向是模拟坡面径流产出的前提条件（Tribe，1992）。流向判断的方法主要有单流向法和多流向法两种，其中单流向法主要包括：D8 方法、Rho8 方法、Lea 方法、DEMON 方法、D ∞ 方法等（孙友波等，2005）。其中，D8 算法是使用范围最广的算法。其主要思路是：假设单个网格中的水流只有 8 种可能的流向，即流入与之相邻的 8 个网格中，采用最陡坡度确定水流方向（O'Callaghan and Mark，1984），即在 3×3 的 DEM 网格中，在填充洼地的基础上，计算中心网格与各相邻网格间的距离权落差（即网格中心点落差除以网格中心点之间的距离），取距离权落差最大的网格为中心网格的流出网格（图 2.2），该方向即为中心网格的流向（李丽和郝振纯，2003）。

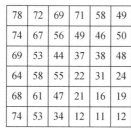 

流向编码

图 2.2　流向分配示意图

2.3.5　累积流量

计算栅格 DEM 的累积流量是地形分析中的关键步骤，在水文分析、土壤侵蚀、地貌学等领域已经广泛应用（Hengl and Reuter，2008）。其主要目的是用于确定河流网络，进而在河流网络的基础上确定流域边界即分水线，其核心是通过确定所有流入单元格的累积上游单元格数目来生成流域汇流能力栅格图（徐新良等，2004）。它的基本算法：从每个栅格单元格出发依次扫描上游水流方向矩阵，沿上游水流方向追踪直到 DEM 边界，当整个水流方向矩阵扫描完毕，就可以得到流域汇流能力的栅格分布图，汇流栅格上每个单元格的值代表上游汇流区内流入该单元格的上游栅格单元格的总数，值较大者，可视为河谷地区，为河流线所在区域，值等于零则是较高的地方，可能为流域的分水岭（图 2.3）（Jenson and Domingue，1988；Tarboton et al.，1991）。

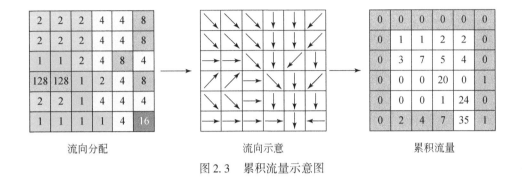

流向分配　　　　　流向示意　　　　　累积流量

图 2.3　累积流量示意图

2.3.6　生成河网

在累积流量提取的基础上生成河网，首先需要确定的是河流源头的位置。通过 DEM 提取的河网能否与流域实际情况相吻合，取决于 DEM 能否反映流域地形的实际情况及所采用的集水面积阈值的大小（王云等，2012）。为了表征特定区域所有河流网络，最常用的确定河流源头的方法为最小阈值法（Mark，1984；O'Callaghan and Mark，1984；Tarboton et al.，1989）。即以产生该区域河流源头的最小上游集水区累积流量栅格值作为最小阈值，将其作为产生河流的阈值，凡是大于该值的累积流量单元则属于河道范围。可见，最小阈值法产生的河网的优点是确保了区域中的全部真实河道都能通过该算法得到提取。同时，由于受环境背景要素（如气候、地形、植被覆盖、土壤、岩性、地质构造等）影响，不同区域产生径流源头的阈值是不一致的，因此，与真实河网特征相并，基于最小阈值法提取的河流源头往往过多地反映河网密度、河道空间分布（Montgomery and Dietrich，1992；Tucker et al.，2001）。为改进最小阈值法的不足，Ijjasz-Vasquez 和 Bras（1995）通过建立区域地形坡度与河道源头上游集水区域面积之间的相关性，分区域提出了不同坡度条件下河道源头阈值。在河道提取时，阈值确定往往还受 DEM 空间分辨率与研究区空间尺度大小的影响，如唐从国和刘丛强（2006）在提取乌江流域（66 990km^2）河网时，在 100m 空间分辨率下采用 10 000 个栅格作为最小阈值，相当于产生河道源头的上游最小集水区面积为 100km^2；而蒙海花等（2010）在提取乌江上游地区的后寨河流域（80.65km^2）河网空间分布信息时，在 30m 空间分辨率下采用 500 作为最小阈值，相当于后寨河流域内产生河道源头的上游最小集水区面积为 0.45km^2。可见，决定阈值大小的因素除自然环境背景外，还受研究尺度与数据计算能力的制约，使准确确定阈值成为河网提取中仍然有待解决的难点科学问题。本研究的河网提取主要是为了后续流域提取与制图工作需要，阈值的确定主要是在结合上述研究成果的基础上，一方面为了尽量表达贵州省域尺度的河网信息，也兼顾数据计算能力，阈值确定为 27 000，即假定产生河道源头的上游最小汇水面积为 24.3km^2。在确定河道源头的基础上，采用地图代数方法，提取出所有累积流量大于该值的栅格即为河道。

2.3.7　流域制图

将河网提取完成后，即完成了干流与支流的划分，相当于以干流以上的所有支流为单元的子流域都被确定下来（Martz and Garbrecht，1992），但完成子流域制图工作还需要做一些技术处理。首先需要将地图代数提取的河道转换为矢量径流网络，以保证每一条支流或干流片段被赋予有且唯一的标识值（Tarboton et al.，1991）。其次，将每一条矢量河道转化为子流域出水口。实际上，因为每一条支流或干流片段都赋予唯一标识值，故这转化是将具有唯一标识值的河道都作为流域出口，这样保证了所有汇入该河道的汇流贡献区都能计入相应流域范围，再根据径流方向采用逆向逐网格扫描确定区域内每个栅格的流域归属（Tarboton et al.，1991）。最后，使用累积流量栅格数据与流域出口栅格数据即可提取每一条支流或干流片段的子流域范围，即通过沿流向前进的方法确定每个网格汇入哪个支流，即属于哪个子流域，从而将整个流域划分为若干片子流域（李丽和郝振纯，2003）；再通过矢量转化、去除较小流域（本研究设定最小流域为 $3 km^2$）即可完成矢量流域制图。

2.3.8　核准图谱

由于 DEM 数据误差往往会导致河网误差、径流方向判断错误、累积流量误差等客观情况发生，为保证流域矢量制图的准确性，利用现代地理信息技术手段（如高分遥感判别、辅助空间地理信息等）以及必要的野外调查进行数据核准是小流域空间分布制图的重要环节。

参 考 文 献

陈建庚. 2000. 贵州地貌环境与旅游. 北京：地质出版社.

贵州省地方志编纂委员会. 1988. 贵州省志·地理志（下）. 贵阳：贵州人民出版社.

韩至钧. 1996. 贵州省水文地质志. 北京：地震出版社.

李丽，郝振纯. 2003. 基于 DEM 的流域特征提取综述. 地球科学进展，18（2）：251-256.

蒙海花，王腊春，苏维词. 2010. 基于 DEM 的流域特征提取研究——以贵州省普定县后寨河流域为例. 测绘科学，35（4）：87-88.

唐从国，刘丛强. 2006. 基于 ArcHydroTools 的流域特征自动提取——以贵州省内乌江流域为例. 地球与环境，34（3）：30-37.

王世杰，李阳兵，李瑞玲. 2003. 喀斯特石漠化的形成背景、演化与治理. 第四纪研究，23（6）：657-666.

王云，梁明，汪桂生，等. 2012. 基于 ArcGIS 的流域水文特征分析. 西安科技大学学报，32（5）：581-585.

徐新良，庄大方，贾绍凤，等. 2004. GIS 环境下基于 DEM 的中国流域自动提取方法. 长江流域资源与环境，13（4）：343-348.

Gao Y，Alexander E C，Tipping R G. 2002. The development of a karst feature database for southeastern Minnesota. Journal of Cave and Karst Studies, 64 (1): 51-57.

Ijjasz-Vasquez E J, Bras R L. 1995. Scaling regimes of local slope versus contributing area in digital elevation models. Geomorphology, 12 (4): 299-311.

Jenson S K, Domingue J O. 1988. Extracting topographic structure from digital elevation data for geographic information-system analysis. Photogrammetric Engineering and Remote Sensing, 54 (11): 1593-1600.

Mark D M. 1984. Automated detection of drainage networks from digital elevation models. Cartographica, 21: 168-178.

Martz L W, Garbrecht J. 1992. Numerical definition of drainage netw ork and subcatchment areas from digital elevation models. Computers & Geosciences, 18 (6): 747-761.

Martz L W, Garbrecht J. 1999. An outlet breaching algorithm for the treatment of closed depressions in a raster DEM. Computers & Geosciences, 25 (7): 835-844.

Montgomery D R, Dietrich W E. 1992. Channel initiation and the problem of landscape scale. Science, 255: 826-830.

O'Callaghan J F, Mark D M. 1984. The extraction of drainage networks from digital elevation data. Computer Vision Graphics & Image Processing, 28 (3): 323-344.

Tarboton D G, Bras R L, Rodriguez-Iturbe I, et al. 1989. The analysis of river basins and channel networks using digital terrain data. Massachusetts Institute of Technology, 146: 247-248.

Tarboton D G, Bras R L, Rodriguez-Iturbe I. 1991. On the extraction of channel networks from digital elevation data. Hydrological Processes, 5 (1): 81-100.

Tucker G E, Catani F, Rinaldo A, et al. 2001. Statistical analysis of drainage density from digital terrain data. Geomorphology, 36 (3): 187-202.

White E L, White W B. 1983. Karst landforms and drainage basin evolution in the Obey River basin, north-central Tennessee, U. S. A. Journal of Hydrology, 61: 69-82.

Wilson J P, Gallant J C. 2000. Terrain Analysis: Principles and Applications. New York: John Wiley & Sons Ltd.

Wilson J P, Lorang M S. 1999. Spatial models of soil erosion and GIS// Fotheringham A S, Wegener M. Spatial Models and GIS: New Potential and New Models. London: Taylor & Francis.

3 贵州省小流域提取结果与形态特征

3.1 贵州省小流域的空间分布

贵州全省共划分为3882个小流域，分布在北盘江、赤水河綦江、红水河、柳江、南盘江、北盘江、牛栏江横江、乌江、沅江等八大流域（图3.1）。其中，流域面积50km² 及以上小流域总数为1246个，较第一次全国水利普查的1049个略有增加。从数量对比来看，增加的50km² 以上小流域主要分布在乌江流域（+103个）、红水河流域（+43个）、北盘江（+27个），其他五大流域区与全国第一次水利普查公报数据基本一致（表3.1）。

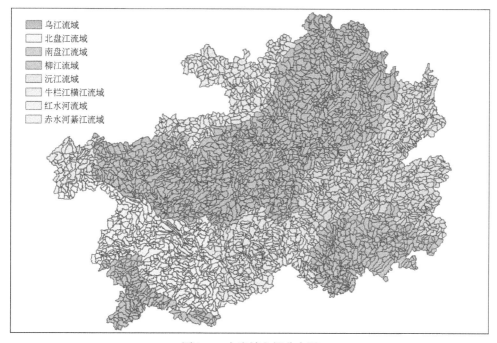

图例
乌江流域
北盘江流域
南盘江流域
柳江流域
沅江流域
牛栏江横江流域
红水河流域
赤水河綦江流域

图3.1 小流域空间分布图

表3.1 贵州省小流域空间分布与对比

八大流域	小流域分布数量/个	大于50km² 小流域数量/个	全国水利普查大于50km² 小流域数量/个	水利普查中的分区
北盘江流域	469	144	117	北盘江

八大流域	小流域分布数量/个	大于50km²小流域数量/个	全国水利普查大于50km²小流域数量/个	水利普查中的分区
赤水河綦江流域	284	99	102	赤水河、宜宾至宜昌干流
红水河流域	354	121	78	红水河
柳江流域	332	114	99	柳江
南盘江流域	145	48	48	南盘江
牛栏江横江流域	87	35	35	金沙江石鼓以下干流
乌江流域	1 518	484	381	思南以下、思南以上
沅江流域	693	201	189	沅江浦市镇以上、沅江浦市镇以下
合计	3 882	1 246	1 049	

对比八大流域小流域提取误差与流域岩性空间分布的关系（表3.2），误差最大的红水河、乌江、北盘江三大流域，其流域非喀斯特百分比分别为21.83、21.77、40.1，均为全省喀斯特分布比例较高的流域；相反，沅江、赤水河綦江、柳江等非喀斯特分布比例较高的区域，小流域提取误差相对较小。这进一步证明在喀斯特岩性背景控制下，用传统流域提取方法容易导致流域提取信息的不一致性，传统以地形为基础的小流域自动提取方法在非喀斯特地区适用性较高。

表3.2　小流域提取误差与流域岩性分布关系

八大流域	小流域提取误差比例/%	流域总面积/万 km²	非喀斯特面积/万 km²	非喀斯特比率/%
北盘江流域	18.75	2.07	0.83	40.10
赤水河綦江流域	3.03	1.28	0.55	42.97
红水河流域	35.54	1.59	0.34	21.38
柳江流域	13.16	1.49	1.05	70.47
南盘江流域	—	0.67	0.24	35.82
牛栏江横江流域	—	0.40	0.15	37.50
乌江流域	21.28	6.66	1.45	21.77
沅江流域	5.97	2.96	1.81	61.15

注：小注域提取误差比例=（大于50km²小流域数量−全国水利普查大于50km²小流域数量）/大于50km²小流域数量

3.2　贵州省小流域的数量特征

为更好地反映不同等级河网控制下的小流域特征，对提取的小流域进行了等级划分。主要思路是先对河网等级进行划分，然后将河网等级赋予相对应的小流域。其中，河网等级划分采用 Strahler 算法（图3.2）：所有没有支流的连接线都被分为 1 级，它们称为第一级别。当级别相同的河流交汇时,河网等级将升高。因此,两条一级连接线相交会创建一条二级连接线,两条二级连接线相交会创建一条三级连接线,依此类推。但是,级别不同的两条连接线相交不会使级别升高。例如,一条一级连接线和一条二级连接线相交不会创建一条三级连接线,但会保留最高级连接线的级别(Tarboton et al.,1991)。其次,应用景观生态学的分析方法(邬建国,2000),采用小流域总面积(CA)、小流域数目(NP)、最大小流域面积(MAXP)、小流域平均面积(AV-AREA)来衡量小流域数量特征。

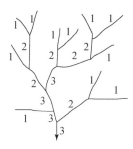

图 3.2 Strahler 河网分级示意图

全省来看(表 3.3),1、2 级小流域分布范围最广,分别约为 5.92 万 km² 和 5.61 万 km²,约占全省小流域总面积的 67.29%;而个数方面,1、2 级小流域分别为 1174 个和 1324 个,两者约占全省 3882 个小流域的 64.35%。由此可见,贵州省复杂而多样的喀斯特地貌特征导致河流分布较散而短,结构性不强,使高等级流域范围总体较小,而源头型低等级流域较多,这使得强化对 1、2 级河源型小流域的生态水文过程特征的深入研究成为今后相关学科关注的重点方向,也是喀斯特流域生态建设管理的主战场。而从 2 级至 6 级,随着小流域等级提高,小流域总体规模则迅速减小。平均面积(AV-AREA)方面,1 级小流域为 50.40km²,而 2 级至 5 级则在 41km² 左右,6 级小流域为 33.78km²。

表 3.3 不同等级小流域数量特征

小流域等级	小流域景观指数	八大流域								八大流域合计
		北盘江	赤水河綦江	红水河	柳江	南盘江	牛栏江横江	乌江	沅江	
1	CA	75.86	41.40	50.48	49.63	25.49	13.92	232.53	102.34	591.67
	NP	152	88	105	94	51	29	443	212	1 174
	AV-AREA	49.91	47.05	48.08	52.80	49.99	48.00	52.49	48.28	50.40
	MAXP	198.53	113.85	143.89	137.73	149.47	111.26	213.58	164.93	213.58
2	CA	63.12	48.08	58.20	49.57	26.07	12.83	218.82	84.42	561.10
	NP	155	101	136	113	57	30	523	209	1 324
	AV-AREA	40.72	47.60	42.79	43.86	45.74	42.76	41.84	40.39	42.38
	MAXP	145.96	157.68	204.62	230.83	130.60	121.21	234.03	150.85	234.03

小流域等级	小流域景观指数	八大流域								八大流域合计
		北盘江	赤水河綦江	红水河	柳江	南盘江	牛栏江横江	乌江	沅江	
3	CA	29.76	21.28	39.02	24.85	7.68	12.88	108.64	68.77	312.88
	NP	69	51	93	60	16	26	275	173	763
	AV-AREA	43.13	41.72	41.95	41.42	48.02	49.53	39.50	39.75	41.01
	MAXP	260.20	151.85	128.53	146.21	116.01	131.21	176.28	162.64	260.20
4	CA	15.80	4.57	11.53	19.03	6.92	0.27	53.46	26.99	138.57
	NP	41	13	20	46	17	1	133	69	340
	AV-AREA	38.53	35.15	57.64	41.37	40.72	26.80	40.20	39.12	40.76
	MAXP	150.10	114.71	160.78	133.18	87.04	26.80	139.65	123.98	160.78
5	CA	22.82	12.87		5.81	0.91	0.25	31.31	13.76	87.73
	NP	52	31		19	4	1	81	30	218
	AV-AREA	43.89	41.50		30.60	22.76	25.25	38.65	45.86	40.24
	MAXP	114.91	109.04		77.03	41.78	25.25	113.65	115.10	115.10
6	CA							21.28		21.28
	NP							63		63
	AV-AREA							33.78		33.78
	MAXP							97.66		97.66
八大流域合计	CA	207.36	128.19	159.23	148.89	67.08	40.15	666.04	296.28	1 713.23
	NP	469	284	354	332	145	87	1 518	693	3 882
	AV-AREA	44.21	45.14	44.98	44.85	46.26	46.15	43.88	42.75	44.13
	MAXP	260.20	157.68	204.62	230.83	149.47	131.21	234.03	164.93	260.20

注：景观指数的单位分别为 CA（$10^2 km^2$）、NP（个）；AV-AREA（km^2）；MAXP（km^2）

在乌江流域，因其是贵州境内流域范围最广的流域，其小流域数为 1518 个，总面积 6.66 万 km^2，范围在全省占有绝对优势，但小流域的平均面积低于全省平均水平。分等级来看，1~6 级小流域分布齐全，各等级小流域的分布规模与数量均为全省八大流域中最高的流域，其中，1、2 级小流域共 976 个，总面积 4.51 万 km^2，分别约占乌江流域小流域总数的 64.29% 与 67.72%，两种等级的小流域在乌江流域仍然占主要地位；1 级小流域的平均面积为 52.49km^2，高于全省同级小流域平均水平，而 3~5 级小流域平均面积均低于全省同等级平均水平；八大流域 1、2 级最大小流域面积值均出现在乌江流域，同时，乌江流域也是全省唯一一个具有 6 级小流域分布的流域。

沅江流域的小流域总数为 693 个，总面积约 2.69 万 km^2，小流域总量和范围在全省八大流域中居第二位，同时其也是全省两个非喀斯特面积分布过半的流域之一；其小流域平均面积 42.75km^2，居于全省最低水平。分等级来看，沅江流域 1、5 级小流域平均面积分别为 48.28km^2、45.86km^2，2~4 级小流域平均面积均在 40km^2 左右，小流域的平均规模具有两头大、中间小的特征；从总规模与数量上看，1、2 级小流域总面积约为 1.87 万 km^2，总数量为 421 个，分别约占沅江流域的 69.52%、60.84%，两种等级的小流域在沅江流域仍然占主要地位；最大小流域方面，沅江流域最大小流域分布在 1 级小流域中，最大值为 164.93km²；5 级小流域中最大小流域面积为 115.10km²，为全省八大流域 5 级小流域最大值。

北盘江流域小流域总数为 469 个，总面积约 2.07 万 km²，小流域总量和范围在全省八大流域中居第三位；1、2 级小流域总面积约为 1.39 万 km²，总数量为 307 个，分别占沅江流域的 67.15%、65.46%，两种等级的小流域在北盘江流域占主要地位；北盘江流域的 1 级小流域的平均流域面积显著高于其他等级小流域的平均面积；另外，受北盘江流域狭长深谷控制，3 级流域中出现了全省八大流域中单个小流域面积最大值，其值为 260.20km²。

红水河流域小流域为 354 个，总面积约为 1.59 万 km²；2 级小流域 136 个，总面积 0.58 万 km²，分别约占红水河流域的 38.42% 和 36.48%，2 级小流域分布数量与范围在红水河流域中占较大优势；红水河流域小流域平均面积以最高等级的 4 级小流域最大，其值为 57.64km²，也是全省八大流域中 4 级小流域平均面积的最大值，原因在于红水河流域喀斯特分布面积广，地表水系不发达，注入干流的各支流之间的间距较大，从而使高等级小流域的平均面积显著提高。

柳江流域小流域总数为 332 个，总面积约 1.49 万 km²，平均流域面积 44.85km²，高于全省八大流域平均水平，全流域非喀斯特面积集中分布，约占全流域的 70.81%。分等级来看，在柳江流域全部等级小流域中，2 级小流域分布数量与范围最大，小流域数量为 113 个，总面积约为 0.50 万 km²；最大小流域面积为 230.83km²，为柳江流域所有等级最大小流域；小流域平均面积方面，1 级小流域平均面积最大，为 52.80km²，5 级小流域平均面积最小，为 30.60km²，这与红水河流域形成了鲜明对比，主要由于柳江流域非喀斯特面积广布，地表水网发达，导致注入干流的支流间的间距减小，使高等级小流域平均面积显著小于其他等级小流域的平均面积。

赤水河綦江流域属于长江干流宜宾至宜昌段南岸水系的主要流域范围，小流域总数为 284 个，总面积约 1.28 万 km²；小流域平均面积 45.14km²，高于全省平均水平。分等级来看，2 级小流域 101 个，平均面积 47.60km²，小流域总面积约 0.48 万 km²，均为赤水河綦江流域最大值，2 级小流域在该流域占优势；因主干河道赤水河较长，沿途注入的 4 级支流相对较短而少，所以 4 级流域分布面积、数量、平均面积在赤水河綦江流域均居于最低水平。

南盘江流域作为全省八大流域中控制范围较小的流域之一，小流域总面积约为 0.67 万 km²，总数为 145 个，小流域平均面积为全省八大流域中最高，平均面积为 46.26km²；分等级来看，1、2 级流域占绝对优势，总面积分别约为 0.25 万 km²、0.26 万 km²，小流域总数为 51 个和 57 个；其中，1 级小流域平均面积最大，为 49.99km²。

牛栏江横江流域在全省流域控制范围最小，小流域数量与总面积分别为 87 个和约 0.40 万 km²；分等级来看，1、2、3 级小流域为主要类型，小流域数量分别为 29 个、30 个、26 个，相应的，总面积分别约为 0.14 万、0.13 万、0.13 万 km²，4、5 级小流域分别只有 1 个，量级与 1、2、3 等级不具可比性。

总的来看，全省八大流域小流域具有等级特征明显，流域结构复杂，多样性突出，受水文地质背景控制强等典型特征，低等级源头型小流域占控制优势，强化对 1、2 级河源型小流域的生态水文过程特征的深入研究成为今后相关学科关注的重点方向，也是喀斯特流域生态建设管理的主战场。

3.3 贵州省小流域的形态特征

小流域空间形态特征往往对流域生态水文过程与格局具有重要意义。采用流域坡度、坡向、相对高度、延长系数四个定量指标，分析八大流域以及不同等级小流域空间形态特征。其中，坡度与坡向通过流域 DEM 数据在 ArcGIS 空间分析工具直接计算而得，坡度分为<6°、6°~10°、10°~15°、15°~20°、>20°五个坡度等级。坡向分为正北（N）、北东（NE）、东（E）、南东（SE）、南（S）、南西（SW）、西（W）、北西（NW）八个方位，通过计算小流域主坡向与次坡向分析小流域坡向形态特征，主坡向表达式为

$$\text{ifMaximum AREA}_j(\text{N},\text{E},\text{S},\text{W},\text{NE},\text{SE},\text{NW},\text{SW})=\text{AREA}_{ij}$$

$$W_j=i$$

式中，Maximum AREA_j（N、E、S、W、NE、SE、NW、SW）为 j 流域在八个坡向面积的最大值；i 为坡向（取值范围为"N、E、S、W、NE、SE、NW、SW"任一值）；AREA_{ij} 为 j 流域 i 坡向的面积；W_j 为流域主坡向。按上述表达式原理也可求出小流域次坡向，即在小流域中分布面积仅小于主坡向分布面积的坡向。

流域相对高差表达式为

$$相对高差=\text{Maximum } H_i-\text{Minimum } H_i$$

式中，H_i 为 i 小流域高程，分为<400m、400~600m、600~800m、800~1000m、>1000m 五个等级。

流域形状特征可以用延长系数 K_e 表示，即延长系数是分水线长度和等面积圆周长的比值（吴发启等，2009）。表达式为

$$K_e=0.28\frac{S}{\sqrt{F}}$$

式中，K_e 为小流域延长系数；S 为小流域分水岭线总长度；F 为小流域总面积。值越大，流域形状越狭长，流域呈条形；反之，流域呈卵形。在 ArcGIS 中，采用自然断裂法，将小流域延长系数分为 5 个等级。

3.3.1 坡度特征

受区域地形地貌背景与构造单元控制，全省小流域总体上呈现"中缓周陡，中心四片缓、三带三片陡"的坡度特征（图 3.3）。平均坡度 10°以内的小流域集中分布在黔中高原面区域，以及威宁高原、南部与西南部连片峰丛洼地区、黔东斜坡河谷地带等区域；平均坡度 15°以上的小流域主要分布在贵州高原与四川盆地过渡带、贵州高原与广西盆地过渡

带、峡谷地区河谷深切地带等三大地带，尤以省内赤水、黔东南、黔南三大连片非喀斯特集中分布区的15°以上小流域分布最为集中。

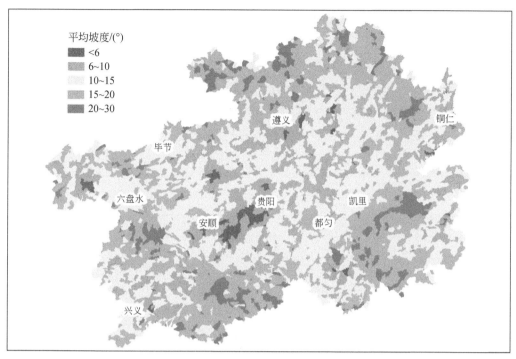

图3.3　不同坡度小流域空间分布

全省平均坡度10°～20°的小流域数量占绝对多数，合计2946个（表3.4），约占全省小流域总数的76%，可见，全省小流域地形总体上趋陡。不同等级小流域坡度特征方面，1、2、3级小流域10°～15°数量最多，分别为493个、520个、306个；而4、5、6级小流域15°～20°数量最多，分别为146个、98个、35个。同时，从八大流域不同小流域等级平均坡度来看（表3.5），1、2、3级小流域的平均坡度分别为13.99°、13.85°、14.17°，而4、5、6级小流域的平均坡度分别为15.47°、16.14°、15.54°；1、2、3级小流域的坡度明显较4、5、6级小流域缓，八大流域细分来看也基本具有这一特征。因此，单从坡度因子来看，全省小流域中，以河源与支流地区为主的小流域坡度总体上低于以干流区域为主的小流域坡度，干流区域水土流失防控任务可能更加艰巨。

表3.4　各等级小流域平均坡度分等级数量统计　　　　　　　单位：个

小流域等级	坡度等级				
	<6°	6°～10°	10°～15°	15°～20°	>20°
1	20	175	493	416	70
2	40	228	520	439	97
3	26	98	306	262	71

续表

小流域等级	坡度等级				
	<6°	6°~10°	10°~15°	15°~20°	>20°
4	2	17	136	146	39
5		12	71	98	37
6		1	24	35	3
总计	88	531	1 550	1 396	317

表 3.5 八大流域小流域平均坡度　　　　　　　　　　　单位：（°）

流域	小流域等级						总计
	1	2	3	4	5	6	
北盘江流域	14.91	14.51	16.48	19.23	18.40		15.77
赤水河綦江流域	16.85	16.61	18.37	17.79	18.31		17.24
红水河流域	14.17	14.34	14.94	17.46			14.62
柳江流域	15.97	15.54	15.36	16.49	16.07		15.79
南盘江流域	14.23	13.31	14.98	13.35	20.14		14.01
牛栏江横江流域	10.32	12.45	13.33	21.26	15.81		12.14
乌江流域	12.89	12.82	13.02	14.44	13.82	15.54	13.18
沅江流域	13.90	13.74	13.09	13.97	15.78		13.74
总计	13.99	13.85	14.17	15.47	16.14	15.54	14.25

从八大流域来看（表 3.5），小流域平均坡度从大到小依次为：赤水河綦江流域（17.24°）>柳江流域（15.79°）>北盘江流域（15.77°）>红水河流域（14.62°）>南盘江流域（14.01°）>沅江流域（13.74°）>乌江流域（13.18°）>牛栏江横江流域（12.14°）。

八大流域平均坡度等级方面（表 3.8），赤水河綦江流域、柳江流域、北盘江流域、红水河流域 10°以上的小流域总数分别为 276 个、310 个、420 个、312 个，分别占流域小流域总数的 97.18%、93.37%、89.55%、88.14%；相应的，南盘江流域、沅江流域、乌江流域、牛栏江横江流域 10°以上的小流域数量分别占流域小流域总数的 83.45%、81.82%、79.12%、64.37%。

表 3.6 八大流域小流域平均坡度分等级数量统计　　　　　　单位：个

流域	坡度等级				
	<6°	6°~10°	10°~15°	15°~20°	>20°
北盘江流域	6	43	129	223	68
赤水河綦江流域		8	56	164	56
红水河流域	6	36	154	123	35

流域	坡度等级				
	<6°	6°~10°	10°~15°	15°~20°	>20°
柳江流域	2	20	110	166	34
南盘江流域	2	22	65	46	10
牛栏江横江流域	5	26	32	20	4
乌江流域	57	260	693	441	67
沅江流域	10	116	311	213	43
总计	88	531	1 550	1 396	317

综上所述，集中分布在"三带三片"的赤水河綦江流域、柳江流域、北盘江流域、红水河流域四大流域的小流域平均坡度明显高于其他流域，进一步表明了全省小流域坡度具有典型"三带三片陡"的特征。

3.3.2　坡向特征

贵州地势受青藏高原隆升影响，地形总体上西高东低，从西部和中部的山地、高原向南往广西桂中盆地、向东往湖南丘陵、向北往四川盆地倾斜过渡（王明章等，2005）。同时，受武陵运动、雪峰运动、燕山运动等构造背景控制，北东向构造线成为贵州构造形变类型（贵州省地质矿产局，1987）。因此，在西高东低的地势特征与北东向构造线为主的形变类型共同作用下，以南东向和北西向为主坡向的小流域成为贵州小流域主要坡向类型，两者分别为957个和757个（表3.7），约占全省小流域的44.15%，且两种小流域类型自西北向东南沿北东向构造线相间分布（图3.4）。

表 3.7　八大流域小流域主坡向统计　　　　　　　　单位：个

流域	小流域主坡向							
	N	NE	E	SE	S	SW	W	NW
北盘江流域	46	64	60	70	53	72	39	65
赤水河綦江流域	32	23	34	45	20	18	42	70
红水河流域	20	20	44	88	54	35	57	36
柳江流域	14	17	44	90	21	27	37	82
南盘江流域	9	10	11	41	35	13	7	19
牛栏江横江流域	3	5	20	17	4	6	17	15
乌江流域	148	86	207	396	103	75	198	305
沅江流域	75	30	76	210	77	24	36	165
总计	347	255	496	957	367	270	433	757

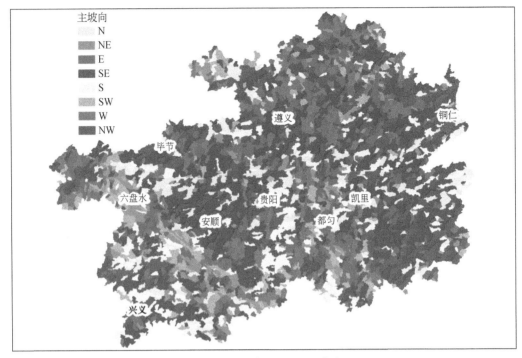

图 3.4　小流域主坡向空间信息

从八大流域来看，红水河流域、柳江流域、乌江流域、沅江流域、南盘江流域主坡向流域个数最大值均为 SE 向，其小流域个数分别为 88 个、90 个、396 个、210 个、41 个；赤水河綦江流域主坡向流域个数最大值为 NW 向，为 70 个，上述六大流域的小流域主坡向空间规律较好地反映了全省小流域以北西和南东向为主的特征。而北盘江流域与牛栏江横江流域受次级构造作用影响，小流域主坡向分别以 SE 和 SW、E 和 W 为主。

从图 3.5 可以看出，以乌江流域中主坡向为 N 的小流域为例，总小流域数为 148 个，次坡向为 NE 和 NW 的小流域数分别为 38 个、61 个，这两个坡向均位于主坡向（N）两侧，其次与主坡向（N）相向的 S 向次坡向小流域数为 17 个，三者总流域数为 116 个，约占乌江流域主坡向为 N 的小流域总数的 78.38%。对比八大流域各主坡向小流域的次坡向流域数（南盘江 W 主坡向小流域因流域数较小除外），全省八大流域小流域具有如下坡向特征：小流域主坡向往往控制着次坡向的空间分布，即小流域的主坡向确定的情况下，以主坡向两侧和相向三个方位为次坡向概率明显大于其他坡向。因此，在考虑小流域优化调控的坡向因子时，应重点关注流域的主坡向与次坡向。

从小流域等级来看（表 3.8），1~6 级小流域中，SE 为主坡向的小流域分别为 319 个、322 个、183 个、71 个、45 个、17 个，均为同级流域中其他坡向的最大值，其次 NW 向主坡向的小流域数也占有相对优势。因此，综合来看，无论从空间格局、八大流域格局、不同等级来看，SE 和 NW 为主坡向小流域占相对优势，是该流域生态建设重点考虑的坡向因子。

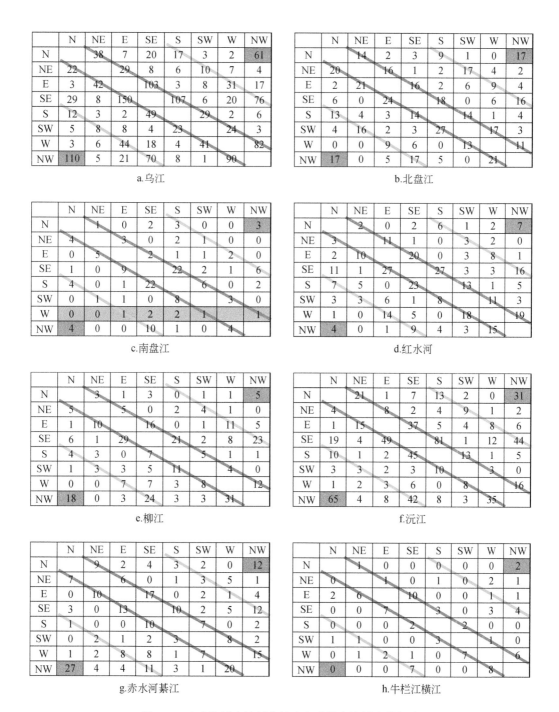

图 3.5　八大流域小流域主坡向与次坡向流域个数矩阵

注：矩阵图中的行、列字母分别代表北、北东、东、南东、南、南西、西、北西 8 个坡向，矩阵图各行向数值为：
　　以某一坡向（列向）为主坡向，其他七个次坡向（行向）的小流域数量

表 3.8　各等级小流域主坡向统计　　　　　　　　　　　单位：个

小流域等级	小流域主坡向							
	N	NE	E	SE	S	SW	W	NW
1	101	83	145	319	109	85	114	218
2	119	101	177	322	108	90	148	259
3	75	34	95	183	77	50	91	158
4	25	16	45	71	37	26	49	71
5	23	20	20	45	31	15	25	39
6	4	1	14	17	5	4	6	12
总计	347	255	496	957	367	270	433	757

3.3.3　相对高差特征

　　全省小流域相对高差 1000m 以上的小流域主要分布在黔北向四川盆地过渡的斜坡地带以及黔东北喀斯特槽谷地区、西部及西南部北盘江流域河谷深切地区、黔东南非喀斯特河谷深切地区；相对高差在 400m 以下的小流域主要分布在黔中高原面，其中以安顺至贵阳一线集中分布。全省小流域相对高差总体上呈现"中低周高"的空间分布特征（图 3.6）。

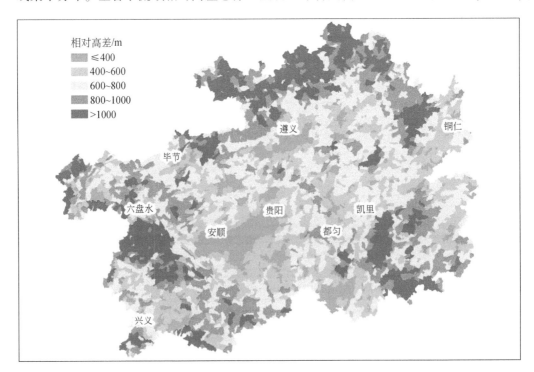

图 3.6　小流域相对高度空间信息

从流域数量来看（表3.9），相对高差400~600m与600~800m的小流域数分别为1096个和1091个，全计约占全省小流域总数的56.34%，可见，全省400~800m高差范围内小流域数较多。分流域来看，北盘江流域、赤水河綦江流域相对高差大于800m的小流域分别为214个、200个，分别占两大流域小流域总数的45.63%、70.42%，而两大流域相对高差400m以下的小流域分别仅为47个和3个，说明两大流域区域地质背景对小流域地表形态控制明显；其他六大流域小流域相对高差与全省趋势一致，均以相对高差为400~800m的小流域为主要类型。

表3.9　八大流域小流域相对高差分等级数量统计　　　　　单位：个

流域	相对高差等级				
	<400m	400~600m	600~800m	800~1000m	>1000m
北盘江流域	47	106	102	115	99
赤水河綦江流域	3	15	66	88	112
红水河流域	107	124	82	37	4
柳江流域	43	76	88	69	56
南盘江流域	16	52	47	17	13
牛栏江横江流域	14	26	18	15	14
乌江流域	281	428	484	218	107
沅江流域	117	269	204	62	41
总计	628	1 096	1 091	621	446

小流域等级方面（表3.10），1~6级小流域中，均以400~600m或600~800m的小流域数量最多，400~800m仍然是各等级小流域的主要相对高差类型，与全省小流域相对高差特征一致。因此，综合来看，贵州全省小流域相对高差在数量上呈现以400~800m相对高差为主，400m以下与800m以上为辅的分布特征。

表3.10　各等级小流域相对高差分等级数量统计　　　　　单位：个

小流域等级	相对高差等级				
	<400m	400~600m	600~800m	800~1000m	>1000m
1	131	321	351	211	160
2	274	378	319	222	131
3	173	240	195	87	68
4	32	93	126	35	54
5	16	44	71	57	30
6	2	20	29	9	3
总计	628	1 096	1 091	621	446

3.3.4 形状（延长系数）特征

从空间上看（图3.7），延长系数2.0以上的小流域集中分布在安顺、都匀、遵义、凯里等围绕的黔中区域，贵州东部、东南部、东北部区域流域延长系数相对较低。可见，黔中高原面区域以狭长型小流域为主要类型，周边区域的斜坡地区小流域狭长度不及黔中地区。

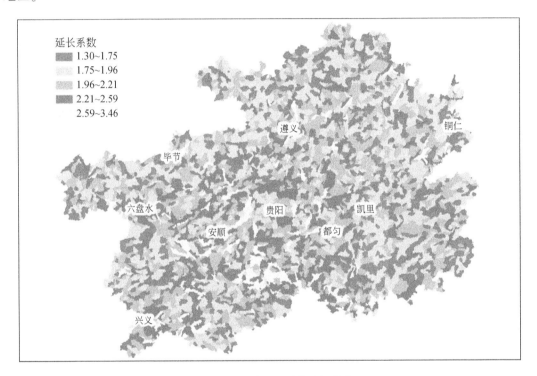

图 3.7 小流域延长系数空间信息

总体上，小流域延长系数为2级（1.75~1.96）的小流域数最多（表3.11），达1250个，其次为3级（1.96~2.21），达977个，而1.75以下的小流域仅888个。因此，贵州全省小流域总体上呈狭长形态，有利于洪水集中。

表 3.11 八大流域小流域延长系数分等级数量统计　　　　　　　　单位：个

流域	延长系数等级				
	1	2	3	4	5
北盘江流域	112	151	108	72	26
赤水河綦江流域	87	111	66	15	5
红水河流域	44	77	90	103	40

续表

流域	延长系数等级				
	1	2	3	4	5
柳江流域	109	100	66	41	16
南盘江流域	24	34	45	38	4
牛栏江横江流域	25	25	22	13	2
乌江流域	312	501	409	246	50
沅江流域	175	251	171	84	12
总计	888	1 250	977	612	155

注：延长系数分级：1 级（<1.75）、2 级（1.75~1.96）、3 级（1.96~2.21）、4 级（2.21~2.59）、5 级（2.59~3.46）

从八大流域来看，黔西南峡谷地区、黔南贵州高原至广西盆地斜坡过渡地带的红水河流域、南盘江流域、北盘江流域的延长系数分别为 2.14、2.05、1.99（表 3.12），均高于其他五大流域，小流域形状狭长，有利于洪水集中。

表 3.12　八大流域小流域延长系数

流域	小流域等级						总计
	1	2	3	4	5	6	
北盘江流域	2.00	2.00	2.01	1.93	1.93		1.99
赤水河綦江流域	1.86	1.91	1.85	1.92	1.87		1.88
红水河流域	2.14	2.13	2.17	2.20			2.14
柳江流域	1.94	1.94	2.03	1.85	1.76		1.93
南盘江流域	2.02	2.06	2.10	2.10	1.81		2.05
牛栏江横江流域	2.03	1.90	1.93	1.63	1.69		1.95
乌江流域	1.96	1.99	1.98	2.03	2.11	1.89	1.98
沅江流域	1.92	1.95	1.93	1.94	1.79		1.93
总计	1.97	1.99	1.99	1.99	1.95	1.89	1.98

参 考 文 献

贵州省地质矿产局.1987.贵州省区域地质志.北京：地质出版社.

王明章，王尚彦，等.2005.贵州岩溶石山生态地质环境研究.北京：地质出版社.

邬建国.2000.景观生态学：格局、过程、尺度与等级.北京：高等教育出版社.

Tarboton D G，Bras R L，Rodriguez-Iturbe I，et al. 1989. The analysis of river basins and channel networks using digital terrain data. Massachusetts Institute of Technology，146：247-248.

Tarboton D G，Bras R L，Rodriguez-Iturbe I. 1991. On the extraction of channel networks from digital elevation data. Hydrological Processes，5（1）：81-100.

| 4 | 喀斯特小流域分类意义、原则与指标

缺水、少土、植被覆盖率低是岩溶区的基本特点。以地质背景为基础、水为龙头、土为关键是解决南方喀斯特区生态系统脆弱性瓶颈制约问题基本方略（曹建华等，2008）。而区域地貌背景、地表形态特征、流域物质组成共同控制着喀斯特小流域的水土资源空间配置，进一步影响地表自然与人文过程。因此，按照非地带性区域地质背景主控，分区与分类结合，宏观、中观、微观相结合的原则开展贵州喀斯特小流域类型划分，在宏观尺度上将贵州全省分为岩溶高原、岩溶峡谷、峰丛洼地、岩溶槽谷、岩溶断陷盆地、非喀斯特六大地貌类型区，在中观尺度上选择地形起伏度指标反映流域地表形态特征，在微观尺度上选择表征流域物质组成的岩性指标，进行贵州喀斯特小流域类型划分。

4.1　喀斯特小流域分类的重要意义

脆弱喀斯特生态地质环境在不合理人类活动驱动下产生的区域性石漠化土地退化，成为制约我国西南喀斯特地区生态建设与可持续发展的瓶颈问题，长期以来成为各级政府与学界关注的焦点。21 世纪初开始，喀斯特石漠化的治理迅速提升到国家层面，并得到相关部委的重点支持，以植树造林、封山育林、小型水利工程、草地畜牧业建设等为主要措施的石漠化综合治理工程广泛实施，喀斯特地区生态建设进程明显加快，石漠化地区生态建设超前，但基础研究落后的严峻现实已然形成（王世杰，2002）。

在石漠化治理实践中，出于治理工程实施需要，各种治理模式往往仅针对单一目标、单一地块、单一石漠化程度的治理措施选择、布局、规模、投资与效益等技术层级问题（梁亮等，2007；熊康宁等，2012；郭柯等，2011），而对强烈制约喀斯特生态系统的地质背景缺乏深入解剖，对治理区域水土资源的空间配置规律缺乏科学认识，导致不少石漠化治理措施综合效益不佳、持续性较差。

在管理层面，水土保持法与国家石漠化治理大纲都将小流域作为喀斯特地区水土流失防治与石漠化治理的基本单元。小流域也是喀斯特地区地表基本生态水文单元，在区域尺度数量较大，平均空间地域范围较小，导致控制小流域生态水文特征因素单一、明显，利于开展流域类型划分；同时，开展喀斯特小流域类型划分，有利于分类总结喀斯特小流域的关键制约因子，实现小流域精细刻画和生态优化调控措施的合理配置。

总之，对喀斯特小流域类型进行科学划分，既是喀斯特小流域生态建设的实践需要，也为科学分析喀斯特小流域脆弱生态地质环境背景、构建符合各类小流域水土空间配置规律的治理措施提供基础支撑。

4.2 喀斯特小流域分类原则

4.2.1 非地带性地质背景主控原则

按照贵州在全国生态地理区划中的位置，整体处于亚热带纬向分异带和东亚、南亚季风气候交替控制区（郑度，2008），喀斯特小流域分类不宜按传统水平地带性分异优先的原则进行。同时，贵州受青藏高原隆起影响而呈现西北高、东南低的三级阶梯特征，但由于三级阶梯之间的相对高差相比高大山系而言变化较小，且受相同气候背景控制，致使在区域层面的垂向分异规律不甚明显。因此，按照传统综合自然地理领域的地带性与非地带性相结合开展喀斯特小流域类型划分的科学性显得不足。

而从区域地质背景来看，卷入各时代构造单元的碳酸盐岩的产出状态决定了贵州喀斯特地貌景观的宏观格局。各时代碳酸盐岩化学成分及岩性组合的差异，对不同喀斯特地貌形态的形成影响十分显著；而不同褶皱构造型式及其与断裂的特定组合，则控制着喀斯特的发育分布规模及多元喀斯特系统的形成。这是贵州复杂地质构造条件下喀斯特发育最基本的控制因素（李兴中，2001），在此基础上发育的宏观地貌单元决定着地面物质与能量的形成与再分配过程，是制约区域水土资源空间格局的主控因素（胡宝清和王世杰，2008）。因此，以反映区域地质背景的宏观地貌单元为喀斯特小流域类型划分的依据，能够准确表达喀斯特小流域的生态地质环境背景。

4.2.2 分区与分类相结合的原则

非地带性地质背景主控下的喀斯特宏观地貌单元作为喀斯特小流域划分原则，可以将喀斯特小流域类型置入宏观地貌单元区划体系中，准确地刻画喀斯特小流域的宏观地质背景差异。但是，宏观地貌单元划分是一个考虑非地带性差异的区划方法，实现了喀斯特小流域类型在区域层面的共轭性表达，但同时，宏观地质背景下，次级地质背景与地貌过程往往使喀斯特小流域生态水文过程在地貌单元内仍然存在差异性，也由于次级地质背景与地貌过程的复杂性，使喀斯特小流域类型划分不能在宏观地貌单元区域基础上实施更低层级的区划分类（图4.1）。因此，宜采用空间上不连续、离散分布的分类单位，按分区与分类相结合的方法进行不同地貌单元区喀斯特小流域类型划分。

4.2.3 宏观、中观、微观相结合的原则

对于喀斯特小流域分类而言，宏观地貌单元区划指标作为分类依据，能够从总体上反映不同地貌类型区喀斯特小流域的水土资源空间配置格局，但仅考虑宏观地貌区划指标，

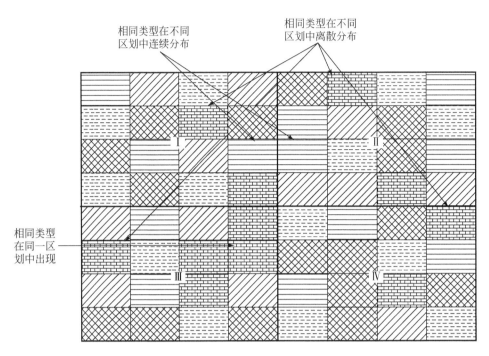

图 4.1 分区与分类结合的小流域类型空间分布模式概化

注：Ⅰ、Ⅱ、Ⅲ、Ⅳ种分区对象空间连续，即区域共轭

则同一地貌区小流域的内部差异不能体现。而地表形态特征在一定程度上反映了地貌的成因，即形成地貌的多次内外营力相互作用的基本状况，而形态示量又常常是区别形态特征最明快的一个标志。地形起伏度不仅反映着一地区的地面起伏状况，而且也在一定程度上从侧面综合地反映着地面坡度和切割度的状况（杨明德，1977），它是反映相同宏观地貌区内喀斯特小流域间水土资源赋存状态的中观分类指标。此外，喀斯特小流域内地表出露岩层的岩性既反映了区域地质背景特征，也控制着地表生态水文过程，可以作为喀斯特小流域分类的微观指标。因此，采用地貌单元、地形起伏、岩性组合等宏观、中观、微观相结合的分类原则，既能准确反映喀斯特小流域水土资源的宏观配置格局，也可以较好地表达喀斯特小流域及其内部微地形区的水土资源赋存状态与分布规律。

4.3 喀斯特小流域分类指标体系

4.3.1 地貌单元划分

在国家石漠化综合治理大纲中，考虑碳酸盐岩的类型、岩性组合特征对岩溶地貌塑造的影响，以及不同岩溶地貌对区域环境和水土资源的制约、石漠化在不同地貌条件下的形成、发育的特征等因素，将贵州岩溶区地貌组合类型分为岩溶高原、岩溶峡谷、峰丛洼地、岩溶槽谷、岩溶断陷盆地等五种喀斯特地貌类型区，实现了基于区域地质背景的非地带性自然地理区划，加上全省非喀斯特集中分布的区域，贵州可根据地貌类型划分为岩溶高原、岩溶峡谷、峰丛洼地、岩溶槽谷、岩溶断陷盆地、非喀斯特六个区域（图4.2）。本研究将其作为喀斯特小流域划分的分区区域。

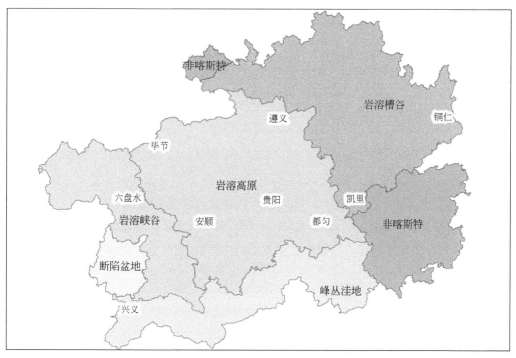

图4.2 地貌分区示意

主要地貌类型区特征（表4.1）如下。

表4.1 贵州喀斯特地区分区环境特点

分区名称	大地构造	宏观地貌	气候和植被	喀斯特地貌特点	喀斯特坡地类型
岩溶高原区	杨子准地台	第二级阶梯（云贵高原）	中亚热带东亚季风气候；中亚热带湿润常绿阔叶林	锥峰为主的浅碟型峰丛洼地	上部裸露型、中部半裸露型、下部覆盖型喀斯特
峰丛洼地区	杨子准地台、华南加里东褶皱带	云贵高原和广西丘陵平原过渡的大斜坡地带	中、南亚热带东亚季风气候；中、南亚热带湿润常绿阔叶林	锥峰为主的漏斗型峰丛洼地	坡地类型同上，裸露型面积比例增大，覆盖型降低
岩溶断陷盆地区	杨子准地台	第二级阶梯（云贵高原）	亚热带半湿润西南季风气候；亚热带半湿润常绿阔叶林	断陷盆地、宽谷；常态山	覆盖型和埋葬型喀斯特为主，丘顶时有石芽出露

续表

分区名称	大地构造	宏观地貌	气候和植被	喀斯特地貌特点	喀斯特坡地类型
岩溶峡谷区	杨子准地台	第二级阶梯（云贵高原内的南、北盘江河谷地带）	亚热带湿润、半湿润气候；亚热带湿润、半湿润常绿阔叶林	河流深切峡谷；常态山，夷平面有锥峰峰丛发育	裸露型喀斯特为主，夷平面上的丘陵坡地下部为覆盖型喀斯特
岩溶槽谷区	杨子准地台的川黔褶皱带	第二级阶梯和与第三级阶梯的过渡地带（云贵高原和武陵山、巫山）	中亚热带东亚季风气候；中亚热带湿润常绿阔叶林	褶皱构造形成的槽谷；常态山，岭顶和谷地有锥峰峰丛发育	覆盖型喀斯特为主，少量分布的锥峰，丘坡土被状况同浅碟型峰丛洼地亚区

注：表中的杨子准地台，为不含川黔褶皱带的杨子准地台

资料来源：王世杰等，2013

4.3.1.1 断陷盆地区

贵州西部的盘县与普安县属于断陷盆地区，该区域在贵州省境内面积为 0.55 万 km^2，约占全部断陷盆地区面积的 4.77%。贵州境内断陷盆地区平均海拔在 1700m 以上。断陷盆地区覆盖型与埋藏型喀斯特分布较多。该区东部界线与气象学的云贵准静止锋的位置大致吻合（孙世洲，1998），使贵州境内的断陷盆地区受西南季风气候与东亚季风气候双重影响，区内年平均降水量在 1300mm 以上，年均气温 13.7～15.2℃。断陷盆地平面形态近似封闭的椭圆形，盆地内地形平坦，多为城镇所在地，光热条件好，工农业发达，商贸经济活动频繁；四周为断块山地，主要为岩溶断陷盆地流域补给区，洼地底部多有落水洞、竖井分布，可利用的耕地资源和水资源均有限。

4.3.1.2 岩溶峡谷区

贵州境内的岩溶峡谷区主要位于南盘江、北盘江两岸，包括钟山、六枝、水城、兴仁、晴隆、贞丰、威宁、赫章、关岭等县域，总面积2.15万 km^2，约占西南岩溶峡谷区的24.54%。贵州境内岩溶峡谷区海拔 334～2900m，相对高差大，地形起伏度高，河谷深切，形成典型山地立体生态与垂直气候。岩溶峡谷区气候以海拔 800～850m 为界，以上为中亚热带山区气候，以下为南亚热带干热河谷，干旱缺水，土壤贫瘠，区内水资源丰富，地表水资源约为地下水资源的1/3，地下水面埋藏深，约 150～200m。

4.3.1.3 峰丛洼地区

峰丛洼地是由正向的凸出的石峰和负向的凹下的封闭洼地所组成，峰顶与洼地底部的相对高差多在几十到数百米之间（朱德浩，1982）。峰丛洼地区位于贵州高原向广西盆地过渡的斜坡地带，贵州境内包括兴义、册亨、安龙、望谟、平塘、罗甸等县域，总面积2.38万 km^2，约占西南峰丛洼地区的14.26%。峰丛洼地是贵州典型岩溶地貌类型，也是一类特殊的地表干旱缺水区，形成了特殊的生态环境，即峰丛洼地系统物质能量循环的相

对封闭性，也是脱贫难度较大的地域（李阳兵等，2005）。区域土地可垦率低，洼地底部耕地土壤较厚但易涝，山麓与山坡耕地多为石旮旯地，地表微景观的垂直分异明显，水土资源地下漏失严重。

4.3.1.4 岩溶高原区

岩溶高原区系国家石漠化综合治理大纲中八大地貌分区中唯一一个全部位于贵州境内的地貌类型，位于贵州中部长江与珠江流域分水岭地带的高原面上，包括贵州平坝、安顺、普定、六枝等34个县，土地总面积为5.63万 km²。该区属于北亚热带季风湿润气候，年均气温15.0~17.5℃，年均降水1300~1500mm，区域云雾多，日照少，太阳辐射能量低。岩溶高原区地形相对平缓，土层较薄，但土被的覆盖率较高，地貌以溶丘、峰林、洼地、宽缓谷地为主，洼地宽浅，落水洞、天窗发育，以地下河流为主，常流的地表河流很少，地下水埋藏浅。

4.3.1.5 岩溶槽谷区

岩溶槽谷区是八大地貌类型区中面积最大的地貌区域，约占西南岩溶地区八大地貌类型区总面积的三分之一。贵州境内的岩溶槽谷区主要位于黔东北、黔东地区，包括习水、湄潭、余庆、石阡、思南、印江、镇远、岑巩等24县（市），土地总面积4.76万 km²，约占岩溶槽谷区总面积的16.08%。岩溶槽谷区北东向的垄脊带状山岭与槽谷或长条形洼地平行分布，溶蚀—侵蚀的地貌形态主要包括槽谷、峡谷、台地、洼地，地质上表现为碳酸盐岩与碎屑岩相间分布，由于碎屑岩的顶托，常出现一些高位向斜蓄水构造，出现"悬挂式"的地下河，具有较好的开发利用条件和价值。

4.3.1.6 非喀斯特区

贵州非喀斯特集中分布在黔东南、黔北陆源碎屑岩地区，包括赤水、雷山、黎平、从江、榕江等县域，土地总面积2.21万 km²。贵州非喀斯特地区以碎屑岩为主，水文生态以地表过程为主，物质能量的垂向交换较弱，地表侵蚀严重，沟壑纵横。选择其作为喀斯特流域的分区指标，主要是该区域与贵州其他喀斯特地貌类型处于同一热量背景，便于对比分析不同地质背景下的流域生态过程特征。

4.3.2 地形起伏度计算与分类

4.3.2.1 计算地形起伏度

当前，基于GIS技术，采用矢量化等高线地形图或者公开发布的各种精度的DEM，能够很方便地得到研究区域的地形起伏度。近年来，随着国家主体功能区战略、人口发展功能区战略研究的不断深入，以及区域发展规划中空间发展适宜性评价得到高度重视，基于

GIS 技术的地理空间分析也逐渐引起各类规划编制者的注意，特别是包括高程、坡度、坡向、坡位、地表起伏度、地表粗糙度等指标在内的地形分析逐渐成为最基本的空间定量分析内容（王利等，2014）。

参考有关地形起伏度计算方式（路甬祥，2007），结合贵州地表地形特点，本研究中的小流域地形起伏度计算方式如下：

$$TR = \left\{ [Max(h) - Min(h)] / [Max(H) - Min(H)] \right\} \times [1 - P(A)/A]$$

式中，TR 为地形起伏度；$Max(h)$ 为小流域最高海拔；$Min(h)$ 是小流域最低海拔；$Max(H)$ 为贵州省最高海拔；$Min(H)$ 为贵州省最低海拔；$P(A)$ 为小流域坡度小于6°的平缓地所占面积；A 为小流域总面积。可见，小流域地形起伏度受其地表相对高差、平缓地规模两个因素影响，相对高差越大，地形起伏度越大；平缓地规模越大，地形起伏度越小。

4.3.2.2 地形起伏度分类标准

在 ArcGIS 中，利用空间分析工具，计算出各小流域地形起伏度值，利用自然断裂法将流域地形起伏度分为高起伏度、中起伏度、低起伏度三个类别，具体分类标准见表4.2。

表4.2 地形起伏度分类标准

地形起伏度	TR 值
高	>0.3
中	[0.16, 0.3]
低	<0.16

4.3.3 岩性类型划分

贵州出露的地层可以分为以碎屑岩为主的非碳酸盐岩和碳酸盐岩两大类，其中碳酸盐岩分布广泛、连片出露、岩类齐全、成因多样、厚度很大，赋存的地层层位较多，是贵州喀斯特地貌形成的基础，碳酸盐岩主要有石灰岩、白云岩两大类（李宗发，2011）。因此，本研究按照贵州出露岩层的特征，将其分为石灰岩、白云岩、碎屑岩三种类型。

石灰岩的主要成分为方解石（$CaCO_3$），可溶性极强，容易产生张性节理裂隙，分布极不均匀，产生显著的差异性溶蚀作用（Trudgill，1985），其风化方式以直接溶解作用为主，纯度越高，溶蚀越强，残留物极少，成土极其困难，致使土层十分浅薄、稀少，且零星分散，留存于石沟、石缝、石槽、石坑、石洞等负地形中（王德炉等，2005），石灰岩风化成土过程具有明显的差异性风化特征，是形成喀斯特地区土壤二元赋存格局的关键因素。石灰岩构造薄弱带的岩石将被优先风化，形成大量的岩石裂隙和洞穴系统，使基岩面强烈起伏，基岩面低洼的地方堆积或残积土壤，聚集了更多水分，溶蚀作用更为强烈，使土壤向溶洼退缩，峰丛基岩逐渐暴露，导致土壤残留在低洼和岩石缝隙中，土层厚度悬殊，土被不连续发育（但文红等，2009）。

白云岩的风化过程以物理崩解为主，物理崩解提供的岩石碎块更有利于化学风化的进行；再加上白云岩中孔隙均匀，有利于整体溶蚀作用的进行（李瑞玲等，2003），致使白云岩中溶蚀残余物质能相对均匀地分布于地表，土层厚度往往大于石灰岩区，基岩裸露率低（王世杰等，2003）。白云岩相对均匀而密集的裂隙、较高的孔隙度和渗透率，以扩散溶蚀为主，风化过程中形成类似海绵状的微溶孔，表现出明显的整体风化特征，使风化作用能集中于地表或近地表进行，形成疏松而赋水的风化碎裂岩，是较好的赋水载体，地下河也不很发育，使残余土壤物质能相对均匀地分布于地表，形成相对较均匀和较厚的土壤残积或堆积，地表土被连续（但文红等，2009）。

与碳酸盐岩相比，碎屑岩具有低渗透性、低溶解率特征，使其常成为喀斯特地区弱透水介质，在碳酸盐岩与碎屑岩互层地区，碎屑岩层组形成区域隔水层，使两种不同岩性接触地带出露岩溶泉、地下河。由于地下系统发育程度差，碎屑岩地区生态水文过程以地表为主，不具喀斯特地上地下双层结构，地貌过程以构造剥蚀和侵蚀为主，溶蚀不强烈（李宗发，2011），从而导致碎屑岩地区水土流失严重，区域地表河网相对发达（罗光杰等，2014）。

在前期完成的 1∶50 万贵州岩溶地区岩石组合类型分布图的基础上，按不同岩层组岩石化学成分的差异、碳酸盐岩与碎屑岩在地层中的厚度差异及组合特征，将贵州出露的岩石按照岩性组合分为八种类型：连续性石灰岩、连续性白云岩、石灰岩与白云岩互层、石灰岩夹碎屑岩、白云岩夹碎屑岩、石灰岩与碎屑岩互层、白云岩与碎屑岩互层、碎屑岩（李瑞玲等，2003）。考虑到流域尺度的一般由多种岩性组合类型组成，对上述八种类型进行归并后，将贵州小流域按岩性出露面积占流域面积的百分比指标分为石灰岩流域、白云岩流域、复合碳酸盐岩流域、非碳酸盐岩流域四种流域类型（表 4.3）。

表 4.3　小流域岩性分类指标解释　　　　　　　　　　　　　单位:%

类型	岩性比例组合形式			
	A	B	C	D
石灰岩流域	①+④+⑥>50% 且 ②+⑤+⑦<10	①+④+⑥>60% 且 ②+⑤+⑦<20	①+④+⑥>70% 且 ②+⑤+⑦<30	①+④+⑥>10% 且 ②+⑤+⑦=0
白云岩流域	②+⑤+⑦>50% 且 ①+④+⑥<10	②+⑤+⑦>60% 且 ①+④+⑥<20	②+⑤+⑦>70% 且 ①+④+⑥<30	②+⑤+⑦>10% 且 ①+④+⑥=0
复合碳酸盐岩流域	除本表所指外的组合形式			
非碳酸盐岩流域	⑧≥90%			

注：岩性序号①为连续性石灰岩、②为连续性白云岩、③为石灰岩与白云岩互层、④为石灰岩夹碎屑岩、⑤为白云岩夹碎屑岩、⑥为石灰岩与碎屑岩互层、⑦为白云岩与碎屑岩互层、⑧为碎屑岩

石灰岩流域：指流域连续性石灰岩、石灰岩夹碎屑岩、石灰岩与碎屑岩互层的总出露面积大于 50%，且与其他类型的碳酸盐岩出露百分比的差距在 40% 以上（A、B、C

三种组合）；或流域仅有 10% 以上的上述三种类型的碳酸盐岩出露，其他类型碳酸盐岩零出露。

　　白云岩流域：指流域连续性白云岩、白云岩夹碎屑岩、白云岩与碎屑岩互层的总出露面积大于 50%，且与其他类型的碳酸盐岩出露百分比的差距在 40 以上（A、B、C 三种组合）；或流域仅有 10% 以上的上述三种类型的碳酸盐岩出露，其他类型碳酸盐岩零出露。

　　非碳酸盐岩流域：指全流域碎屑岩比例在 90% 的流域。

　　复合碳酸盐岩流域：指上述指标确定的类型之外，石灰岩、白云岩等均有出露的流域类型，其岩性背景兼具石灰岩流域与白云岩流域的特征。

参 考 文 献

曹建华，袁道先，童立强 . 2008. 中国西南岩溶生态系统特征与石漠化综合治理对策 . 草业科学，25（9）：40-50.

但文红，张聪，宋江，等 . 2009. 峰丛洼地石漠化景观演化与土地利用模式 . 地理研究，28（6）：1615-1624.

郭柯，刘长成，董鸣 . 2011. 我国西南喀斯特植物生态适应性与石漠化治理 . 植物生态学报，35（10）：991-999.

胡宝清，王世杰 . 2008. 基于 3S 技术的区域喀斯特石漠化过程、机制及风险评估：以广西都安为例 . 北京：科学出版社 .

李瑞玲，王世杰，周德全，等 . 2003. 贵州岩溶地区岩性与土地石漠化的相关分析 . 地理学报，58（2）：314-320.

李兴中 . 2001. 晚新生代贵州高原喀斯特地貌演进及其影响因素 . 贵州地质，18（1）：29-36.

李阳兵，王世杰，容丽 . 2005. 不同石漠化程度岩溶峰丛洼地系统景观格局的比较 . 地理研究，37（1）：74-79.

李宗发 . 2011. 贵州喀斯特地貌分区 . 贵州地质，28（3）：177-181.

梁亮，刘志霄，张代贵，等 . 2007. 喀斯特地区石漠化治理的理论模式探讨 . 应用生态学报，18（3）：595-600.

路甬祥 . 2007. 中国可持续发展总论 . 北京：科学出版社 .

罗光杰，王世杰，李阳兵，等 . 2014. 岩溶地区坡耕地时空动态变化及其生态服务功能评估 . 农业工程学报，（11）：233-243.

孙世洲 . 1998. 关于中国国家自然地图集中的中国植被区划图 . 植物生态学报，22（6）：523-537.

王德炉，朱守谦，黄宝龙 . 2005. 贵州喀斯特石漠化类型及程度评价 . 生态学报，25（5）：1057-1063.

王利，王慧鹏，任启龙，等 . 2014. 关于基准地形起伏度的设定和计算——以大连旅顺口区为例 . 山地学报，32（03）：277-283.

王世杰 . 2002. 喀斯特石漠化概念演绎及其科学内涵的探讨 . 中国岩溶，21（2）：101-105.

王世杰，李阳兵，李瑞玲 . 2003. 喀斯特石漠化的形成背景、演化与治理 . 第四纪研究，23（6）：657-666.

王世杰，张信宝，白晓永 . 2013. 南方喀斯特石漠化分区的名称商榷与环境特点 . 山地学报，31（1）：18-24.

熊康宁，李晋，龙明忠 . 2012. 典型喀斯特石漠化治理区水土流失特征与关键问题 . 地理学报，67（7）：

878-888.

杨明德. 1977. 地形起伏度的初步探讨. 贵州师范大学学报（自然科学版），（03）：106-109.

郑度. 2008. 中国生态地理区域系统研究. 北京：商务印书馆.

朱德浩. 1982. 桂林地区峰丛洼地的形态量计及其演化. 中国岩溶，（2）：127-134.

Trudgill S. 1985. Limestone Geomorphology. London：Longman Group Limited.

5 喀斯特小流域类型划分结果

5.1 喀斯特小流域类型划分

5.1.1 基于地貌指标的喀斯特小流域类型划分结果

根据"地貌+地形起伏度+岩性"的小流域划分标准，贵州省小流域按地貌分区分别归属断陷盆地区、岩溶峡谷区、峰丛洼地区、岩溶高原区、岩溶槽谷区、非喀斯特区六种区域。数量上，全省 5 个喀斯特地貌区小流域总数为 3402 个，约占全省小流域总数的 87.64%（表 5.1）。规模上，喀斯特地貌区小流域总面积为 14.93 万 km²，约占全省小流域总面积的 87.15%。因此，从地貌分区来看，贵州喀斯特地貌区小流域数量与规模都明显高于非喀斯特地区。平均规模方面，包括非喀斯特区在内的 6 个地貌类型区小流域平均面积都在 43~46km²，各地貌类型间小流域的平均规模差别不大。

分区域来看，峰丛洼地区小流域总面积约为 2.16 万 km²，小流域总数为 496 个，面积与个数分别约占全省小流域总面积的 12.61% 和 12.78%；平均面积 43.5km²，低于全省小流域平均面积水平，同时，该区最大小流域面积为 168.84km²，说明峰丛洼地区小流域相对其他地貌区具有平均面积小、分布均匀的特点。

表 5.1 贵州省各地貌类型区小流域数量特征

地貌分区	总面积/km²	平均面积/km²	数量/个	最大面积/km²
峰丛洼地	21 574.23	43.50	496	168.84
岩溶槽谷	46 539.18	44.20	1 053	184.78
断陷盆地	5 385.92	43.09	125	198.53
岩溶高原	55 205.54	43.81	1 260	234.03
岩溶峡谷	20 607.01	44.03	468	260.2
喀斯特地貌区小计	149 311.88	43.89	3 402	260.2
非喀斯特地貌	22 010.86	45.86	480	230.83
全省合计	171 322.74	—	3 882	—

岩溶槽谷区小流域总面积约 4.65 万 km²，小流域 1053 个，两者约占贵州小流域总面积的 27.15% 和 27.12%，该区域小流域数据与规模在贵州均占有重要地位，因此，岩溶

槽谷区既是中国西南喀斯特最大地貌类型区，也是贵州境内控制小流域数量与规模的重要地貌类型；平均面积来看，岩溶槽谷区小流域平均面积为44.2km²，与全省小流域平均规模基本一致；该区最大小流域面积为184.78km²。

断陷盆地区小流域规模与数量均为全省最小，该区域小流域总面积约为0.54万km²，小流域数量为125个，分别约占全省小流域的3.15%和3.22%；断陷盆地区小流域平均面积为43.09km²，为全省所有地貌区中平均规模最小。因此，贵州断陷盆地区小流域具有数量小、范围小、平均规模小等数量特征。

岩溶高原区作为贵州分布范围最大地貌类型区，该区小流域总面积约为5.52万km²，约占全省小流域总面积的32.22%，小流域1260个，约占全省的32.46%；岩溶高原区小流域平均面积43.81km²，低于全省平均水平；最大小流域面积234.03km²。

岩溶峡谷区小流域总面积约2.06km²，约占全省小流域面积比例的12.03%，小流域数量为468个，平均面积44.03km²，略低于全省平均水平；全省最大面积小流域分布在岩溶峡谷区，面积为260.2km²。

贵州省非喀斯特地区小流域作为与喀斯特地区小流域相互对比分析的重要参照对象，其显著特征是小流域平均面积较大，为45.86km²，这主要由于非喀斯特地区地表地形侵蚀强烈，地表切割程度较高，致使相同产流阈值条件下，非喀斯特地区小流域上游分布支流支沟更多，小流域分布范围更广。

5.1.2 基于地形起伏度指标的喀斯特小流域类型划分结果

按照地形起伏度指标，全省3882个小流域中，低起伏度小流域共1288个，约占全省小流域总数的31.63%，小流域平均面积34.87km²，平均面积较全省小流域低9.26km²，总面积4.49万km²，约占全省小流域总面积的26.21%，主要分布于黔中高原面以贵阳、安顺为核心的区域，以及全省其他低平地形过渡区（图5.1）；中起伏度小流域共1854个，约占全省小流域总数的47.76%，小流域平均面积44.58km²，平均面积与全省小流域平均面积相当，总面积8.27万km²，约占全省小流域总面积的48.28%，主要分布于黔中高原面贵阳、安顺、遵义、凯里、都匀周边向四周扩散地带；高起伏度小流域共740个，约占全省小流域总数的19.06%，小流域平均面积59.13km²，平均面积较全省小流域高15km²，总面积4.38万km²，约占全省小流域总面积的25.57%，主要分布于西部岩溶高原与断陷盆地过渡地区及北盘江流域峡谷地区、北部向四川盆地过渡地带与东北部梵净山周边区域、东南非喀斯特河谷深切地区。

5.1.3 基于岩性指标的喀斯特小流域类型划分结果

根据小流域岩性属性划分标准，全省按岩性共划分为石灰岩流域、白云岩流域、复合碳酸盐岩流域三种喀斯特小流域类型和碎屑岩流域（非喀斯特），共四种基于岩性分类标

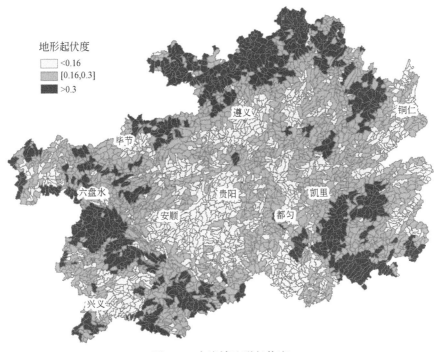

图 5.1　小流域地形起伏度

准的小流域类型。其中，石灰岩流域共 1690 个，约占全省小流域总数的 43.53%，总面积 7.15 万 km²，约占全省小流域总面积的 41.77%，平均面积为 42.34km²，较全省小流域平均面积小 1.79km²，该类型小流域在全省来看，具有分布数据最多，分布范围最广的特点；复合碳酸盐岩流域共 1108 个，约占全省小流域总数的 28.54%，总面积 5.5 万 km²，约占全省小流域总面积的 32.1%，平均面积为 49.63km²，较全省小流域平均面积大 5.5km²，该类型小流域平均面积为所有岩性小流域平均面积的最大值；白云岩流域共 363 个，约占全省小流域总数的 9.35%，总面积 1.34 万 km²，约占全省小流域总面积的 7.83%，平均面积为 36.94km²，较全省小流域平均面积小 7.19km²，在全省来看，该类型小流域具有数量少、分布范围小、平均面积低的特点；作为非喀斯特的碎屑岩小流域共有 721 个，约占全省小流域总数的 18.57%，总面积 3.14 万 km²，约占全省小流域总面积的 18.31%，平均面积为 43.51km²，与全省小流域平均面积相当（表 5.2）。

表 5.2　不同岩性小流域统计

岩性	总面积/万 km²	数量/个	平均面积/km²
白云岩	1.34	363	36.94
复合碳酸盐岩	5.50	1 108	49.63
石灰岩	7.15	1 690	42.34
碎屑岩	3.14	721	43.51

5.1.4 "地貌+地形起伏度+岩性" 的喀斯特小流域类型划分结果

按照本研究确定的 "地貌+地形起伏度+岩性" 的喀斯特小流域类型划分方案，贵州岩溶高原、岩溶峡谷、峰丛洼地、岩溶槽谷、岩溶断陷盆地、非喀斯特六种地貌类型，高、中、低三种地形起伏度，白云岩、石灰岩、复合碳酸盐岩、碎屑岩四种岩性类型，理论上可划分出 72 种小流域类型，而经数据汇总（附表1），贵州共划分出 67 种小流域类型，缺失非喀斯特地貌+低起伏度+石灰岩、非喀斯特地貌+高起伏度+白云岩、非喀斯特地貌+高起伏度+复合碳酸岩盐和岩溶断陷盆地+低起伏度+碎屑岩、岩溶断陷盆地+高起伏度+石灰岩等 5 种小流域类型，总的来看，研究方案确定的小流域分类方法较全面地表达了全省喀斯特小流域类型。

具体来看（非喀斯特地貌区除外），以规模比例或个数比例大于 10% 的小流域作为主要流域类型，贵州省共有岩溶断陷盆地+中起伏度+复合碳酸盐岩、峰丛洼地+中起伏度+石灰岩、岩溶峡谷+中起伏度+石灰岩、岩溶断陷盆地+中起伏度+石灰岩、岩溶峡谷+高起伏度+石灰岩、峰丛洼地+低起伏度+石灰岩、岩溶槽谷+中起伏度+复合碳酸盐岩、岩溶高原+中起伏度+石灰岩、岩溶高原+中起伏度+复合碳酸盐岩、岩溶高原+低起伏度+石灰岩、岩溶断陷盆地+高起伏度+石灰岩、岩溶峡谷+中起伏度+复合碳酸盐岩、岩溶高原+低起伏度+复合碳酸盐岩、岩溶槽谷+中起伏度+石灰岩、岩溶槽谷+高起伏度+复合碳酸盐岩、岩溶槽谷+高起伏度+石灰岩、峰丛洼地+高起伏度+石灰岩、峰丛洼地+中起伏度+碎屑岩、岩溶峡谷+低起伏度+石灰岩等 19 种典型喀斯特小流域类型。19 种典型喀斯特小流域类型总面积 11.06 万 km²，约占全省喀斯特小流域总面积的 74.04%；典型喀斯特小流域 2454 个，约占全省喀斯特小流域总数的 72.13%。

从地貌类型区分析，峰丛洼地区共划分为峰丛洼地+低起伏度+白云岩、峰丛洼地+低起伏度+复合碳酸盐岩、峰丛洼地+低起伏度+石灰岩、峰丛洼地+低起伏度+碎屑岩、峰丛洼地+高起伏度+白云岩、峰丛洼地+高起伏度+复合碳酸盐岩、峰丛洼地+高起伏度+石灰岩、峰丛洼地+高起伏度+碎屑岩、峰丛洼地+中起伏度+白云岩、峰丛洼地+中起伏度+复合碳酸盐岩、峰丛洼地+中起伏度+石灰岩、峰丛洼地+中起伏度+碎屑岩等 12 种喀斯特小流域类型。从分布规模来看，中起伏度的四种小流域约占 44.09%，低起伏度的约占 31.66%，高起伏度的约占 24.25%；峰丛洼地区石灰岩类小流域约占 61.81%，复合碳酸盐岩类小流域约占 11.9%，白云岩类小流域约占 7.63%，碎屑岩类小流域约占 18.65%。可以看出，从空间分布规模来看，峰丛洼地区中起伏度石灰岩类小流域为该区域代表性小流域。

岩溶槽谷区共划分为岩溶槽谷+低起伏度+白云岩、岩溶槽谷+低起伏度+复合碳酸盐岩、岩溶槽谷+低起伏度+石灰岩、岩溶槽谷+低起伏度+碎屑岩、岩溶槽谷+高起伏度+白云岩、岩溶槽谷+高起伏度+复合碳酸盐岩、岩溶槽谷+高起伏度+石灰岩、岩溶槽谷+高起伏度+碎屑岩、岩溶槽谷+中起伏度+白云岩、岩溶槽谷+中起伏度+复合碳酸盐岩、岩溶槽谷+中起伏度+石灰岩、岩溶槽谷+中起伏度+碎屑岩等 12 种喀斯特小流域类型。其中，中起伏度小流域规模比例约为50.1%，相应的，高起伏度小流域约为33.56%，低起伏度小流域约为16.43%；岩性类型方面，复合碳酸盐岩类小流域约占45.18%，石灰岩类约占34.45%，白云岩类约占10.97%，碎屑岩类约9.4%。因此，中、高起伏度，石灰岩、复合碳酸盐岩类小流域为槽谷区主要流域类型。

岩溶断陷盆地区共划分为岩溶断陷盆地+低起伏度+白云岩、岩溶断陷盆地+低起伏度+复合碳酸盐岩、岩溶断陷盆地+低起伏度+石灰岩、岩溶断陷盆地+高起伏度+复合碳酸盐岩、岩溶断陷盆地+高起伏度+石灰岩、岩溶断陷盆地+高起伏度+碎屑岩、岩溶断陷盆地+中起伏度+白云岩、岩溶断陷盆地+中起伏度+复合碳酸盐岩、岩溶断陷盆地+中起伏度+石灰岩、岩溶断陷盆地+中起伏度+碎屑岩等10种小流域类型。其中，中起伏度小流域规模比例约为55.41%，高起伏度小流域约占28.32%，低起伏度小流域约占16.27%；岩性类型方面，石灰岩小流域约占49.72%，复合碳酸盐岩小流域约占45.09%。因此，该区域中起伏度石灰岩、中起伏度复合碳酸盐岩小流域为主要流域类型。

岩溶高原区共划分为岩溶高原+低起伏度+白云岩、岩溶高原+低起伏度+复合碳酸盐岩、岩溶高原+低起伏度+石灰岩、岩溶高原+低起伏度+碎屑岩、岩溶高原+高起伏度+白云岩、岩溶高原+高起伏度+复合碳酸盐岩、岩溶高原+高起伏度+石灰岩、岩溶高原+高起伏度+碎屑岩、岩溶高原+中起伏度+白云岩、岩溶高原+中起伏度+复合碳酸盐岩、岩溶高原+中起伏度+石灰岩、岩溶高原+中起伏度+碎屑岩等12种喀斯特小流域类型。其中，中起伏度类小流域分布规模比例约为49.24%，低起伏度类小流域分布规模比例约为42.03%，高起伏度类小流域仅占8.73%；岩性类型方面，石灰岩类小流域约占46.58%，复合碳酸盐岩类小流域约占40.6%，白云岩类小流域约占10.36%，碎屑岩类仅占2.46%。可见，岩溶高原区以中低起伏度、石灰岩与复合碳酸盐岩类小流域为主要流域类型。

岩溶峡谷区共划分为岩溶峡谷+低起伏度+白云岩、岩溶峡谷+低起伏度+复合碳酸盐岩、岩溶峡谷+低起伏度+石灰岩、岩溶峡谷+低起伏度+碎屑岩、岩溶峡谷+高起伏度+白云岩、岩溶峡谷+高起伏度+复合碳酸盐岩、岩溶峡谷+高起伏度+石灰岩、岩溶峡谷+高起伏度+碎屑岩、岩溶峡谷+中起伏度+白云岩、岩溶峡谷+中起伏度+复合碳酸盐岩、岩溶峡谷+中起伏度+石灰岩、岩溶峡谷+中起伏度+碎屑岩等12种流域类型。其中，高起伏度小流域规模比例约为36.5%，中起伏度小流域比例约为46.6%，低起伏度小流域比例约为16.89%；岩性类型方面，石灰岩类小流域约占59.83%，复合碳酸岩盐类小流域约占30.17%，白云岩类小流域约占3.42%，碎屑岩类小流域约占6.58%。中高起伏度石灰岩类小流域为岩溶峡谷区主要流域类型。

综上所述，从各类型小流域空间数量与规模分布信息来看，峰丛洼地区以中起伏度石灰岩类小流域为典型小流域；岩溶槽谷区以中、高起伏度，石灰岩、复合碳酸盐岩类小流域为典型小流域；岩溶断陷盆地区以中起伏度石灰岩小流域为典型小流域；岩溶高原区以中低起伏度、石灰岩与复合碳酸盐岩类小流域为典型小流域；岩溶峡谷区中高起伏度石灰岩类小流域为典型性小流域。此外，由于受全省白云岩地层分布规模限制，各地貌类型区白云岩类小流域总量较少，但因其特殊的生态水文特征，在小流域生态优化调控中不容忽视。

5.2 贵州八大流域的小流域分类结果及其主要特征

5.2.1 乌江流域

乌江流域的小流域共划分为 32 种类型（附表 2），包括岩溶槽谷、岩溶高原、岩溶峡谷三种地貌类型，三种地貌区的小流域总面积分别为 2.66 万 km²、3.41 万 km²、0.58 万 km²，相应的，约占乌江流域总面积比例为 40.01%、51.23%、8.76%；乌江流域高、中、低三种起伏度小流域总面积分别为 1.22 万 km²、3.55 万 km²、1.89 万 km²，约占流域总面积的比例相应为 18.3%、53.27%、28.43%；岩性类型方面，石灰岩、白云岩、复合碳酸盐岩、碎屑岩类小流域总面积分别为 3.07 万 km²、0.55 万 km²、2.96 万 km²、0.08 万 km²，约占流域总面积的比例依次为 46.09%、8.29%、44.42%、1.19%。因此，乌江流域小流域以岩溶高原、岩溶槽谷、中低起伏度及石灰岩、复合碳酸盐岩类小流域为主。

从具体类型来看，岩溶高原+中起伏度+复合碳酸盐岩、岩溶高原+低起伏度+复合碳酸盐岩、岩溶高原+中起伏度+石灰岩、岩溶槽谷+中起伏度+石灰岩、岩溶槽谷+中起伏度+复合碳酸盐岩、岩溶高原+低起伏度+石灰岩、岩溶槽谷+高起伏度+石灰岩、岩溶槽谷+高起伏度+复合碳酸盐岩、岩溶峡谷+中起伏度+石灰岩、岩溶高原+低起伏度+白云岩等 10 种小流域类型面积比例达 83.58%，总流域数为 1236 个，约占乌江流域小流域数的 81.42%。10 种典型小流域中，岩溶槽谷+高起伏度+复合碳酸盐岩类小流域平均面积最大，达 73.96km²，总数为 59 个，这反映了槽谷区构造背景下小流域槽深、谷宽、范围大的特点；岩溶高原+低起伏度+白云岩类小流域平均面积最小，为 31.70km²，但其平均近圆形状指数为 2.0，说明该类小流域地表集水系统发育较差，流域边界条件复杂。

从小流域形状特征来看，乌江流域所有小流域平均形状指数为 2。其中，岩溶高原地貌区小流域平均形状指数大多在 2.0 以上，说明分布在乌江流域的岩溶高原地貌区小流域边界形状复杂，地表分水岭系统相对复杂；而同流域的岩溶峡谷区与岩溶槽谷区小流域形状指数相对较低，多在 2.0 的平均值以下，说明两类地形区小流域边界形状相对简单，地表分水岭系统相对明显，但值得注意的是，岩溶峡谷+中起伏度+白云岩、岩溶峡谷+低起伏度+石灰岩、岩溶槽谷+低起伏度+白云岩三类小流域平均形状指数大于 2.0，表明了中低起伏度、白云岩类小流域往往具有更复杂的小流域形态。

乌江流域高、中、低起伏度小流域的平均形状指数分别为 1.88、1.95、1.93，说明中低起伏度小流域边界条件复杂，高起伏度小流边界形状简单的趋势。从岩性来看，乌江流域白云岩、复合碳酸盐岩、石灰岩类小流域平均形状指数分别为 1.95、1.96、1.99，而碎屑岩类小流域平均形状指数为 1.77。可见，碳酸盐岩类小流域具有更为复杂的小流域边界条件，地表分水线形状复杂。总的来看，乌江流域岩溶高原区、中低起伏度、碳酸盐岩类小流域具有相对复杂的流域边界条件。

从空间分布来看（图 5.2），在乌江流域，干流流经的小流域在岩溶槽谷区主要以中起伏度为主；槽谷区高起伏度小流域主要分布于发源于梵净山区域的木黄河、印江河支流流经区域，以及洪渡河、芙蓉江下游地区；槽谷区低起伏度小流域主要分布于湄江河上游地区；在岩溶高原区乌江干流流域的小流域以中起伏度为主，低起伏度小流域主要分布于贵阳、安顺、遵义所在平缓地区，高起伏度小流域主要分布在上游岩溶高原区；在岩溶峡谷区以中低起伏度小流域为主，高起伏度小流域零星分布。

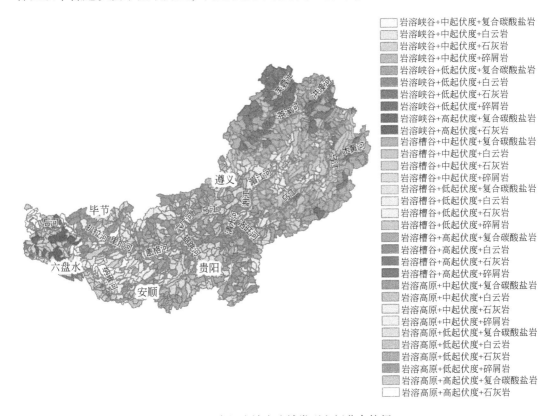

图 5.2　乌江流域小流域类型空间分布特征

5.2.2　北盘江流域

北盘江流域涵盖峰丛洼地、岩溶断陷盆地、岩溶高原、岩溶峡谷四种地貌区共 42 种小流域类型（附表 3）。四种地貌区的小流域面积依次为 0.38 万 km²、0.35 万 km²、0.28 万 km²、1.06 万 km²，相应的，占北盘江流域总面积比例约为 18.51%、16.82%、13.42%、51.24%，岩溶峡谷类小流域分布范围较广；流域高、中、低三种起伏度小流域总面积分别为 0.87 万 km²、0.82 万 km²、0.38 万 km²，占流域总面积的比例相应约为 42.14%、39.52%、18.34%；岩性类型方面，石灰岩、白云岩、复合碳酸盐岩、碎屑岩类小流域总面积分别为 0.97 万 km²、0.16 万 km²、0.67 万 km²、0.27 万 km²，约占流域总面积的比例依次为 46.93%、7.89%、32.26%、12.92%。因此，北盘江流域小流域以岩溶峡谷、中高起伏度及石灰岩、复合碳酸盐岩类小流域为主。

单个类型方面，岩溶峡谷+高起伏度+石灰岩、岩溶峡谷+中起伏度+复合碳酸盐岩、岩溶峡谷+高起伏度+复合碳酸盐岩、岩溶峡谷+中起伏度+石灰岩、岩溶断陷盆地+中起伏度+复合碳酸盐岩、岩溶断陷盆地+高起伏度+石灰岩、岩溶高原+中起伏度+石灰岩、岩溶峡谷+低起伏度+复合碳酸盐岩、峰丛洼地+中起伏度+碎屑岩、岩溶峡谷+低起伏度+石灰岩、峰丛洼地+高起伏度+石灰岩、峰丛洼地+高起伏度+碎屑岩、岩溶断陷盆地+中起伏度+石灰岩、岩溶峡谷+中起伏度+碎屑岩、岩溶断陷盆地+高起伏度+复合碳酸盐岩、峰丛洼地+高起伏度+复合碳酸盐岩、岩溶高原+低起伏度+石灰岩、岩溶峡谷+高起伏度+白云岩等 18 种小流域类型面积比例达 81.72%，总流域数为 366 个，约占北盘江流域小流域数的 78.04%。18 种典型小流域中，岩溶峡谷+高起伏度+石灰岩类小流域分布范围最广，总面积达 0.34 万 km²，约占北盘江流域的 16.39%。岩溶断陷盆地+高起伏度+复合碳酸盐岩、峰丛洼地+高起伏度+复合碳酸盐岩两类小流域的平均面积最大，分别为 111.15km²、103.21km²。

形状特征方面，北盘江流域所有小流域平均形状指数为 2.08。其中，峰丛洼地地貌区小流域平均形状指数为 2.11，为该流域所有地貌类型的最高值，岩溶断陷盆地区小流域平均形状指数为 2.06，岩溶峡谷区为 1.99，说明北盘江流域峰丛洼地区小流域边界形状复杂，地表分水岭系统相对复杂。

北盘江流域高、中、低起伏度小流域的平均形状指数分别为 2.09、2.07、2.08，边界形状的复杂性程度总体较高，但地形起伏度控制小的小流域边界形状异质性差。从岩性来看，白云岩、复合碳酸盐岩、石灰岩、碎屑岩四类小流域平均形状指数分别为 2.28、2.15、1.98、1.95，也说明白云岩为主的小流域具有较为复杂的边界形状。总的来看，北盘江流域峰丛洼地区、白云岩类小流域具有相对复杂的流域边界条件。

从空间分布来看（图 5.3），岩溶峡谷型小流域主要分布于北盘江干流流经区域，岩溶断陷盆地、岩溶高原型小流域主要分布于支流地区，峰丛洼地型小流域分布于北盘江流域下游地区；高起伏度小流域主要分布于干流所在地带，而中低起伏度小流域多分布于支流所属地区。

5.2.3 南盘江流域

南盘江流域包括峰丛洼地、岩溶断陷盆地、岩溶峡谷三种地貌区共 21 种小流域类型（附表 4）。三种地貌区的小流域面积依次为 0.47 万 km²、0.19 万 km²、0.01 万 km²，分别占南盘江流域总面积比例约为 69.78%、28.28%、1.94%，峰丛洼地类小流域分布范围较广；流域高、中、低三种起伏度小流域总面积分别为 0.14 万 km²、0.33 万 km²、0.20 万 km²，占流域总面积的比例相应约为 20.93%、48.70%、30.37%；岩性方面，石灰岩、白云岩、复

图例:
岩溶峡谷+中起伏度+复合碳酸盐岩
岩溶峡谷+中起伏度+白云岩
岩溶峡谷+中起伏度+石灰岩
岩溶峡谷+中起伏度+碎屑岩
岩溶峡谷+低起伏度+复合碳酸盐岩
岩溶峡谷+低起伏度+白云岩
岩溶峡谷+低起伏度+石灰岩
岩溶峡谷+低起伏度+碎屑岩
岩溶峡谷+高起伏度+复合碳酸盐岩
岩溶峡谷+高起伏度+白云岩
岩溶峡谷+高起伏度+石灰岩
岩溶峡谷+高起伏度+碎屑岩
岩溶断陷盆地+中起伏度+复合碳酸
岩溶断陷盆地+中起伏度+白云岩
岩溶断陷盆地+中起伏度+石灰岩
岩溶断陷盆地+中起伏度+碎屑岩
岩溶断陷盆地+低起伏度+复合碳酸
岩溶断陷盆地+低起伏度+白云岩
岩溶断陷盆地+低起伏度+石灰岩
岩溶断陷盆地+高起伏度+复合碳酸
岩溶断陷盆地+高起伏度+白云岩
岩溶断陷盆地+高起伏度+碎屑岩
岩溶高原+中起伏度+复合碳酸盐岩
岩溶高原+中起伏度+白云岩
岩溶高原+中起伏度+石灰岩
岩溶高原+中起伏度+碎屑岩
岩溶高原+低起伏度+复合碳酸盐岩
岩溶高原+低起伏度+白云岩
岩溶高原+低起伏度+石灰岩
岩溶高原+低起伏度+碎屑岩
岩溶高原+高起伏度+石灰岩
岩溶高原+高起伏度+碎屑岩
峰丛洼地+中起伏度+复合碳酸盐岩
峰丛洼地+中起伏度+白云岩
峰丛洼地+中起伏度+石灰岩
峰丛洼地+低起伏度+复合碳酸盐岩
峰丛洼地+低起伏度+白云岩
峰丛洼地+低起伏度+石灰岩
峰丛洼地+高起伏度+复合碳酸盐岩
峰丛洼地+高起伏度+石灰岩
峰丛洼地+高起伏度+碎屑岩

图 5.3　北盘江流域小流域类型空间分布特征

合碳酸盐岩、碎屑岩类小流域总面积分别为 0.19 万 km²、0.13 万 km²、0.22 万 km²、0.14 万 km²，占流域总面积的比例依次约为 28.53%、18.86%、32.43%、20.18%。因此，南盘江流域小流域以峰丛洼地、中低起伏度及复合碳酸盐岩类小流域为主。

类型方面，南盘江流域岩溶断陷盆地+中起伏度+石灰岩、峰丛洼地+中起伏度+碎屑岩、峰丛洼地+低起伏度+白云岩、峰丛洼地+中起伏度+复合碳酸盐岩、岩溶断陷盆地+中起伏度+复合碳酸盐岩、峰丛洼地+高起伏度+碎屑岩、峰丛洼地+高起伏度+复合碳酸盐岩、峰丛洼地+低起伏度+复合碳酸盐岩、峰丛洼地+中起伏度+白云岩、峰丛洼地+高起伏度+石灰岩、峰丛洼地+低起伏度+石灰岩等 11 种小流域类型面积比例达 83.00%，总流域数为 115 个，约占南盘江流域小流域数的 79.31%。11 种典型小流域中，岩溶断陷盆地+中起伏度+石灰岩、峰丛洼地+低起伏度+白云岩、峰丛洼地+中起伏度+复合碳酸盐岩总面积分别为 784.04km²、679.20km²、619.17km²，约占南盘江流域的 31.04%，三类流域为南盘江流域分布范围最广的碳酸盐岩类小流域。从平均面积来看，峰丛洼地+高起伏度+白云岩、岩溶断陷盆地+高起伏度+石灰岩、峰丛洼地+高起伏度+石灰岩三类小流域的平均面积最大，分别为 117.53km²、76.84km²、72.99km²。

从形状特征来看，南盘江流域所有小流域平均形状指数为 2.06。其中，峰丛洼地地貌区小流域平均形状指数为 2.11，为该流域所有地貌类型的最高值，其次岩溶高原区小流域平均形状指数为 2.09，说明南盘江流域峰丛洼地区与岩溶高原区小流域边界形状复杂，地表分水岭系统相对复杂；而流域的岩溶峡谷区与岩溶断陷盆地区小流域形状指数相对较低，多低于 2.0 的平均值，说明两类地形区小流域边界形状相对简单，地表分水岭系统相对明显。

南盘江流域高、中、低起伏度小流域的平均形状指数分别为 1.98、2.06、2.07，进一步说明中低起伏度小流域边界条件复杂，高起伏度小流边界形状简单的特征。从岩性来看，白云岩、复合碳酸盐岩、石灰岩类小流域平均形状指数分别为 2.19、2.15、1.98，而碎屑岩类小流域平均形状指数为 1.85。可见，碳酸盐岩类小流域具有更为复杂的小流域边界条件，地表分水线形状复杂，其中又以白云岩类最为明显。总的来看，南盘江流域峰丛洼地区、岩溶高原区、中低起伏度、白云岩类小流域具有相对复杂的流域边界条件。

空间分布方面（图5.4），南盘江流域主要以岩溶断陷盆地、峰丛洼地两种地貌类型小流域为主，前者主要分布于南盘江支流清水河上游的楼下河地区，后者分布于南盘江干流流经区域；从地形来看，南盘江干流地区小流域以中高起伏度为主，岩溶断陷盆地区小流域以中低起伏度为主。

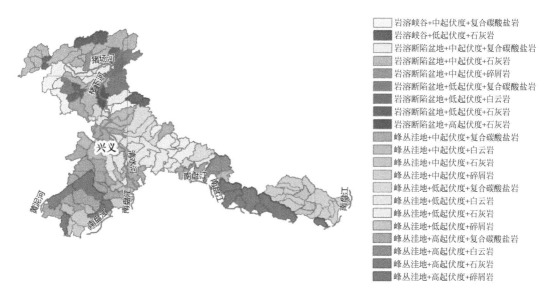

图 5.4　南盘江流域小流域类型空间分布特征

5.2.4　红水河流域

红水河流域包括峰丛洼地、岩溶高原两种地貌区共 21 种小流域类型（附表5）。两种地貌区的小流域面积分别为 0.78 万 km²、0.81 万 km²，分别占红水河流域总面积比例约为 48.93%、51.07%；流域高、中、低三种起伏度小流域总面积分别为 0.15 万 km²、0.71 万 km²、0.73 万 km²，占流域总面积的比例相应约为 9.71%、44.38%、45.91%；岩性方面，石灰岩、白云岩、复合碳酸盐岩、碎屑岩类小流域总面积分别为 1.44 万 km²、0.003 万 km²、0.06 万 km²、0.08 万 km²，占流域总面积的比例依次约为 90.49%、0.20%、4.06%、5.25%。因此，红水河流域小流域以峰丛洼地与岩溶高原、中低起伏度、石灰类小流域为主。

红水河流域岩溶高原+低起伏度+石灰岩、峰丛洼地+中起伏度+石灰岩、岩溶高原+中起伏度+石灰岩、峰丛洼地+低起伏度+石灰岩等 4 种小流域类型面积比例达 82.74%，总流域数为 302 个，约占红水河流域小流域数的 85.31%。4 种典型小流域中，岩溶高原+低起伏度+石灰岩、峰丛洼地+中起伏度+石灰岩总面积分别约为 0.48 万 km²、0.34 万 km²，约占红水河流域的 51.48%，两类流域为红水河流域分布范围最广的碳酸盐岩类小流域。从平均面积来看，峰丛洼地+高起伏度+复合碳酸盐岩、岩溶高原+中起伏度+复合碳酸盐岩、岩溶高原+高起伏度+石灰岩三类小流域的平均面积最大，分别为 83.08km²、77.15km²、72.81km²。

从形状特征来看，红水河流域所有小流域平均形状指数为 2.16。其中，峰丛洼地地貌区与岩溶高原区小流域平均形状指数均为 2.08；而从地形起伏度来看，红水河流域高、中、低起伏度小流域的平均形状指数分别为 2.00、2.09、2.13，流域中低起伏度小流域边界条件复杂，高起伏度小流边界形状简单。从岩性来看，白云岩、复合碳酸盐岩、石灰岩类小流域平均形状指数分别为 2.26、2.25、2.12，而碎屑岩类小流域平均形状指数为 1.79，流域碳酸盐岩类小流域具有更为复杂的小流域边界条件，地表分水线形状复杂，其中又以白云岩类最为明显。总的来看，红水河流域峰丛洼地区、岩溶高原区、中低起伏度、白云岩类小流域具有相对复杂的流域边界条件。

空间分布方面（图 5.5），红水河流域主要以岩溶高原类小流域主要分布于格凸河上游涟江地区和曹渡河上游马家河地区，峰丛洼地类小流域主要分布于两条支流下游及红水河干流流经区域；高起伏度小流域集中分布于红水河干流地带，低起伏度小流域集中分布在岩溶高原区。

5.2.5 柳江流域

柳江流域包括峰丛洼地、岩溶高原两种喀斯特地貌区共 13 种喀斯特小流域类型（附表 6）。两种地貌区的小流域面积分别为 0.53 万 km²、0.07 万 km²，分别占柳江流域总面积比例约为 35.35%、4.46%，流域非喀斯特地貌区小流域面积比例达 60.19%，非喀斯特地貌类小流域分布范围在流域占优势地位；流域高、中、低三种起伏度小流域总面积分别为 0.64 万 km²、0.61 万 km²、0.24 万 km²，占流域总面积的比例相应约为 42.98%、40.77%、16.25%；岩性方面，石灰岩、复合碳酸盐岩、碎屑岩类小流域总面积分别为 0.51 万 km²、0.03 万 km²、0.95 万 km²，占流域总面积的比例依次约为 34.39%、2.08%、

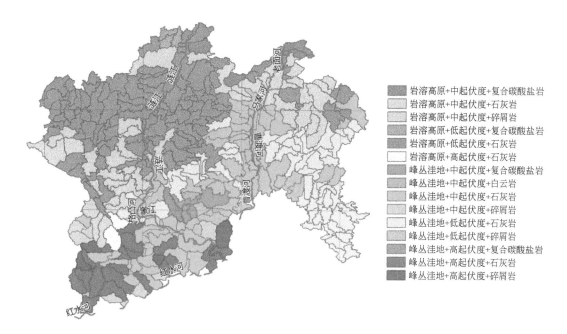

图例:

岩溶高原+中起伏度+复合碳酸盐岩
岩溶高原+中起伏度+石灰岩
岩溶高原+中起伏度+碎屑岩
岩溶高原+低起伏度+复合碳酸盐岩
岩溶高原+低起伏度+石灰岩
岩溶高原+高起伏度+石灰岩
峰丛洼地+中起伏度+复合碳酸盐岩
峰丛洼地+中起伏度+白云岩
峰丛洼地+中起伏度+石灰岩
峰丛洼地+中起伏度+碎屑岩
峰丛洼地+低起伏度+石灰岩
峰丛洼地+低起伏度+碎屑岩
峰丛洼地+高起伏度+复合碳酸盐岩
峰丛洼地+高起伏度+石灰岩
峰丛洼地+高起伏度+碎屑岩

图5.5 红水河流域小流域类型空间分布特征

63.54%。因此，柳江流域喀斯特小流域以峰丛洼地与岩溶高原、中高起伏度、石灰岩类小流域为主。

除非喀斯特地貌区外，柳江流域峰丛洼地+低起伏度+石灰岩、峰丛洼地+中起伏度+石灰岩、峰丛洼地+高起伏度+石灰岩、岩溶高原+高起伏度+石灰岩等4种小流域类型面积比例达31.79%，总流域数为29个，约占柳江流域小流域数的9.01%。4种典型喀斯特小流域中，峰丛洼地+低起伏度+石灰岩、峰丛洼地+中起伏度+石灰岩总面积分别约为0.22万km²、0.18万km²，约占柳江流域总面积的27.29%，两类流域为柳江流域分布范围最广的碳酸盐岩类小流域。从平均面积来看，岩溶高原+高起伏度+石灰岩、峰丛洼地+高起伏度+石灰岩两类小流域的平均面积最大，分别为75.90km²、63.13km²。

从形状特征来看，柳江流域所有小流域平均形状指数为1.95。其中，峰丛洼地地貌区、岩溶高原区小流域平均形状指数分别为1.99和2.03；而从地形起伏度来看，柳江流域喀斯特地貌区高、中、低起伏度小流域的平均形状指数分别为1.84、2.12、2.03，流域中低起伏度喀斯特小流域边界条件复杂，高起伏度小流边界形状简单。从岩性来看，复合碳酸盐岩、石灰岩类小流域平均形状指数分别为2.19、2.05，而碎屑岩类小流域平均形状指数为1.76，流域碳酸盐岩类小流域具有更为复杂的小流域边界条件，地表分水线形状复杂。总的来看，柳江流域峰丛洼地区、中低起伏度、复合碳酸盐岩类小流域具有相对复杂的流域边界条件。

空间分布方面（图5.6），柳江流域喀斯特小流域主要分布于都柳江上游的岩溶高原、峰丛洼地两类地貌区，其干流区域以中高起伏度为主要流域类型，其他区域以中低起伏度为主要小流域类型。流域峰丛洼地+低起伏度+石灰岩类小流域集中分布于流域西部地区。

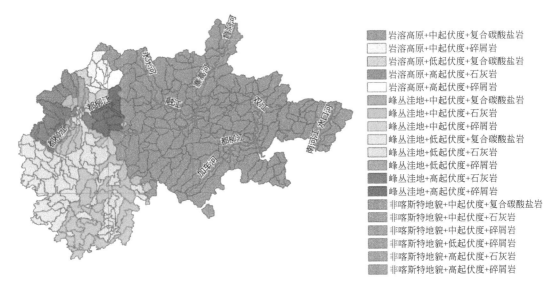

图 5.6　柳江流域小流域类型空间分布特征

5.2.6　沅江流域

沅江流域包括岩溶槽谷、岩溶高原两种喀斯特地貌区共 22 种喀斯特小流域类型（附表 7）。两种喀斯特地貌区的小流域面积分别为 1.41 万 km²、0.42 万 km²，分别占沅江流域总面积比例约为 47.57%、14.04%，流域非喀斯特地貌区小流域面积比例达 38.39%，岩溶槽谷类小流域分布范围在流域占优势地位；流域高、中、低三种起伏度小流域总面积分别约为 0.41 万 km²、1.65 万 km²、0.90 万 km²，占流域总面积的比例相应约为 13.98%、55.70%、30.32%；岩性方面，石灰岩、白云岩、复合碳酸盐岩、碎屑岩类小流域总面积分别约为 0.24 万 km²、0.40 万 km²、1.02 万 km²、1.3 万 km²，占流域总面积的比例依次约为 8.1%、13.4%、34.53%、43.89%。因此，沅江流域喀斯特小流域以岩溶槽谷、中低起伏度白云岩类小流域为主。

除非喀斯特地貌区外，沅江流域岩溶槽谷+中起伏度+复合碳酸盐岩、岩溶槽谷+低起伏度+复合碳酸盐岩、岩溶槽谷+低起伏度+白云岩、岩溶高原+中起伏度+复合碳酸盐岩、岩溶槽谷+中起伏度+白云岩、岩溶高原+低起伏度+复合碳酸盐岩等 6 种小流域类型面积比例达 42.02%，总流域数为 289 个，约占沅江流域小流域数的 65.98%。6 种典型喀斯特小流域中，岩溶槽谷+中起伏度+复合碳酸盐岩面积约为 0.46 万 km²，约占沅江流域总面积的 15.56%，其为沅江流域分布范围最广的碳酸盐岩类小流域类型。从平均面积来看，岩溶槽谷+高起伏度+复合碳酸盐岩类小流域的平均面积最大，为 71.12km²。

从形状特征来看，沅江流域所有小流域平均形状指数为 1.94。其中，岩溶槽谷区、岩溶高原区小流域平均形状指数分别为 1.95 和 1.96；从地形起伏度来看，沅江流域喀斯特地貌区高、中、低起伏度小流域的平均形状指数分别为 1.94、1.94、1.98，流域低起伏度喀斯特小流域边界条件复杂，中高起伏度小流边界形状相对简单。从岩性来看，白云岩、复合碳酸盐岩、石灰岩类小流域平均形状指数分别为 1.93、1.97、2.08，而碎屑岩类小流域平均形状指数为 1.85，流域碳酸盐岩类小流域具有更为复杂的小流域边界条件，地表分水线形状复杂。总的来看，沅江流域低起伏度、石灰岩类小流域具有相对复杂的流域边界条件。

　　空间分布方面（图 5.7），沅江流域喀斯特小流域主要分布于清水江上游、舞阳河、锦江等地区，其干流区域以中低起伏度为主要流域类型。

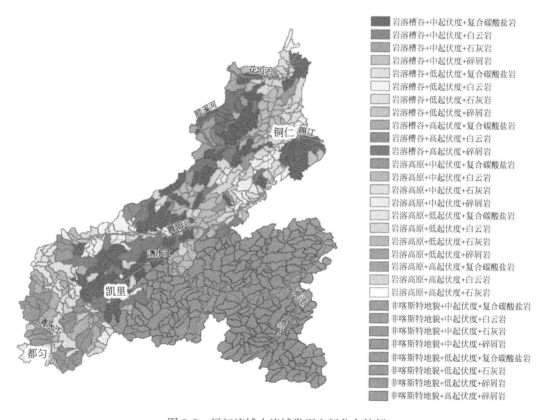

图 5.7　沅江流域小流域类型空间分布特征

5.2.7　赤水河綦江流域

　　赤水河綦江流域包括峰丛洼地、岩溶高原两种喀斯特地貌区共 18 种喀斯特小流域类型（附表 8）。两种地貌区的小流域面积分别为 0.58 万 km²、0.53 万 km²，分别占赤水河綦江流域总面积比例约为 45.22%、41.72%，流域非喀斯特地貌区小流域面积比例约为

13.06%；流域高、中、低三种起伏度小流域总面积分别约为 0.83 万 km²、0.42 万 km²、0.03 万 km²，占流域总面积的比例相应约为 65.07%、32.98%、1.96%；岩性方面，石灰岩、白云岩、复合碳酸盐岩、碎屑岩类小流域总面积分别约为 0.44 万 km²、0.1 万 km²、0.47 万 km²、0.28 万 km²，占流域总面积的比例依次约为 34.08%、7.5%、36.49%、21.92%。因此，赤水河綦江流域喀斯特小流域以峰丛洼地与岩溶高原、高起伏度、石灰岩复合碳酸盐岩类小流域为主。

除非喀斯特地貌区外，赤水河綦江流域岩溶槽谷+高起伏度+复合碳酸盐岩、岩溶槽谷+高起伏度+石灰岩、岩溶高原+高起伏度+复合碳酸盐岩、岩溶高原+中起伏度+石灰岩、岩溶高原+中起伏度+复合碳酸盐岩、岩溶高原+高起伏度+石灰岩等 6 种小流域类型面积比例达 62.49%，总流域数为 29 个，约占赤水河綦江流域小流域数的 57.04%。6 种典型喀斯特小流域中，岩溶槽谷+高起伏度+复合碳酸盐岩、岩溶槽谷+高起伏度+石灰岩、岩溶高原+高起伏度+复合碳酸盐岩的总面积分别约为 0.2 万 km²、0.16 万 km²、0.13 万 km²，约占赤水河綦江流域总面积的 38.23%，三类流域为赤水河綦江流域分布范围最广的碳酸盐岩类小流域。从平均面积来看，岩溶高原+高起伏度+复合碳酸盐岩类小流域的平均面积最大，为 68.11km²。

从形状特征来看，赤水河綦江流域所有小流域平均形状指数为 1.89。其中，岩溶槽谷、岩溶高原类小流域平均形状指数分别为 1.87、1.98；而从地形起伏度来看，赤水河綦江流域喀斯特地貌区高、中、低起伏度小流域的平均形状指数分别为 1.9、1.89、1.99，流域低起伏度喀斯特小流域边界条件复杂。从岩性来看，白云岩、复合碳酸盐岩、石灰岩类小流域平均形状指数分别为 1.96、1.9、1.96，而碎屑岩类小流域平均形状指数为 1.81，流域碳酸盐岩类小流域具有更为复杂的小流域边界条件，地表分水线形状复杂。总的来看，赤水河綦江流域岩溶高原区、低起伏度、碳酸盐岩类小流域具有相对复杂的流域边界条件。

空间分布方面（图 5.8），赤水河綦江流域喀斯特小流域主要分布于赤水河綦江上游的岩溶高原及中游习水、桐梓等区域岩溶槽谷地貌区，中高起伏度小流域广泛分布。

5.2.8 牛栏江—横江流域

牛栏江—横江流域包括岩溶峡谷地貌区的 9 种小流域类型（附表 9），小流域总面积约为 0.40 万 km²，；流域高、中、低三种起伏度小流域总面积分别约为 0.1 万 km²、0.17 万 km²、0.12 万 km²，占流域总面积的比例相应约为 24.69%、46.13%、29.18%；岩性方面，石灰岩、复合碳酸盐岩、碎屑岩类小流域总面积分别约为 0.29 万 km²、0.07 万 km²、0.04 万 km²，占流域总面积的比例依次约为 72.36%、16.79%、10.85%。因此，牛栏江—横江流域小流域以岩溶峡谷、中起伏度及石灰岩类小流域为主。

类型方面，牛栏江—横江流域岩溶峡谷+中起伏度+石灰岩、岩溶峡谷+低起伏度+石灰岩、岩溶峡谷+高起伏度+石灰岩、岩溶峡谷+中起伏度+复合碳酸盐岩等 4 种小流域类

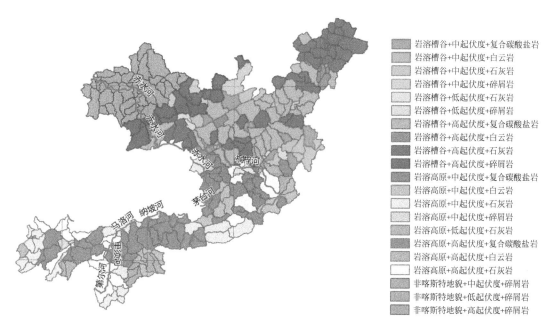

图 5.8 赤水河綦江流域小流域类型空间分布特征

型面积比例达 82.86%，总流域数为 70 个，约占牛栏江—横江流域小流域数的 80.46%。从平均面积来看，在喀斯特流域中，岩溶峡谷+高起伏度+碎屑岩类小流域的平均面积最大，为 121.21km²。

从形状特征来看，牛栏江—横江流域所有小流域平均形状指数为 1.96。流域高、中、低起伏度小流域的平均形状指数分别为 1.89、1.93、1.96，说明中低起伏度小流域边界条件复杂，高起伏度小流边界形状简单的特征。从岩性来看，复合碳酸盐岩、石灰岩类小流域平均形状指数分别为 1.91、1.97，而碎屑岩类小流域平均形状指数为 1.90。可见，碳酸盐岩类小流域具有更为复杂的小流域边界条件，地表分水线形状复杂。总的来看，牛栏江—横江流域岩溶峡谷、低起伏度、石灰岩类小流域具有相对复杂的流域边界条件。

空间分布方面（图 5.9），牛栏江—横江流域中部以中低起伏度，西部、北部干流区域以小流域多为中高起伏度类型。

总的来看，八大流域各类型小流域中，峰丛洼地+低起伏度+白云岩、峰丛洼地+低起伏度+复合碳酸盐岩、峰丛洼地+低起伏度+石灰岩、峰丛洼地+高起伏度+复合碳酸盐岩、峰丛洼地+高起伏度+石灰岩、峰丛洼地+中起伏度+白云岩、峰丛洼地+中起伏度+复合碳酸盐岩、峰丛洼地+中起伏度+石灰岩、岩溶槽谷+低起伏度+白云岩、岩溶槽谷+低起伏度+复合碳酸盐岩、岩溶槽谷+高起伏度+复合碳酸盐岩、岩溶槽谷+高起伏度+石灰岩、岩溶槽谷+中起伏度+白云岩、岩溶槽谷+中起伏度+复合碳酸盐岩、岩溶槽谷+中起伏度+石灰岩、岩溶断陷盆地+高起伏度+复合碳酸盐岩、岩溶断陷盆地+高起伏度+石灰岩、岩溶断陷盆地+中起伏度+复合碳酸盐岩、岩溶断陷盆地+中起伏度+石灰岩、岩溶高原+低起伏度+白

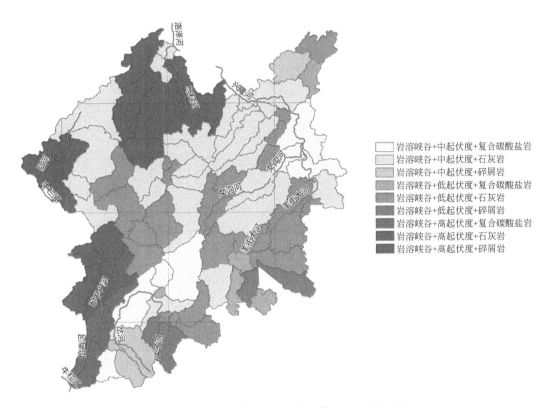

图例：
- 岩溶峡谷+中起伏度+复合碳酸盐岩
- 岩溶峡谷+中起伏度+石灰岩
- 岩溶峡谷+中起伏度+碎屑岩
- 岩溶峡谷+低起伏度+复合碳酸盐岩
- 岩溶峡谷+低起伏度+石灰岩
- 岩溶峡谷+低起伏度+碎屑岩
- 岩溶峡谷+高起伏度+复合碳酸盐岩
- 岩溶峡谷+高起伏度+石灰岩
- 岩溶峡谷+高起伏度+碎屑岩

图 5.9 牛栏江—横江流域小流域类型空间分布特征

云岩、岩溶高原+低起伏度+复合碳酸盐岩、岩溶高原+低起伏度+石灰岩、岩溶高原+高起伏度+复合碳酸盐岩、岩溶高原+高起伏度+石灰岩、岩溶高原+中起伏度+复合碳酸盐岩、岩溶高原+中起伏度+石灰岩、岩溶峡谷+低起伏度+复合碳酸盐岩、岩溶峡谷+低起伏度+石灰岩、岩溶峡谷+高起伏度+白云岩、岩溶峡谷+高起伏度+复合碳酸盐岩、岩溶峡谷+高起伏度+石灰岩、岩溶峡谷+中起伏度+复合碳酸盐岩、岩溶峡谷+中起伏度+石灰岩等 33 种小流域是主要流域类型，总面积约占贵州喀斯特小流域总面积的 93.51%。

从形状来看，中低起伏度、白云岩类小流域流域平均形状指数相对较大，其边界形状更加复杂，因此，这种小流域类型的地表地下生态水文过程的一致性与统一性相对较差。

6 | 喀斯特小流域类型的特征解剖

在完成喀斯特小流域类型划分及其数量、形态、空间分布特征分析的基础上，解剖各类型小流域的地表过程、生态环境状况、人地关系格局等特征，对于弄清喀斯特小流域类型的关键性瓶颈问题制约情况有重要意义。本章主要选择地表河网丰富度、土壤富集程度、生物量、土地利用综合程度、石漠化程度、人口特征等反映喀斯特水、土、生、人及环境关系特征指标，以各类型喀斯特小流域为基本空间单元，定量解剖喀斯特小流域的基本特征。

6.1 喀斯特小流域类型的水资源条件

6.1.1 喀斯特流域地表河网丰富度

在流域尺度上，水量平衡、水系结构、河网形态等方面的指标都可以用于评价流域水文过程状况。由于在大范围地理区域尺度对其内部小流域分别开展水文流量监测在操作上缺乏可行性，因此，运用适宜的替代性指标评估喀斯特小流域地表水资源赋存状况是非常必要的。理论上，地表水资源赋存丰富的地区，地表水系河网发育程度越高，河网密度越大；反之亦然。

相对于喀斯特流域而言，碎屑岩流域地下水文过程主要以达西流为主要形式（肖长来等，2010），地球关键带生态水文过程以地表为主；而喀斯特流域，二元结构导致的地下生态水文过程发育程度高，一定区域甚至占主导过程。通常情况下，喀斯特的二元结构特征必然导致喀斯特流域的地表河网系统发育程度较以地表过程为主的碎屑岩流域低。因此，可以通过对比相同气候背景下，喀斯特流域与碎屑岩流域的地表河网丰富度，进而评估喀斯特小流域的地表水资源盈亏状况。表达式如下：

$$R_i = \frac{L_i}{A_i E(X)} \tag{6.1}$$

$$E(X) = \sum_{j=1}^{n} \frac{L_j}{A_j} P_j \tag{6.2}$$

$$P_j = \frac{L_j}{\sum_{j=1}^{n} L_j} \tag{6.3}$$

式（6.1）~式（6.3）中，R_i 为 i 喀斯特流域的地表河网丰富度指数；L 为地表河网长度；A 为流域面积；$E(X)$ 为期望河网密度；P_j 为 j 碎屑岩流域河网长度占贵州全部碎屑岩流域河网总长的比例；i、j 分别为喀斯特流域与碎屑岩流域的编号。当 R_i 的值大于 1，说明喀斯特流域河网密度大于等面积碎屑岩流域河网密度，该喀斯特流域处于盈水状态；当 R_i 的值接近于 1，说明喀斯特流域河网密度相当于等面积碎屑岩流域河网密度，该喀斯特流域处于富水状态；R_i 的值越接近于 0，说明喀斯特流域河网密度越低于等面积碎屑岩流域河网密度，该喀斯特流域越处于亏水状态。

6.1.2 地表河网丰富度计算及分类标准

在贵州省 1:5 万 DLG 数据水系资料基础上，结合高分辨率遥感影像（分辨率在 0.6 ~ 2.5m），人工提取贵州实际河网。利用基于岩性的小流域分类数据并叠加河网，计算出全省碎屑岩小流域的河网长度与期望河网密度 $[E(X)]$，进一步计算出全省喀斯特小流域（石灰岩流域、白云岩流域、复合碳酸盐岩流域）的地表河网丰富度。

根据贵州省喀斯特流域地表河网丰富度计算结果，结合 ArcGIS 的 Natural Breaks 法，将全省喀斯特小流域分为盈水流域、富水流域、亏水流域、严重缺水流域四种类型，分类标准见表 6.1。

表 6.1　喀斯特小流域地表水资源赋存分类标准

序号	类型	R_i 范围	分类含义
1	盈水流域	$[1, \infty)$	地表河网较相同气候条件下等面积碎屑岩流域发达，地表水赋存量较大，流域处于盈水状态
2	富水流域	$[0.8, 1)$	地表河网发育相当于相同气候条件下等面积碎屑岩流域，地表水赋存量相对丰富，流域水资源基本自足
3	亏水流域	$[0.4, 0.8)$	地表河网发育程度低于相同气候条件下等面积碎屑岩流域，地表水赋存量低，流域处于季节性缺水状态
4	严重缺水流域	$[0, 0.4)$	地表河网发育程度明显低于相同气候条件下等面积碎屑岩流域，地表水赋存量极低，流域处于严重缺水状态

6.1.3 喀斯特小流域地表水资源赋存总体情况

贵州省 3161 个碳酸盐岩类小流域中（表 6.2），盈水流域为 304 个，约占全部喀斯特小流域的 9.62%，总面积 6254.04km²；富水流域 366 个，约占全省喀斯特小流域的 11.58%，面积 1.36 万 km²。盈水与富水流域总面积约占全省喀斯特小流域面积的 14.16%，两者总面积达 1.97 万 km²，加上碎屑岩类盈水小流域的面积，全省不缺水小流域面积达 5.10 万 km²，约占全省小流域总面积的 29.77%。因此，约占贵州全省 2/3 面积的喀斯特小流域处于缺水状态。

表 6.2 喀斯特小流域水赋存统计

水赋存类别	数量/个	占喀斯特小流域比例/%	面积/km²	占喀斯特小流域总面积的比例/%
盈水流域	304	9.62	6 254.04	4.47
富水流域	366	11.58	13 563.74	9.69
亏水流域	1 624	51.38	77 884.94	55.65
严重缺水流域	867	27.43	42 248.65	30.19
合计	3 161	100.00	13 951.47	100.00

注：因为四舍五入，个别数据合计后可能不等于100%，下同

6.1.4 不同地貌类型喀斯特小流域水资源赋存

从地貌类型来看，碳酸盐岩类小流域在贵州六大地貌类型区中均有分布。非喀斯特地貌区富水与盈水的喀斯特小流域总数为30个（表6.3），约占非喀斯特地貌区碳酸盐岩类小流域总个数的66.66%，面积为0.11万km²，约占非喀斯特地貌区碳酸盐岩类小流域总面积的59.03%。该地貌区无严重缺水类小流域分布，说明非喀斯特地貌区的碳盐岩类小流域在区域大地貌类型作用下，地表河网发育程度较高，地表水资源赋存丰富。

峰丛洼地喀斯特小流域中，盈水流域与富水流域共94个，约占峰丛洼地类喀斯特小流域的23.56%，两类小流域总面积0.32万km²，约占峰丛洼地喀斯特小流域的18.43%；严重缺水的喀斯特小流域共162个，占比约为40.60%，是所有地貌区严重缺水型喀斯特小流域数量占比的最高值，其总面积为0.76万km²；亏水喀斯特小流域共143个，占比约为35.84%，总面积为0.67万km²。所以，无论从数量还是分布面积来看，峰丛洼地区严重缺水型喀斯特小流域在该地貌区规模与数量最大，缺水程度高。

岩溶槽谷喀斯特小流域中，富水流域与盈水流域共179个，约占该地貌区喀斯特小流域总数的18.98%，总面积达0.46万km²；亏水流域577个，占比约为61.19%，总面积为2.80万km²，占比为所有地貌区中的最大值；严重缺水流域187个，占比约为19.83%，总面积0.96万km²。总体来看，岩溶槽谷区亏水流域分布规模与范围大，严重缺水类喀斯特小流域相对较小，但亏水与严重缺水类小流域占该区域喀斯特小流域范围的近90%，岩溶槽谷区缺水范围广。

岩溶断陷盆地喀斯特小流域中，盈水流域与富水流域共21个，约占区域喀斯特小流域总数的17.21%，总面积0.07万km²，占岩溶断陷盆地喀斯特小流域总面积的12.67%；亏水流域64个，约占该地貌区喀斯特小流域总数的52.46%，总面积0.32，占比为60.14%；严重缺水类喀斯特小流域为37个，约占区域喀斯特小流域总数的30.33%，总面积0.14万km²。

岩溶高原喀斯特小流域中，富水流域与盈水流域共291个，约占该地貌区喀斯特小流域总数的23.81%，总面积0.86万km²；岩溶高原区亏水喀斯特小流域共632个，约占区域喀斯特小流域总数的50.98%，总面积3.03万km²，分布范围为所有地貌区喀斯特小流

域最大值；严重亏水流域为 308 个，约占岩溶高原区喀斯特小流域的 25.20%，总面积 1.49 万 km²。

岩溶峡谷喀斯特小流域中，富水流域与盈水流域共 55 个，约占区域喀斯特小流域总数的 12.79%，总面积 0.16 万 km²；岩溶峡谷区亏水喀斯特小流域 202 个，约占该地貌区喀斯特小流域总数的 46.98%，总面积 0.89 万 km²；严重缺水流域总数为 173 个，约占区域喀斯特小流域总数的 40.23%，该比例与峰丛洼地区相当，总面积 0.87 万 km²，总面积占比超过峰丛洼地区。

总的来看，除非喀斯特地貌区外，其他所有地貌类型区小流域亏水与严重缺水类小流域分布数量与规模都在 70% 以上，在喀斯特区域构造背景控制下呈现区域整体性地表水欠缺。其中，峰丛洼地与岩溶峡谷区喀斯特小流域严重缺水程度高，岩溶槽谷与岩溶高原区喀斯特小流域缺水范围广。

从空间分布来看，贵州全省盈水与富水喀斯特小流域主要分布在黔南与黔东南非喀斯特过渡地区，以及黔中大中型水库集中分布地区；严重缺水喀斯特小流域主要分布于赫章—水城—普定—长顺—平塘—荔波一线以西以南地区，以及以黔西县为中心的地区和黔东北务川、正安、道真等县所在喀斯特地区；亏水流域广泛分布于赫章—水城—普定—长顺—平塘—荔波一线以东以北地区。

表 6.3 不同地貌类型喀斯特小流域水赋存

水赋存类别		非喀斯特地貌	峰丛洼地	岩溶槽谷	岩溶断陷盆地	岩溶高原	岩溶峡谷
富水流域	数量/个	15	54	98	14	158	27
	比例/%	33.33	13.53	10.39	11.48	12.93	6.28
亏水流域	数量/个	15	143	577	64	623	202
	比例/%	33.33	35.84	61.19	52.46	50.98	46.98
严重缺水流域	数量/个		162	187	37	308	173
	比例/%		40.60	19.83	30.33	25.20	40.23
盈水流域	数量/个	15	40	81	7	133	28
	比例/%	33.33	10.03	8.59	5.74	10.88	6.51
小计	数量/个	45	399	943	122	1 222	430
富水流域	面积/km²	629.63	2 187.72	3 311.92	548	5 872.37	1 014.1
	比例/%	34.53	12.47	7.85	10.31	10.91	5.27
亏水流域	面积/km²	746.91	6 688.12	28 012.11	3 197.44	30 329.33	8 911.03
	比例/%	40.96	38.11	66.43	60.14	56.33	46.29
严重缺水流域	面积/km²		7 628.21	9 553.06	1 445.26	14 880.41	8 741.71
	比例/%		43.47	22.66	27.18	27.64	45.41
盈水流域	面积/km²	446.76	1 045.99	1 288.4	125.78	2 763.53	583.58
	比例/%	24.50	5.96	3.06	2.37	5.13	3.03
小计	面积/km²	1 823.3	17 550.04	42 165.49	5 316.48	53 845.64	19 250.42

分地貌类型来看（图6.1），岩溶高原区富水与盈水流域主要分布于都匀市、丹寨西部、安顺平坝南部、贵阳市周边等高原面溶蚀基准所在地区及纳雍县西南部地表侵蚀程度较高地表河网密集地区；严重缺水流域集中分布于西南部紫云、长顺、惠水等县域，黔西县周边，毕节西部及息烽遵义交接区域；亏水流域在岩溶高原区广泛分布。岩溶槽谷区富水与盈水流域零星分布于湄潭、余庆、印江、松桃等县域；严重缺水流域集中分布于务川、正安、道真等县域以及石阡与思南相接地区；亏水流域在岩溶槽谷区分布广泛。峰丛洼地区严重缺水流域广泛分布于兴义、安龙、册亨、平塘、独山等县域；富水与盈水流域集中分布于独山与三都交接地区以及罗甸中南部地区；亏水流域集中分布于望谟、荔波等县域。岩溶峡谷区严重缺水喀斯特小流域分布范围广泛，以威宁、赫章、水城交接地区以及晴隆、关岭、贞丰、兴仁等县域分布相对集中；亏水喀斯特流域镶嵌于严重缺水小流域中；富水与盈水喀斯特小流域在岩溶峡谷区零星分布。岩溶断陷盆地区亏水喀斯特小流域分布范围最广，其次为严重缺水喀斯特小流域，富水盈水类喀斯特小流域零星分布。

a.岩溶高原喀斯特小流域赋水状况

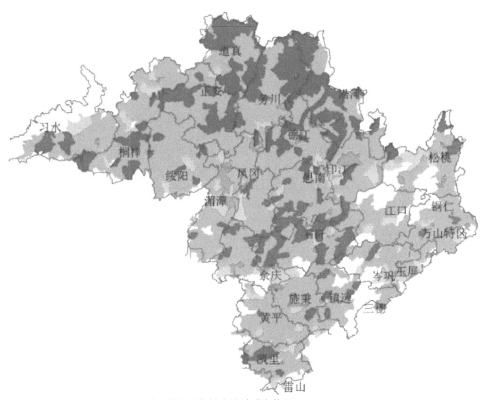

b.岩溶槽谷喀斯特小流域赋水状况

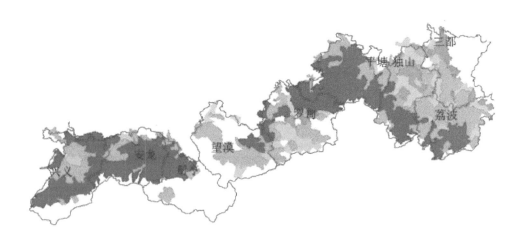

c.峰丛洼地喀斯特小流域赋水状况

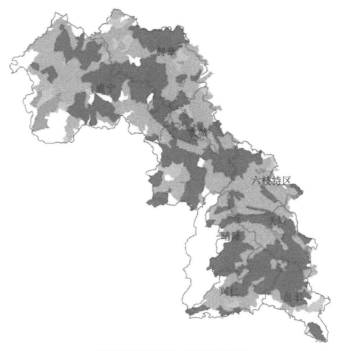

d.岩溶峡谷喀斯特小流域赋水状况

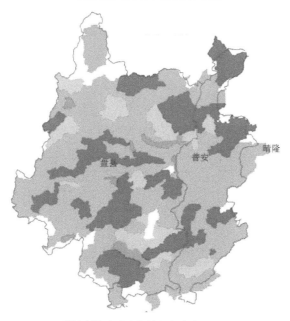

e.岩溶断陷盆地喀斯特小流域赋水状况

■ 盈水流域 ■ 富水流域 ■ 亏水流域 ■ 严重缺水流域

图 6.1 各地貌区喀斯特小流域水赋存状况空间特征

6.1.5 基于地形起伏度的喀斯特小流域水资源赋存

根据表6.4，低起伏度、中起伏度、高起伏度三种喀斯特小流域中，低起伏度类小流域中盈水与富水流域的水资源赋存系数均大于1，而中起伏度与高起伏度小流域的在盈水与富水流域的水资源赋存系数则小于1，表明盈水与富水流域存在于低起伏度类小流域的概率较大，而亏水与严重缺水流域存在于中高起伏度小流域的概率较大。

表 6.4　三种起伏度喀斯特小流域水资源赋存系数

起伏类型	水资源赋存系数（I_{ij}）			
	盈水流域	富水流域	亏水流域	严重缺水流域
低起伏度	1.68	1.17	0.89	0.89
中起伏度	0.61	0.99	1.06	1.02
高起伏度	0.57	0.65	1.06	1.18

注：$I_{ij} = \dfrac{P_{ij}}{P_i} = \dfrac{N_{ij}/N_j}{N_i/N}$，式中，$I_{ij}$ 为 i 类起伏度喀斯特小流域在 j 种水资源赋存状态中的水资源赋存系数；N 为相应类型喀斯特小流域的数量。I_{ij} 值大于1，表明该类起伏度喀斯特小流域的 j 种水资源赋存状态的概率大于全省同起伏度喀斯特小流域的概率；I_{ij} 值小于1，表明该类起伏度喀斯特小流域的 j 种水资源赋存状态的概率小于全省同起伏度喀斯特小流域的概率

进一步计算（表6.5），高起伏度喀斯特小流域的地表河网丰富度指数（R）的平均值为0.54、中起伏度喀斯特小流域为0.57、低起伏度喀斯特小流域为0.69，说明地形起伏越大，地表河网丰富程度越低，地表水资源越加匮乏。究其原因，起伏度低的喀斯特小流域，其喀斯特溶蚀与侵蚀基准距地表浅，地下水更易出露在流域内形成地表河，使地表河网丰富程度增大；反之，中高起伏喀斯特小流域溶蚀与侵蚀基准距地表深，地下水不易在流域内出露，使地表河网丰富程度降低，水资源匮乏。

表 6.5　不同地貌区三种起伏度小流域的平均地表河网丰富度

地貌区	低起伏度	中起伏度	高起伏度
非喀斯特地貌	0.91	0.90	1.54
峰丛洼地	0.56	0.54	0.53
岩溶槽谷	0.82	0.60	0.53
岩溶断陷盆地	0.48	0.61	0.53
岩溶高原	0.69	0.57	0.64
岩溶峡谷	0.56	0.50	0.49
合计	0.69	0.57	0.54

分地貌类型区来看，非喀斯特地貌区高起伏度小流域的地表河网丰富度平均值最大，为1.54，而中低起伏度小流域的平均值为0.9左右，说明高起伏度非喀斯特地貌区小流域由于地表切割程度深，沟壑发育程度高，地表河网相对密集。相反，峰丛洼地、岩溶槽

谷、岩溶高原、岩溶峡谷等四种喀斯特地貌区喀斯特小流域都呈现随着起伏度增加，地表河网丰富度降低的规律。

6.1.6 不同岩性背景的喀斯特小流域水资源赋存

对比不同岩性背景的喀斯特小流域河网丰富度平均值（表6.6），白云岩为0.68，复合碳酸盐岩为0.62，石灰岩为0.58，可以看出，白云岩类喀斯特小流域地表河网的丰富度较高，石灰岩类喀斯特小流域地表河网丰富度较低。

表 6.6 不同岩性喀斯特小流域河网丰富度平均值

	喀斯特小流域岩性类型		
	白云岩	复合碳酸盐岩	石灰岩
河网丰富度平均值	0.68	0.62	0.58

从地貌类型与地形起伏类型来看（表6.7），在非喀斯特地貌区，低起伏度地形区复合碳酸盐岩类喀斯特小流域的河网丰富度为0.75，低于平均值（0.91），而石灰岩为0.93，高于平均值水平；中起伏度地形区白云岩类小流域为1.37，复合碳酸盐岩类小流域为0.9，石灰岩类小流域为0.86；高起伏地形区仅石灰岩类小流域为1.54。可见，非喀斯特地貌区中低起伏度喀斯特小流域具有“白云岩类喀斯特小流域地表河网的丰富度较高，石灰岩类喀斯特小流域地表河网丰富度较低”的特征。

峰丛洼地区，低起伏度白云岩喀斯特小流域河网丰富度平均值为0.44，相应的，复合碳酸盐岩与石灰岩喀斯特小流域分别为0.41和0.59；中起伏度白云岩、复合碳酸盐岩、石灰岩小流域的地表河网丰富度平均值分别为0.32、0.49、0.57；高起伏度白云岩、复合碳酸盐岩、石灰岩小流域的地表河网丰富度平均值为0.29、0.23、0.63。可见，峰丛洼地区明显不同于全省特征，具有“白云岩类喀斯特小流域地表河网的丰富度较低，石灰岩类喀斯特小流域地表河网丰富度较高，且高起伏度白云岩与石灰岩小流域的地表河网丰富度平均值差距较低起伏度小流域大”的特征。

岩溶槽谷区，低起伏度白云岩喀斯特小流域河网丰富度平均值为0.87，复合碳酸盐岩与石灰岩喀斯特小流域为0.78和0.83；中起伏度白云岩、复合碳酸盐岩、石灰岩小流域的地表河网丰富度平均值分别为0.59、0.61、0.58；高起伏度白云岩、复合碳酸盐岩、石灰岩小流域的地表河网丰富度平均值为0.74、0.56、0.48。可见，岩溶槽谷区喀斯特小流域具有“高起伏度白云岩喀斯特小流域地表河网丰富度较石灰岩小流域高，中低起伏度小流域不同岩性小流域之间地表河网丰富度差异较小”的特点。

岩溶断陷盆地区，低起伏度白云岩喀斯特小流域河网丰富度平均值为0.35，复合碳酸盐岩与石灰岩喀斯特小流域分别为0.57和0.47；中起伏度白云岩、复合碳酸盐岩、石灰岩小流域的地表河网丰富度平均值分别为0.52、0.59、0.62；高起伏度仅存在复合碳酸盐岩与石灰岩类喀斯特小流域，地表河网丰富度平均值分别为0.54和0.53。可见，岩溶断陷盆地区具有"中起伏度、石灰岩类喀斯特小流域地表河网丰富"的特征。

表6.7 不同地貌区不同地形起伏度背景下各岩性喀斯特小流域的河网丰富度平均值

地形起伏度	岩性	地貌区						合计
		非喀斯特地貌	峰丛洼地	岩溶槽谷	岩溶断陷盆地	岩溶高原	岩溶峡谷	
低起伏度	白云岩		0.44	0.87	0.35	0.77	0.89	0.76
	复合碳酸盐岩	0.75	0.41	0.78	0.57	0.71	0.50	0.70
	石灰岩	0.93	0.59	0.83	0.47	0.66	0.55	0.66
	平均值	0.91	0.56	0.82	0.48	0.69	0.56	0.69
中起伏度	白云岩	1.37	0.32	0.59	0.52	0.61	0.49	0.57
	复合碳酸盐岩	0.90	0.49	0.61	0.59	0.60	0.60	0.60
	石灰岩	0.86	0.57	0.58	0.62	0.53	0.44	0.54
	平均值	0.90	0.54	0.60	0.61	0.57	0.50	0.57
高起伏度	白云岩		0.29	0.74		0.81	0.45	0.66
	复合碳酸盐岩		0.23	0.56	0.54	0.63	0.56	0.55
	石灰岩	1.54	0.63	0.48	0.53	0.61	0.47	0.52
	平均值	1.54	0.53	0.53	0.53	0.64	0.49	0.54

岩溶高原区，低起伏度白云岩、复合碳酸盐岩、石灰岩类喀斯特小流域地表河网丰富度分别为0.77、0.71、0.66；相应的，中起伏度为0.61、0.60、0.53；高起伏度为0.81、0.63、0.61。岩溶高原区具有"低起伏度与高起伏度喀斯特小流域地表河网丰富度高，白云岩类喀斯特小流域地表河网丰富度高"的特点。

岩溶峡谷区，低起伏度白云岩、复合碳酸盐岩、石灰岩类喀斯特小流域地表河网丰富度分别为0.89、0.50、0.55；中起伏度为0.49、0.60、0.44；高起伏度为0.45、0.56、0.47。该区域喀斯特小流域具有"低起伏度白云岩类喀斯特小流域地表河网丰富度高，中高起伏度复合碳酸盐岩类小流域地表河网丰富"的特征。

总体来看，地表河网丰富度受喀斯特地貌背景、地表地形起伏状况、流域岩性叠置关系的影响较大，上述因素综合作用下，各地貌区内存在地表河网丰富度的异质性较高，各类型喀斯特小流域地表水资源赋存量的多样性明显。

6.1.7 各类喀斯特小流域水资源赋存分析

从具体小流域类型来看（附表10），岩溶峡谷区，富水流域规模与数量最大为岩溶峡谷+中起伏度+复合碳酸盐岩类喀斯特小流域，面积与数量分别为335.81km² 与9个；盈水流域规模最大的喀斯特小流域类型为岩溶峡谷+高起伏度+复合碳酸盐岩，面积为191.56km²；岩溶峡谷+中起伏度+石灰岩与岩溶峡谷+高起伏度+石灰岩两类小流域亏水流域与严重缺水流域分布规模、小流域数量最大，约为 0.98 万 km² 和 207 个，两种亏水与严重缺水流域的规模约占岩溶峡谷区喀斯特小流域总规模的 50.74%，约占流域数的 50.14%。

岩溶高原区富水流域与盈水流域分布范围最广的喀斯特小流域为岩溶高原+低起伏度+石灰岩，总面积约为 0.22 万 km²，数量为 93 个；岩溶高原+中起伏度+复合碳酸盐岩与岩溶高原+中起伏度+石灰岩两类小流域中的亏水流域分布最广，总面积约为 1.3 万 km²，数量为 252 个；岩溶高原+中起伏度+石灰岩与岩溶高原+低起伏度+石灰岩两类小流域中的严重缺水流域分布最广，共 182 个小流域，总面积约为 0.90 万 km²。

岩溶断陷盆地区，岩溶断陷盆地+中起伏度+石灰岩类小流域的富水与盈水流域最多，总面积约为 281.36km²，流域数 11 个；岩溶断陷盆地+中起伏度+复合碳酸盐岩中的亏水流域最多，数量为 19 个，总面积约 0.11 万 km²；岩溶断陷盆地+中起伏度+石灰岩、岩溶断陷盆地+中起伏度+复合碳酸盐岩、岩溶断陷盆地+高起伏度+石灰岩三类流域的严重缺水流域分布面积约 0.1 万 km²，流域数为 25 个。

岩溶槽谷地区，岩溶槽谷+高起伏度+复合碳酸盐岩、岩溶槽谷+低起伏度+石灰岩、岩溶槽谷+低起伏度+白云岩三类流域中的盈水流域分布最广，总面积约为 0.8 万 km²，数量为 43 个；岩溶槽谷+中起伏度+复合碳酸盐岩的富水流域分布范围最广，总面积约为 0.11 万 km²，数量为 27 个，该类型流域的亏水流域在岩溶槽谷区分布范围与小流域数量最大，面积约为 0.82 万 km²，数量为 159 个；严重缺水流域在岩溶槽谷+高起伏度+石灰岩类小流域中分布最广，面积约为 0.3 万 km²，共 50 个该类型小流域。

峰丛洼地区，峰丛洼地+中起伏度+石灰岩、峰丛洼地+低起伏度+石灰岩、峰丛洼地+高起伏度+石灰岩三类小流域的盈水流域分布最大，总面积约为 0.09 万 km²，流域数为 35 个；峰丛洼地+中起伏度+石灰岩的富水流域总面积约为 0.1 万 km²，共 22 个；峰丛洼地+中起伏度+石灰岩与峰丛洼地+低起伏度+石灰岩中的亏水流域分布最广，总面积约为 0.42 万 km²，共 96 个，两类流域中的严重缺水流域分布范围也最大，总面积约为 0.43 万 km²，共 102 个。

6.2 喀斯特小流域土壤条件

6.2.1 喀斯特小流域土壤条件指标——土壤厚度

土壤的形成和发育受生物气候、地形、母质、人为因素等的影响，因而具有明显的地带性和地域性特征。水平方向上，通过土壤分布类型、规模、范围等指标表征土壤空间分布状况；垂直方向上，土壤厚度、分层结构、理化性质等指标表征土壤质量状况。在反映土壤空间分布与理化性质的指标中，土壤厚度不仅可反映土壤的发育程度，也影响着土壤养分、水分的储量和运移以及植物系的生长，是可以表征土壤肥力、质量、侵蚀等级的物理指标（朱波等，2009；郑昭佩和刘作新，2003）。

贵州具亚热带生物气候条件，由于不同高原面的存在，受高原面上的山地及深切河谷的地区性生物气候等综合自然因素分异的影响，形成有中亚热带的黄壤、北亚热带的黄棕壤及南亚热带的砖红壤化红壤等地带性土壤，并具有相应的地带性特征（贵州省农业厅和中国科学院南京土壤研究所，1980）。作为典型非地带性土壤，石灰土土层与下伏的碳酸盐岩具有明显的物源继承关系，它是碳酸盐岩风化作用–酸不溶物残留、堆积的产物（刘秀明等，2004）。石灰土和石质土无论是总石漠化发生率还是各种程度石漠化发生率都是所有土壤类型中最高的，尤其是石质土的石漠化发生率远远高于其他类型，说明土壤的发生特点是导致石漠化形成的主要自然因素（王世杰等，2003）。通常情况下，石灰岩为强可溶性碳酸盐类岩，风化过程以溶蚀作用为主，残留物较少，除溶沟岩缝者外，土层通常很薄；白云岩风化物多粉砂粒，透水性好，侵蚀坡地土层浅薄易受干旱（贵州省农业厅和中国科学院南京土壤研究所，1980）。因此，可以通过土壤厚度指标，指示贵州喀斯特土壤空间分布、性状、缺土状况等，故在喀斯特石漠化过程中土壤厚度受到广泛关注，并将其作为喀斯特石漠化等级划分的重要指标（熊康宁，2002）。

6.2.2　基于土壤厚度喀斯特小流域土壤赋存状况分级标准

利用全省土壤类型矢量数据，结合相关文献（贵州省农业厅和中国科学院南京土壤研究所，1980）关于各类型土壤厚度描述，将贵州全省各类型土壤按厚度划分为三级：厚层土、中层土、薄层土。并根据三种厚度土层在流域中分布面积的比例，将贵州省喀斯特小流域按土壤厚度分为富土流域、缺土流域、严重缺土流域，具体分类标准见表6.8。

表6.8　喀斯特小流域土壤特征分类指标

类型	土壤厚度组合形式	
	A	B
富土流域	厚层土占流域面积的百分比>50%	厚层土占流域面积的百分比>40%且中层土占流域面积的百分比>10%
缺土流域	除本表规定之外的其他组合形式	
严重缺土流域	薄层土占流域面积的百分比>50%	薄层土占流域面积的百分比>40%且中层土占流域面积的百分比>10%

注：厚层土为土层厚度在100mm以上；中层土为土层厚度为60~100mm；薄层土为土层厚度<60mm

资料来源：贵州省农业厅和中国科学院南京土壤研究所，1980

6.2.3　贵州省小流域土壤厚度分布情况

从全省小流域来看（表6.9），厚层土、中层土、薄层土面积分别约为4.7万km²、7.51万km²、4.9万km²，约占全省小流域总面积的28.60%、43.84%、27.56%。红褐色土全部为薄层土，共30.08km²；红壤以中厚层土为主，中厚层土面积约1.26万km²，约占红壤总面积的 82.78%；黄壤薄层土面积约 1.53 万 km²，约占黄壤总面积的 22.67%，中厚层土面积约为 5.21 万 km²，约占黄壤总面积的 77.33%；黄棕壤中，薄层土、中层土、厚层土分别约占黄棕壤总面积的 26.22%、46.68%、27.10%；山地灌丛草甸土与石灰土以薄层土为主；水稻土以中层土为主；砖红壤性红壤分布总面积较小，以薄层、中层土为主；紫色土以中层土分布范围较广。

表 6.9 贵州省小流域土壤厚度统计 单位：km²

土壤类型	薄层土	中层土	厚层土	合计
红褐色土	30.08	—	—	30.08
红壤	2 631.43	7 137.51	5 507.97	15 276.91
黄壤	15 270.98	35 621.92	16 461.08	67 353.98
黄棕壤	2 822.36	5 024.93	2 917.88	10 765.17
山地灌丛草甸土	570.69	—	—	570.69
石灰土	22 469.75	17 312.59	—	39 782.34
水稻土	305.99	532.07	23 480.37	24 318.42
砖红壤性红壤	132.37	162.44	—	294.81
紫色土	2 983.26	9 313.47	619.93	12 916.66
合计	47 216.91	75 104.92	48 987.23	171 309.05

6.2.4 不同地貌类型喀斯特小流域土壤赋存状况

全省非喀斯特地貌区的喀斯特小流域富土流域 25 个（表 6.10），总面积约 0.11 万 km²，约占该区域喀斯特小流域总数的 55.56% 及总面积的 59.18%，两个比例为所有地貌类型区的最高值，说明非喀斯特地貌区的喀斯特小流域土壤赋存量较喀斯特地貌区大。

在喀斯特地貌区，峰丛洼地区严重缺土喀斯特小流域为 160 个，总面积达 0.68 万 km²，数量与面积所占比例均为所有喀斯特地貌区最大值，分别约为 40.1% 和 38.5%，峰丛洼地区喀斯特小流域缺土程度最大。岩溶槽谷区富土流域为 299 个，约占该区域喀斯特小流域总数的 31.71%，总面积约 1.28 万 km²，约占岩溶槽谷区喀斯特小流域总面积的 30.43%，富土流域的流域数与总面积均为所有喀斯特地貌区最大值；相反，岩溶槽谷区严重缺土喀斯特小流域为 220 个，总面积约 0.85 万 km²，所占比例分别约为 23.33% 和 20.25%，为所有喀斯特地貌区同等级土壤赋存流域分布的最低值，可见，岩溶槽谷区喀斯特流域的土壤赋存量明显优于其他地貌类型区。岩溶断陷盆地区缺土的喀斯特小流域共 64 个，总面积约 0.3 万 km²，该区域缺土流域分布范围与数量所占比例为所有喀斯特地貌区最大。岩溶高原区富土流域的数量与面积的比例为所有地貌类型区最小，而缺土流域与严重缺土流域总数为 994 个，约占喀斯特小流域总数的 81.34%，总面积约 4.41 万 km²，约占岩溶高原区喀斯特小流域总面积的 81.98%，该区域缺土喀斯特小流域范围最广；岩溶峡谷区缺土流域与严重缺土流域的分布面积约为 1.51 万 km²，数量有 334 个，比例略低于岩溶高原区，而富土流域数量与规模的比例略高于岩溶高原区。

表 6.10 不同地貌类型喀斯特小流域土壤赋存状况

土壤赋存类别		非喀斯特地貌	峰丛洼地	岩溶槽谷	岩溶断陷盆地	岩溶高原	岩溶峡谷
富土流域	数量/个	25	108	299	27	228	96
	比例/%	55.56	27.07	31.71	22.13	18.66	22.33
缺土流域	数量/个	19	131	424	64	584	186
	比例/%	42.22	32.83	44.96	52.46	47.79	43.26
严重缺土流域	数量/个	1	160	220	31	410	148
	比例/%	2.22	40.10	23.33	25.41	33.55	34.42
富土流域	面积/km²	1 079.05	4 502.82	12 830.56	1 041.83	9 702.48	4 144.13
	比例/%	59.18	25.66	30.43	19.60	18.02	21.53
缺土流域	面积/km²	655	6 291.22	20 797.65	3 019.41	26 503.48	8 915.43
	比例/%	35.92	35.85	49.32	56.79	49.22	46.31
严重缺土流域	面积/km²	89.25	6 756	8 537.28	1 255.24	17 639.68	6 190.86
	比例/%	4.89	38.50	20.25	23.61	32.76	32.16

总的来看，宏观地貌背景对喀斯特小流域土壤赋存量控制作用明显。非喀斯特地貌区小流域土壤赋存量明显高于喀斯特地貌区，喀斯特地貌区小流域普遍存在土壤赋存量缺乏的状况。在不同喀斯特地貌区，喀斯特小流域土壤赋存量也存在明显差异。峰丛洼地地区喀斯特小流域严重缺土程度最深，岩溶槽谷区喀斯特小流域土壤赋存量最大，岩溶断陷盆地区缺土喀斯特小流域在该区域分布比例最大，岩溶高原与岩溶峡谷缺土喀斯特小流域总量最大，范围最广。

空间分布方面（图 6.2），贵州全省严重缺土喀斯特小流域集中分布于峰丛洼地区以及北部、西北部岩溶高原区，呈"一线一区"分布格局，即荔波—平塘—罗甸—紫云—关岭一线以及以黔西、织金、大方为中心的岩溶高原区；缺土流域基本与严重缺土流域镶嵌分布；富土喀斯特小流域大量分布于黔东及黔东北岩溶槽谷与非喀斯特地貌区，以及黔中高原平坝周边，威宁县中部，黔西南兴仁、安龙、贞丰三县交接地区。

岩溶高原区，严重缺土喀斯特小流域主要分布于贵阳、毕节市及长顺与紫云县接壤地区；富土流域在黔中高原面安顺、平坝集中分布并零星分布于岩溶高原东部地区；缺土喀斯特小流域在岩溶高原区东北部分布范围较广。岩溶槽谷区富土流域大多分布于务川、德江、思南、石阡、施秉、黄平一线的典型槽谷地貌区；严重缺土流域集中分布于该区域西北部槽谷边缘的桐梓、习水等县域；缺土流域与富土流域镶嵌分布。峰丛洼地地区严重缺土流域主要集中于荔波、独山、平塘、罗甸等县与广西接壤地带，以及兴义、安龙与广西接壤地带；富土流域集中于东部三都、独山东北部等地区，以及安龙与兴义北部地区；缺土流域在峰丛洼地地区零星分布。岩溶峡谷区富土流域主要分布于威宁中部与峡谷区南部兴仁、贞丰等地区；缺土与严重缺土喀斯特小流域在该区域其他地区广泛分布。岩溶断陷盆地区以富土与缺土喀斯特流域为主，严重缺土流域零星分布。

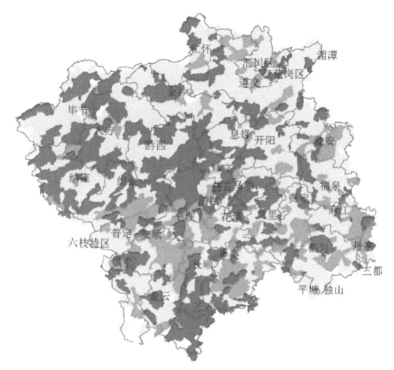

a.岩溶高原喀斯特小流域土壤赋存状况

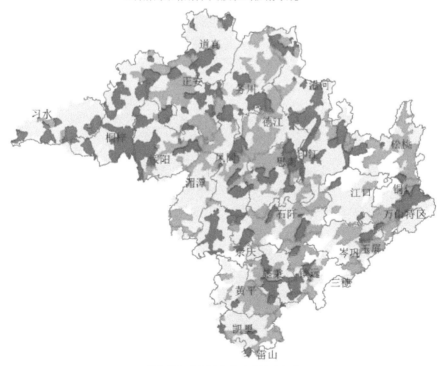

b.岩溶槽谷喀斯特小流域土壤赋存状况

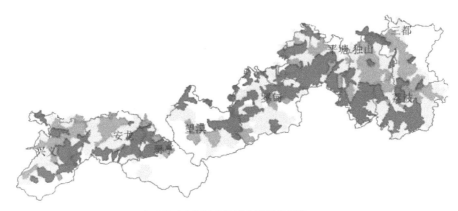

c.峰丛洼地喀斯特小流域土壤赋存状况

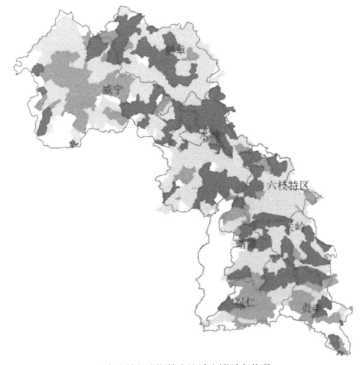

d.岩溶峡谷喀斯特小流域土壤赋存状况

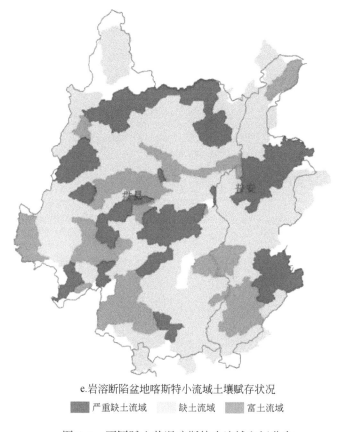

e.岩溶断陷盆地喀斯特小流域土壤赋存状况

■ 严重缺土流域　　　□ 缺土流域　　■ 富土流域

图 6.2　不同赋土状况喀斯特小流域空间分布

6.2.5　不同起伏度类型喀斯特小流域土壤赋存状况

总的来看，喀斯特小流域起伏度与土壤赋存量之间的关系密切（图 6.3）。具体表现在，喀斯特小流域厚层土占小流域总面积的比例随小流域起伏度增加而降低（图 6.3a），小流域起伏度在 0.1 以下，厚层土分布比例多在 30% 以上；起伏度在 0.1 ~ 0.4，厚层土分布比例多在 20% ~ 30%；0.4 以上起伏度，大多数喀斯特小流域厚层土分布比例在 20%以下。中层土与薄层土在小流域分布比例随小流域起伏度增加而增加，且两类土壤分布比例随小流域地形起伏度变化的趋势相同。

从小流域数量来看（表 6.11），各类地貌区富土流域都集中在中低起伏度喀斯特小流域，其中岩溶槽谷与岩溶断陷盆地地貌区中起伏度小流域的富土流域最多，其他地貌区富土流域均主要集中分布于低起伏度喀斯特小流域。岩溶高原区缺土喀斯特小流域主要集中在中起伏度、低起伏度小流域，分别为 256 个和 289 个；峰丛洼地区缺土喀斯特小流域也以中低起伏度小流域为主；其他喀斯特地貌区缺土流域主要分布于中高起伏度小流域。严重缺土喀斯特小流域在所有地貌类型三个起伏度的数量分布关系与缺土流域一致，峰丛洼地与岩溶高原区严重缺土流域集中分布于中低起伏度喀斯特小流域，而其他喀斯特地貌区集中分布于中高起伏度小流域。

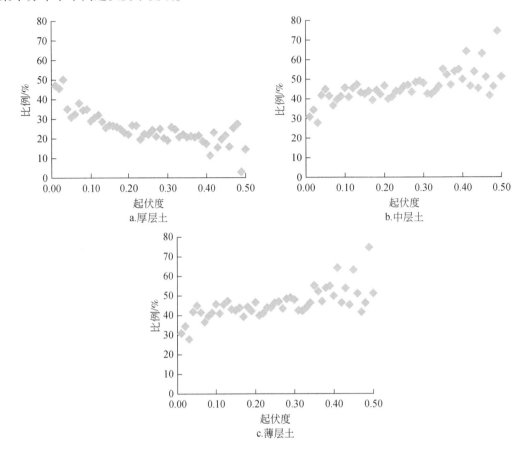

图 6.3 喀斯特小流域起伏度与土层厚度的关系

表 6.11 不同起伏度不同土壤赋存状况的喀斯特小流域数   单位：个

土壤赋存	起伏度	非喀斯特地貌	峰丛洼地	岩溶槽谷	岩溶断陷盆地	岩溶高原	岩溶峡谷
富土流域	低	17	67	106	10	147	43
	高		11	46	1	5	17
	中	8	30	147	16	76	36
缺土流域	低	7	51	85	7	289	35
	高	2	24	128	16	39	66
	中	10	56	211	41	256	85
严重缺土流域	低		61	44	8	180	14
	高		19	68	10	29	47
	中	1	80	108	13	201	87

6.2.6 不同岩性类型喀斯特小流域土壤赋存状况

贵州全省喀斯特小流域中，白云岩类小流域厚层土平均分布比例最大，为29.88%（表6.12），复合碳酸盐岩与石灰岩类小流域厚层土平均分布比例为26.20%和25.44%，可见，地表岩性斑块尺度的土壤赋存量空间分布规律与小流域尺度明显不一致，在小流域尺度，白云岩类流域具有较丰富的土壤赋存量，而岩性斑块尺度，白云岩坡地土壤赋存量往往低于石灰岩坡地的土壤赋存量（贵州省农业厅和中国科学院南京土壤研究所，1980）。复合碳酸盐岩、石灰岩、白云岩三类小流域中层土分布比例依次为45.16%、43.35%、41.30%；白云岩与复合碳酸盐岩类小流域薄层土分布比例相当，石灰岩小流域薄层土分布比例最大，为31.21%。

表6.12　不同岩性喀斯特小流域三种土层分布比例　　　　　　　单位:%

岩性	厚层土	中层土	薄层土
白云岩	29.88	41.30	28.82
复合碳酸盐岩	26.20	45.16	28.63
石灰岩	25.44	43.35	31.21

6.2.7 各类型喀斯特小流域土壤赋存状况

从贵州全省来看，岩溶槽谷+中起伏度+复合碳酸盐岩与岩溶高原+低起伏度+石灰岩两类喀斯特小流域中富土流域分布规模最大，面积分别为3797.65km²和2984.13km²，数量也最大，共70个和79个；缺土流域在岩溶高原+中起伏度+复合碳酸盐岩与岩溶高原+中起伏度+石灰岩中分布规模最大，总面积分别为6302.26km²、5758.75km²；岩溶高原+中起伏度+石灰岩、岩溶高原+中起伏度+复合碳酸盐岩、岩溶高原+低起伏度+石灰岩三类喀斯特小流域中严重缺土流域的数量与范围最大。

峰丛洼地区，峰丛洼地+低起伏度+石灰岩类小流域富土流域分布最广，共53个富土流域，面积为1779.9km²；高、中、低起伏度石灰岩类小流域中缺土流域总面积4910.53km²，约占峰丛洼地区缺土流域总面积的78.5%；中、低起伏度石灰岩小流域中严重缺土小流域为116个，约占该区严重缺土流域数量的72.5%，总面积为4469.95km²。

岩溶槽谷区，岩溶槽谷+中起伏度+复合碳酸盐岩、岩溶槽谷+中起伏度+石灰岩两类小流域富土流域面积分别为3797.65、2179.98km²，数量分别为70个、56个，均为岩溶槽谷区富土流域分布范围与数量最大的小流域类型；岩溶槽谷+高起伏度+复合碳酸盐岩与岩溶槽谷+中起伏度+复合碳酸盐岩的缺土流域总面积为4242.88km²、5556.72km²，均高于该区域其他类型小流域中缺土流域的分布规模；岩溶槽谷区严重缺土流域主要分布于岩溶槽谷+高起伏度+复合碳酸盐岩、岩溶槽谷+高起伏度+石灰岩、岩溶槽谷+中起伏度+复合碳酸盐岩、岩溶槽谷+中起伏度+石灰岩四种小流域类型，四种流域中严重缺土流域总面积为 6780.93km²，小流域总数为 155 个。

　　岩溶断陷盆地区，岩溶断陷盆地+中起伏度+复合碳酸盐岩类小流域中富土流域分布范围最广，为 450.71km²；岩溶断陷盆地+中起伏度+复合碳酸盐岩、岩溶断陷盆地+中起伏度+石灰岩、岩溶断陷盆地+高起伏度+石灰岩三类流域的缺土流域总面积为 2447.91km²，约占该区域缺土流域总面积的 81.07%；岩溶断陷盆地区严重缺土流域为中、高起伏度石灰岩类流域，两类小流域中的严重缺土流域总面积为 631.43km²。

　　岩溶高原区，岩溶高原+低起伏度+石灰岩类小流域中的富土流域分布范围最大，面积为 2984.13km²，数量为 79 个；岩溶高原+中起伏度+复合碳酸盐岩与岩溶高原+中起伏度+石灰岩小流域的缺土流域与严重缺土流域分布范围最大，缺土流域总面积约为 1.21 万 km²，严重缺土流域总面积约为 0.85 万 km²。

　　岩溶峡谷区，岩溶峡谷+低起伏度+石灰岩与岩溶峡谷+中起伏度+石灰岩类小流域的富土流域总面积为 2301.87km²，总数为 57 个，分别约占该区域富土流域面积与数量的 55.55% 与 59.38%；岩溶峡谷+高起伏度+石灰岩的缺土流域分布范围最广，总面积为 3080.02km²；岩溶峡谷+中起伏度+石灰岩类小流域的严重缺土流域数量与分布范围最大，51 个小流域总面积为 1858.05km²。

6.3　喀斯特小流域类型的生态状况

6.3.1　喀斯特小流域生态状况指标

　　反映自然生态系统状况的指标较多，监测方法成熟、数据获取便利性较好。其中，植被生物量既反映了植物生态系统生产力状况，也是评估生态系统环境质量状况的重要指标，因此，本研究采用植被生物量分析喀斯特小流域生态状况。在喀斯特小流域植被生物量数据来源上，由于卫星能够可靠地跟踪记录生物量减少、增加情况，故遥感手段评估生物量在国际上得到广泛应用（Tollefson，2009），使当前对生物量的研究已经从小范围、二维尺度的传统地面测量发展到大范围、多维时空的遥感模型估算。同时，随着热红外、微波和激光遥感仪器的应用，多角度、高光谱和高分辨率遥感技术的发展，也提高了生物量估算的范围和精度（戴小华等，2004）。因此，我们采用 2010 年全国生态环境质量十年评估项目通过遥感估算的生物量数据分析喀斯特小流域生态状况。数据特征如下（表 6.13）：植被生物量数据包括森林（含灌木）、农田与草地的地上生物量，其他生态类型如人工表面等不包括在内，为无效值；数据年份为 2010 年，其中森林为当年的地上生物量，草地为 8 月上旬的地上植被鲜重，农田为 8 月的农作物干重；数据集的空间分辨率为 250m，单位为 g/m^2；数据格式为 TIF，投影为 Albers Conical Equal Area WGS-84。

表 6.13 生物量计算遥感参数

参量	空间分辨率	数据源	辅助数据	时相
生物量	250m	MODIS NDVI	森林/草地生物量干重	2010, 逐旬
	30m	Landsat TM/HJ-1		2010

6.3.2 不同地貌类型区喀斯特小流域生物量格局

贵州喀斯特小流域植被生物量总量为 6.67 亿 t（表 6.14），生物量密度为 47.69t·hm^{-2}；全省喀斯特小流域尺度最大总生物量为 133.55 万 t，最小为 0.24 万 t；喀斯特小流域尺度最大生物量密度为 105.58t·hm^{-2}，最小为 2.96t·hm^{-2}。对比相关文献，贵州全省喀斯特区域平均生物量密度处于中低生物量（30~100t·hm^{-2}）水平（田秀玲等，2011），喀斯特小流域尺度最大生物量密度相当于全流域为成熟桉树林（105.77t·hm^{-2}）的生物量密度（杜虎等，2014），而最小生物量密度约相当于全流域为灌丛覆盖的生物量密度（21.99t·hm^{-2}）的 13%（屠玉麟和杨军，1995）或全流域为草地覆盖的生物量密度（8.28t·hm^{-2}）的 36%（朴世龙等，2004）。可见，贵州喀斯特区域地表植被生物量总体偏低，生物量密度在小流域间的差异明显。

从地貌区分析，峰丛洼地区，总生物量为 0.79 亿 t，生物量密度为 44.81t·hm^{-2}，密度低于全省平均水平；最大小流域总生物量为 83.44 万 t，最小为 1.3 万 t；喀斯特小流域尺度最大生物量密度为 88.98t·hm^{-2}，居于全省其他地貌区的下游水平，流域最小生物量密度 16.8t·hm^{-2}，较全省多数地貌区最小值大。

岩溶槽谷区，总生物量为 2.05 亿 t，是全省植被生物量赋存最高的地貌区之一，其区域生物量密度为 48.74t·hm^{-2}，高于全省平均水平；小流域最大生物量达 117.94 万 t，而最小生物量仅为 0.52 万 t，流域间生物量变差较大；该区域小流域最大生物量密度为 90.88t·hm^{-2}，最小生物量密度为 12.08t·hm^{-2}。

表 6.14 各地貌类型区喀斯特小流域生物量特征

地貌类型	区域尺度		小流域尺度			
	总生物量/亿 t	生物量密度/t·hm^{-2}	最大总生物量/万 t	最大生物量密度/t·hm^{-2}	最小总生物量/万 t	最小生物量密度/t·hm^{-2}
非喀斯特地貌	0.08	46.32	67.59	94.82	2.24	24.83
峰丛洼地	0.79	44.81	83.44	88.98	1.30	16.80
岩溶槽谷	2.05	48.74	117.94	90.88	0.52	12.08
岩溶断陷盆地	0.24	44.52	95.46	70.64	0.57	16.58
岩溶高原	2.70	50.12	133.55	105.58	0.24	2.96
岩溶峡谷	0.81	42.24	110.75	93.83	0.69	9.89

岩溶断陷盆地区，总生物量为 0.24 亿 t，区域生物量密度为 44.52t·hm⁻²，该区域生物量具有总量小、密度低的分布格局；喀斯特小流域尺度，最大总生物量为 95.46 万 t，最小总生物量为 0.57 万 t，流域间总生物量差异较大；该区域小流域最大生物量密度为 70.64t·hm⁻²，而最小为 16.58t·hm⁻²，流域间生物量密度的变差较小。

岩溶高原区是贵州总生物量赋存最高的地貌类型区，总生物量达 2.7 亿 t，区域生物量密度为 50.12t·hm⁻²，也是全省最高水平；小流域尺度，最大总生物量为 133.55 万 t，为全省所有地貌类型区的最大值，最小总生物量 0.24 万 t，是全省所有地貌类型区的最低值，同时，该区域小流域最大生物量密度为 105.58t·hm⁻²，最小生物量密度为 2.96t·hm⁻²，均为全省所有地貌类型区的极值。因此，岩溶高原区生物量总量与密度的流域差异较大。

岩溶峡谷区，总生物量为 0.81 亿 t，区域生物量密度为 42.24t·hm⁻²，密度是全省所有地貌类型区的最低值；小流域尺度，最大总生物量为 110.75 万 t，最小流域总生物量为 0.69 万 t；小流域最大生物量密度为 93.89t·hm⁻²，最小为 9.89t·hm⁻²。

非喀斯特地貌区由于喀斯特小流域范围小数量少，该区域喀斯特小流域的总生物量仅为 0.08 亿 t；生物量密度为 46.32t·hm⁻²，接近于全省平均水平；小流域尺度，因该区域小流域平均面积偏小，导致其小流域最大总生物量为 67.59 万 t，但从小流域最小总生物量为全省所有地貌区的最大值，为 2.24 万 t；小流域尺度最小生物量密度为 24.83t·hm⁻²，为全省其他地貌区最小生物量密度的最大值。

6.3.3 地形起伏度与喀斯特小流域生物量的关系

地理区域水平上（表 6.15），贵州全省中起伏度喀斯特小流域总生物量为 3.37 亿 t，约占贵州全省喀斯特小流域总生物量的 50%，低起伏度喀斯特小流域总生物量为 1.73 亿 t，高起伏度为 1.58 亿 t。因此，贵州全省总生物量具有 "中起伏度喀斯特小流域高，低、高起伏度喀斯特小流域低" 的特点。区域尺度生物量密度方面，中、高起伏度喀斯特小流域分别为 50.04t·hm⁻²、50.87t·hm⁻²，均高于全省平均水平，而低起伏度喀斯特小流域为 41.52t·hm⁻²，明显低于全省平均水平。小流域尺度，低起伏度喀斯特小流域最大总生物量为 84.44 万 t，最小为 0.24 万 t，均明显低于中、高起伏度喀斯特小流域。

表 6.15 地形起伏度与喀斯特小流域生物量的关系

地形起伏度	区域尺度		小流域尺度			
	总生物量 /亿 t	生物量密度 /t·hm⁻²	最大总生物量 /万 t	最大生物量密度 /t·hm⁻²	最小总生物量 /万 t	最小生物量密度 /t·hm⁻²
低起伏度	1.73	41.52	84.44	96.85	0.24	2.96
中起伏度	3.37	50.04	133.55	105.58	0.81	12.74
高起伏度	1.58	50.87	129.98	96.44	1.27	12.53

由图 6.4 可知，喀斯特小流域生物量密度与地形起伏度的关系受宏观地貌因素控制明显。非喀斯特地貌区，喀斯特小流域生物量密度总体上随地形起伏度上升而增大，且起伏度小于 0.2 的喀斯特小流域生物量密度多在 $60 t \cdot hm^{-2}$ 以下，并成为该地貌区大多数喀斯特小流域的地形起伏度与生物量密度的分布范围。

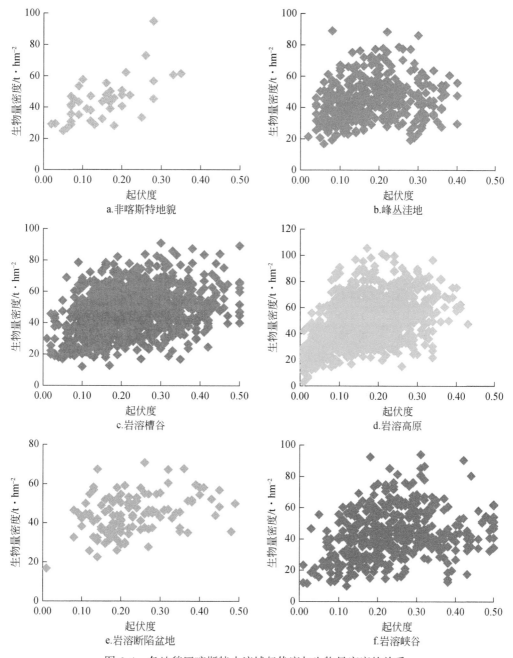

图 6.4　各地貌区喀斯特小流域起伏度与生物量密度的关系

峰丛洼地区，地形起伏度 0.2 左右，喀斯特小流域生物量密度明显高于较此起伏度的高起伏度与低起伏度的喀斯特小流域，该区域喀斯特小流域生物量密度与地形起伏度的关系呈"马鞍形态"，即峰丛洼地区喀斯特小流域生物量密度大多随地形起伏度增加而增加，当地形起伏达 0.2 以上时，喀斯特小流域生物量密度多随地形起伏度增加而降低。

岩溶槽谷与岩溶高原区，喀斯特小流域生物量密度与地形起伏度之间总体呈"簇形放射状"格局，即两个地貌区喀斯特小流域生物量密度总体上随地形起伏度增加而增大，且低起伏度喀斯特小流域生物量密度变幅较小，而高起伏度喀斯特小流域生物量密度变幅较大。

岩溶陷盆地区，除个别喀斯特小流域外，喀斯特小流域生物量密度与地形起伏度之间的相关关系不明显，大多数喀斯特小流域生物量密度在 $20 \sim 60t \cdot hm^{-2}$。

岩溶峡谷区，地形起伏度与喀斯特小流域生物量密度的关系分段特征明显。具体表现在，地形起伏度小于 0.35，喀斯特小流域生物量密度随地形起伏度增加而增大，且岩溶峡谷区大多数喀斯特小流域分布在生物量密度 $60t \cdot hm^{-2}$ 与地形起伏度 0.35 以下的区域；地形起伏度 0.35 以上，岩溶峡谷区喀斯特小流域生物量密度整体性降低，且随起伏度增加而增大。

6.3.4 喀斯特小流域岩性与生物量关系

根据表 6.16，贵州全省白云岩小流域总生物量为 0.64 亿 t，复合碳酸盐岩类流域为 2.67 亿 t，石灰岩类流域为 3.36 亿吨，从生物量密度来看，白云岩、复合碳酸盐岩、石灰岩分别为 $47.98t \cdot hm^{-2}$、$48.55t \cdot hm^{-2}$、$46.98t \cdot hm^{-2}$，可见，尽管贵州不同岩性喀斯特小流域总生物量差异较大，但生物量密度在不同岩性小流域间差异较小。从最大总生物量、最小总生物量来看，白云类喀斯特小流域的变幅最小，说明白云岩类喀斯特小流域的植被覆盖可能较其他岩性类型小流域单一。小流域尺度，石灰岩类喀斯特小流域最大生物量密度与最小生物量密度分别为 $105.58t \cdot hm^{-2}$、$9.89t \cdot hm^{-2}$，均为三种岩性喀斯特小流域生物量密度的最大值，说明石灰岩类喀斯特小流域较多地覆盖相比于其他岩性小流域高生物量的植被类型。

表 6.16 岩性与小流域生物量之间的关系

岩性	区域尺度		小流域尺度			
	总生物量/亿 t	生物量密度/t·hm⁻²	最大总生物量/万 t	最大生物量密度/t·hm⁻²	最小总生物量/万 t	最小生物量密度/t·hm⁻²
白云岩	0.64	47.98	76.26	98.29	0.24	2.96
复合碳酸盐岩	2.67	48.55	129.98	101.20	0.61	6.08
石灰岩	3.36	46.98	133.55	105.58	0.52	9.89

从小流域岩性比例与生物量密度关系来看（图6.5），石灰岩比例在10%~30%与75%~95%两段上，喀斯特小流域生物量密度明显高于其他比例段；而白云岩比例在10%~40%与70%~85%两段上的喀斯特小流域生物量密度则高于其他比例段。

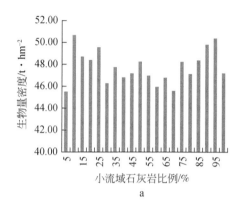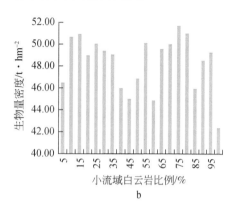

图6.5　喀斯特小流域岩性比例与生物量密度的关系

6.3.5　喀斯特小流域类型的生物量特征

峰丛洼地区，峰丛洼地+低起伏度+石灰岩、峰丛洼地+中起伏度+石灰岩两类喀斯特小流域总生物量最大，分别为21.15×10^6 t、27.13×10^6 t，两种小流域类型约占峰丛洼地区喀斯特小流域总生物量的61.38%；从生物量密度来看，峰丛洼地+高起伏度+白云岩、峰丛洼地+中起伏度+白云岩两种喀斯特小流域的生物量密度最大，分别为51.03 t·hm^{-2}和56.83 t·hm^{-2}；从小流域尺度来看，峰丛洼地+低起伏度+石灰岩、峰丛洼地+中起伏度+石灰岩两类喀斯特小流域的流域尺度生物量密度变幅最大。

岩溶槽谷区，岩溶槽谷+高起伏度+复合碳酸盐岩、岩溶槽谷+高起伏度+石灰岩、岩溶槽谷+中起伏度+复合碳酸盐岩、岩溶槽谷+中起伏度+石灰岩等四类喀斯特小流域总生物量达158.35×10^6 t，约占岩溶槽谷区总生物量的77.06%；生物量密度方面，岩溶槽谷+高起伏度+白云岩类喀斯特小流域的生物量密度最大，达70.55 t·hm^{-2}，同时，其小流域尺度最低生物量密度为49.68 t·hm^{-2}，明显高于该区域其他类型流域的同指标值。

岩溶断陷盆地区，岩溶断陷盆地+高起伏度+石灰岩、岩溶断陷盆地+中起伏度+复合碳酸盐岩、岩溶断陷盆地+中起伏度+石灰岩三类喀斯特小流域总生物量最大，合计达17.87×10^6 t，约占岩溶断陷盆地区喀斯特小流域总生物量的75.48%；从生物量密度来看，岩溶断陷盆地+高起伏度+石灰岩类小流域为50.05 t·hm^{-2}，为该地貌区最大值，而岩溶断陷盆地+中起伏度+白云岩类小流域生物量密度为33.99 t·hm^{-2}，为区域最低值；小流域尺度，岩溶断陷盆地+低起伏度+复合碳酸盐岩、岩溶断陷盆地+中起伏度+石灰岩两类小流域生物量密度变幅最大。

岩溶高原区，岩溶高原+低起伏度+石灰岩、岩溶高原+中起伏度+复合碳酸盐岩、岩溶高原+中起伏度+石灰岩三类小流域总生物量达 182.13×10^6t，约占岩溶高原区喀斯特小流域总生物量的 67.48%；生物量密度方面，除低起伏度三种喀斯特小流域外，岩溶高原区中高起伏度各类岩性喀斯特小流域生物量密度均在 50t·hm^{-2} 以上，中高起伏度喀斯特小流域在岩溶高原区具有较高生物量密度，其中岩溶高原+高起伏度+白云岩类喀斯特小流域生物量密度高达 83.09t·hm^{-2}，为区域最高生物量密度小流域类型；小流域尺度，除岩溶高原+高起伏度+白云岩类小流域生物量密度变幅较小外，其他喀斯特小流域在流域尺度的生物量密度变幅较大。

岩溶峡谷区，岩溶峡谷+高起伏度+石灰岩、岩溶峡谷+中起伏度+石灰岩两类小流域总生物量最大，合计达 44.24×10^6t，约占区域总生物量的 54.41%；生物量密度方面，岩溶峡谷+高起伏度+白云岩、岩溶峡谷+高起伏度+复合碳酸盐岩两类小流域分别为 51.84t·hm^{-2} 和 49.66t·hm^{-2}，明显高于区域其他小流域类型；小流域尺度，岩溶峡谷+中起伏度+复合碳酸盐岩、岩溶峡谷+中起伏度+石灰岩两种喀斯特小流域生物量密度变幅最大。

参 考 文 献

杜虎，曾馥平，王克林，等.2014.中国南方3种主要人工林生物量和生产力的动态变化.生态学报，34（10）：2712-2724.

贵州省农业厅，中国科学院南京土壤研究所.1980.贵州土壤.贵阳：贵州人民出版社.

刘秀明，王世杰，冯志刚，等.2004.石灰土物质来源的判别——以黔北、黔中几个剖面为例.土壤，36（1）：30-36.

朴世龙，方精云，贺金生，等.2004.中国草地植被生物量及其空间分布格局.植物生态学报，28（4）：491-498.

田秀玲，夏婧，夏焕柏，等.2011.贵州省森林生物量及其空间格局.应用生态学报，22（2）：287-294.

屠玉麟，杨军.1995.贵州中部喀斯特灌丛群落生物量研究.中国岩溶，（3）：199-208.

王世杰，李阳兵，李瑞玲.2003.喀斯特石漠化的形成背景、演化与治理.第四纪研究，23（6）：657-666.

肖长来，梁秀娟，王彪.2010.水文地质学.北京：清华大学出版社.

熊康宁.2002.喀斯特石漠化的遥感：GIS典型研究.北京：地质出版社.

郑昭佩，刘作新.2003.土壤质量及其评价.应用生态学报，14（1）：131-134.

朱波，况福虹，高美荣，等.2009.土层厚度对紫色土坡地生产力的影响.山地学报，27（6）：735-739.

Tollefson J.2009.Satellites beam in biomass estimates.Nature，462（7275）：834-845.

7 | 喀斯特小流域类型的重要土地利用特征

21世纪以来，以人类—环境耦合系统为核心的土地利用/土地覆盖动态过程的监测与模拟逐渐成为土地变化科学（land change science，LCS）的焦点问题（Turner et al.，2007）。喀斯特山区石漠化坡耕地自然条件的特点是石多土少，土壤肥沃，土地贫瘠，降水不少但干旱严重；水土流失及其危害的特点是地面与地下流失的二元流失方式并存，土壤流失量小，异地危害不大，成土速率低，但对当地危害大（张信宝等，2012），上述特征决定了坡耕地是对喀斯特小流域有重要影响的土地利用类型。本研究采用坡耕地分析喀斯特小流域重要土地利用类型的时空特征。

由于贵州省的特殊喀斯特山地高原特征，面积相对较大、土质和灌溉条件都相对较好的"坝子"就成为贵州省重要的粮食生产基地，全省稳定的粮食产区主要是分布于山间少量的相对平坦、集中连片的"坝子"上。坝子对贵州生态建设也起到积极作用，如坝地能保障粮食安全，则坡地可用来种植经果林等经济作物和生态林，有助于石漠化治理。同时，"坝子"往往也是一些县城、乡镇、村落、工矿和交通线发展的主要场所。因此，"坝子"面临以有限的适宜土地既要保证"吃饭"又要保证"建设"和"生态"的三难局面。"坝子"不论在国民经济发展历史中，还是在今后的经济建设过程中，均起着重要作用，其地位远远高于山地、峡谷等地貌形态，故对其土地利用变迁进行深入的研究意义重大（李阳兵等，2016）。尽管"坝子"只是一种地貌形态单元，但其空间分布格局与数量特征明显地控制着坝区及其周边山地的土地利用格局，因此，本研究采用坝坡比这一指标表示喀斯特小流域山地—坝地系统的人地关系格局。

一个特定范围内的土地利用程度是多种土地利用类型综合作用的结果，土地利用程度可定量地表述该特定范围自然区域、行政区域土地利用的综合水平（刘纪远等，2003）。同时，土地利用程度也反映了土地系统中人类因素的影响程度，而土地系统本身是一个复杂的自然社会综合体，任何时段的土地利用情况都是自然与社会因素综合作用的结果（宋开山等，2008）。因此，本研究采用土地利用综合程度指数评估喀斯特小流域土地利用情况，综合反映喀斯特小流域自然与社会系统的综合结果。

总之，为分析喀斯特小流域类型的土地利用特征，并力求表征控制喀斯特小流域的关键土地利用过程，本研究选择坡耕地时空分布、坝坡比、土地利用综合程度指数等指标定量研究喀斯特小流域土地利用特征，并进一步分析喀斯特小流域人地关系格局。

7.1　坡　耕　地

坡耕地作为人地系统耦合的结果，在不同生态、历史条件下，形成了具有明显时空差异的农业景观格局（Benjamin et al.，2005）。在传统农耕时期和地区，坡耕地是保障粮食安全的重要资源；而在农业发达地区，农业机械化与现代化进程则导致坡耕地大量撂荒（López-Vicente et al.，2011）。当前，中国农业用地正经历由传统粗放农耕到现代农业的转变（刘彦随和郑伟元，2008），在 1.35 亿 hm² 耕地资源中，坡耕地约占 27%。其中，东部地区以平地耕地资源为主，15°以上坡耕地较少（Xu et al.，2013），而在作为长江和珠江两大水系的重要生态屏障的中国西南地区，坡耕地占耕地资源的比例高达 74.68%（谢俊奇，2005），坡耕地对于区域生态与食品安全、区域发展具有重要影响。因此，在土地变化科学中加强坡耕地的研究具有重要意义。

在中国西南岩溶地区，由于坡耕地初始入渗率与稳定入渗率都明显低于其他土地利用类型，水土流失发生速率快（张治伟等，2010），加上长期高人口承载压力，致使坡耕地成为导致石漠化土地退化的主要土地覆盖类型（李阳兵等，2013）。因此，21 世纪以来，在岩溶地貌类型与岩溶石漠化等级最具有代表性的贵州省，相继实施了退耕还林（草）、防护林（长江流域、珠江流域、重要城市周边）、石漠化综合治理等能对坡耕地利用方式产生重要影响的生态工程，林地面积显著增加，退耕还林还草政策成为驱动坡耕地变化的重要力量，对区域土地覆盖状况的改善产生了积极的影响（刘纪远等，2009）。十余年来，在坡耕地上实施的各类生态工程开始发挥效益，在各项生态工程（特别是石漠化专项工程）的综合治理下，贵州石漠化恶化趋势得到遏制，石漠化面积逐步减少，等级逐渐降低，对区域生态改善产生重要影响（陈起伟等，2013）。为了从时间尺度与空间尺度上分析喀斯特小流域坡耕地动态特征与生态效益的研究，本研究利用遥感数据源，结合基础地理信息数据，定量分析 2000 年以来喀斯特地区坡耕地在坡度、岩性、聚落、交通等自然、社会经济因素影响下的动态变化特征，尝试评估坡耕地时空动态变化的生态系统服务功能以表征其生态效益，在此基础上分析了不同喀斯特小流域坡耕地分布状况特征。

7.1.1　坡耕地数据获取及分析方法

7.1.1.1　土地利用类型数据

采用 2000 年、2005 年、2010 年的 Landsat TM 30m 分辨率影像（来源于中国科学院国际科学数据服务平台，ISDSP），影像时间为各年 1 月、4 月、7 月、10 月，在合成假彩色影像后，进行直方图匹配等预处理和拼接校正后，然后运用 ArcGIS 9.3 平台进行人机交互解译（其中局部地区辅以当期 SPOT-5 2.5m、ASTER 15m、ALOS 2.5m 影像和野外调查进行验证），得到2000年、2005年和2010年的土地利用类型矢量数据，并提取坡耕地数据（图7.1）。参照《土地利用现状》分类标准，结合影像分辨率特征、喀斯特地区生态系统类型和土地利用现状，将土地利用类型划分为旱地、水田、林地、灌木林地、草地、居民地、其他建设用地（交通、工矿等）、水体、未利用地9种类型。

7.1.1.2 基础地理信息数据

利用1：5万DEM建立30m分辨率的坡度数据（精确到个位整数）；行政区划、4级以上公路和岩性原始数据（shp格式）来源于中国科学院地球化学研究所环境地球化学国家重点实验室，经格式转换和投影变换等处理后，得到投影方式相同的矢量数据。

7.1.1.3 坡耕地数量动态变化分析方法

本研究定义的坡耕地指坡度≥6°的耕地，包括旱地和水田。根据《第二次全国土地调查技术规程》，结合喀斯特地区地形地貌特征，将坡耕地坡度分为3个等级：缓坡［6°，15°］、陡坡［16°，25°］、急陡坡（>25°）。表征坡耕地动态变化的定量化指标分别为面积（$10^2 hm^2$）、坡耕地动态度（K）、比例（%）。其中，坡耕地动态度（K）表达式为（王秀兰等，1999）

$$K = \frac{U_b - U_a}{U_a} \times \frac{1}{T} \times 100\%$$
(7.1)

式中，K为研究时段内坡耕地动态度；U_a、U_b为研究时段期初和期末坡耕地的数量（$10^2 hm^2$）；T为研究时段长（5年）。由于本研究中T的时段设定为5年，故K值就是喀斯特地区研究时段内坡耕地的年变化率。

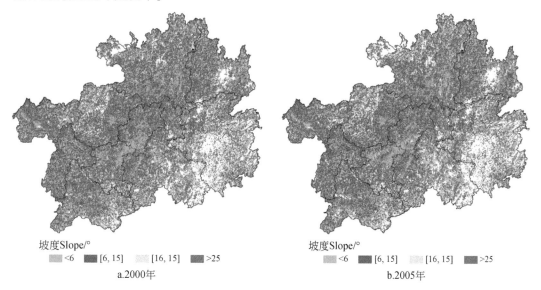

坡度Slope/°
■ <6　■ [6, 15]　░ [16, 15]　■ >25
a.2000年

坡度Slope/°
■ <6　■ [6, 15]　░ [16, 15]　■ >25
b.2005年

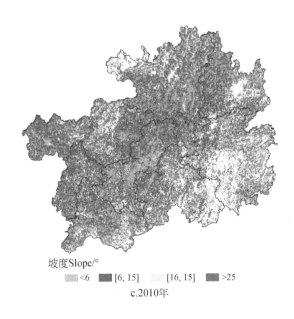

坡度Slope/°
   <6   [6, 15]   [16, 15]   >25

c.2010年

图 7.1　2000 年、2005 年、2010 年坡耕地空间分布

在 ArcGIS 9.3 中，运用叠加分析、缓冲区分析、邻域分析等工具，评价坡耕地空间动态变化与岩性、坡度、聚落、公路的关系。考虑到喀斯特地区耕地空间分布与聚落具有明显相关关系，结合山区耕作半径特征（角媛梅等，2006），将坡耕地距最邻近聚落的距离分为≤300m、（300m，600m]、（600m，900m]、>900m。通过计算转出坡耕地（受政策、农村生计方式多元化因素影响，2000 年以来喀斯特地区坡耕地动态主要表现为转出，遥感解译结果没有从其他地类转入的新增坡耕地，因此本研究仅分析坡耕地的动态转出特征）与研究区 4 级以上公路的邻域关系（搜索半径为 2000m），分析公路对坡耕地动态变化的影响。另外，以乡镇为空间区域单元，运用综合热区域指数分析坡耕地动态变化的区域差异，其表达式为

$$H_j = \sum_{i=1}^{n} \left(\frac{C_b}{C_a} \right) \Big/ \left(\frac{A_b}{A_a} \right) \quad (C_a, \ C_b, \ A_b, \ A_a > 0) \tag{7.2}$$

式中，H_j 为贵州省喀斯特地区 j 乡镇的坡耕地综合热区域指数；n 为 2 个研究时期（2000 ～ 2005 年，2005 ～ 2010 年）；A_a、A_b 为 i 时期内 j 乡镇期初和期末的坡耕地面积（$10^2\,hm^2$）；C_a、C_b 为 i 时期内喀斯特地区坡耕地期初面积与期末面积（$10^2\,hm^2$）。在本研究中，如果某乡镇的坡耕地综合热区域指数（H_j）大于 2，则表示该乡镇为 2000 年以来坡耕地动态变化的热点区域。

陆地表面生态系统的生态系统服务功能包含气候调节、侵蚀控制、养分循环、文化景观等 17 种类型（Robert et al.，1997）。因此，本研究采用坡耕地转出为其他土地利用类型的生态服务功能来评价坡耕地动态变化的生态效应，采用生态服务价值将其量化（贾晓娟

等，2008）。估算方法为：

$$ESV = \sum_{g=1}^{m} A_g VC_g \tag{7.3}$$

式中：ESV 为坡耕地转为其他土地利用类型的生态系统服务总价值 [万元/（hm² · a）]；A_g 为坡耕地转为第 g 种土地利用类型的面积（hm²）；VC_g 为生态价值系数，即单位面积坡耕地转为第 g 种土地利用类型的生态服务价值。参考谢高地等实际调查修正的中国不同陆地生态系统单位面积生态价值系数，结合张明阳等计算的喀斯特地区不同土地利用类型生态服务价值系数，求得两者的均值作为生态价值系数（表 7.1），用于估算贵州喀斯特地区坡耕地转出的不同土地利用类型的生态系统服务价值。

表 7.1　坡耕地转出不同为其他土地利用类型的生态服务价值系数

单位：元/（hm² · a）

土地利用类型	ESV 数据来源		
	张明阳等（2009）	Xie 等（2010）	均值
林地	20 984.72	11 735.57	16 360.15
灌木林地	17 839.24	8 302.96	13 071.1
草地	10 338.51	4 870.35	7 604.43
水体	17 070.84	18 926.32	17 998.58
未利用地	6 762.36	580.1	3 671.23
建设用地	9 614.58	0	4 807.29

7.1.2　坡耕地动态变化及其生态服务功能

7.1.2.1　数量特征

2000 年，贵州喀斯特地区耕地资源总量为 $3.58 \times 10^6 \, hm^2$（表 7.2），约占全省耕地资源总量的 71.17%；非喀斯特地区耕地资源总量为 $1.45 \times 10^6 \, hm^2$，约占全省耕地资源总量的 28.83%。2005 年、2010 年喀斯特地区耕地总量为 $3.34 \times 10^6 \, hm^2$、$3.14 \times 10^6 \, hm^2$，2005 年较 2000 年减少 0.24 万 hm²，2010 年较 2005 年减少 0.2 万 hm²；相应的，非喀斯特地区 2005 年较 2000 年减少 0.1 万 hm²，2010 年较 2005 年减少和 0.07 万 hm²。由此可见，贵州省 1999 年开始的退耕还林、长江/珠江流域防护林、石漠化综合治理、水源地涵养林、城市周边防护林等生态工程建设，叠加工业化、城镇化、农业结构与农村生产生活方式变迁的影响，使耕地资源总量呈减少趋势。

表 7.2 2000 年、2005 年、2010 年贵州省喀斯特地区与非喀斯特地区耕地面积动态变化对比

项目		2000 年		2005 年		2010 年	
		面积 /10^2hm²	比例/%	面积 /10^2hm²	比例/%	面积 /10^2hm²	比例/%
喀斯特区	总耕地	35 770.96	100.00	33 418.56	100.00	31 409.01	100.00
	缓坡〔6°，15°〕	16 908.35	47.27	15 829.02	47.37	14 958.42	47.62
	陡坡〔16°，25°〕	6 815.41	19.05	6 181.13	18.50	5 666.95	18.04
	急陡坡（>25°）	1 981.37	5.54	1 758.76	5.26	1 570.22	5.00
	坡耕地合计	25 705.13	71.86	23 768.91	71.12	22 195.59	70.67
非喀斯特区	总量	14 537.36	100.00	13 492.38	100.00	12 757.63	100.00
	缓坡〔6°，15°〕	6 594.57	45.36	6 182.82	45.82	5 901.14	46.26
	陡坡〔16°，25°〕	4 367.83	30.05	3 988.73	29.56	3 739.00	29.31
	急陡坡（>25°）	1 198.34	8.24	1 048.25	7.77	946.11	7.42
	坡耕地合计	12 160.74	83.65	11 219.79	83.16	10 586.26	82.98

注：比例是指各坡耕地面积占总耕地面积的百分比

2000 年、2005 年、2010 年喀斯特地区坡耕地比例均在 71% 左右，非喀斯特地区约 83%，两者相差 12 个百分点，非喀斯特地区坡耕地比例明显大于喀斯特地区。总量方面，2000 年、2005 年、2010 年贵州喀斯特地区 6° 以上坡耕地总面积分别约为 2.57×10^6hm²、2.38×10^6hm²、2.22×10^6hm²，10 年内减少 0.35 万 hm²；三个时期非喀斯特地区坡耕地面积分别约为 1.22×10^6hm²、1.12×10^6hm²、1.06×10^6hm²，2000 年来减少 0.16 万 hm²。

分坡度来看，2000 年、2005 年、2010 年缓坡坡度区内，喀斯特地区和非喀斯特地区均集中分布最多的耕地资源，坡耕地占该区耕地资源的比例均在 45% 以上，但喀斯特地区高于非喀斯特地区；同时，喀斯特地区该坡度 3 个时期坡耕地分别约为 1.69×10^6hm²、1.58×10^6hm²、1.50×10^6hm²，10 年内减少 0.19 万 hm²，非喀斯特地区 10 年内相应减少 0.07 万 hm²。随着坡度梯度增加，喀斯特地区 3 个时期坡耕地的分布比例大幅下降，降幅明显超过非喀斯特地区。表现在：陡坡坡度区，2000 年、2005 年、2010 年非喀斯特地区坡耕地所占比例高于喀斯特地区 11、11.06、11.27 个百分点；在急陡坡坡度区，3 个时期非喀斯特地区坡耕地所占比例仍高于喀斯特地区 2.7、2.51、2.42 个百分点。可见，贵州非喀斯特地区陡坡耕地比重明显高于喀斯特地区，在区域水土流失防治中应予以重视。

从坡耕地动态度来看（图 7.2），无论喀斯特地区还是非喀斯特地区，2000~2005 年、2005~2010 年 2 个时段内，总体上随着坡度增加，坡耕地减少幅度增大，陡坡的坡耕地动态度明显小于缓坡的坡耕地动态度，而急陡坡的坡耕地动态度最小，变幅最大，说明 10 年来实施的一系列退耕政策对陡坡耕地的退耕产生了重要影响。另外，2005~2010 年喀斯特地区和非喀斯特地区几乎各坡度梯度的坡耕地动态度都小于 2000~2005 年，与 2005~2010 年退耕还林工程转为巩固阶段、强化基本农田保护、农业扶持政策实施等形成良好的对应；另一方面，受 2007 年以后国家启动喀斯特地区石漠化综合治理工程的影响，2005~2010

年非喀斯特区坡耕地的动态度明显小于喀斯特地区。

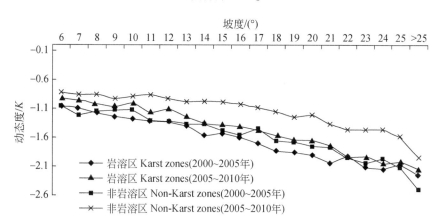

图 7.2 2000~2005 年和 2005~2010 年 2 个时段内贵州省喀斯特区与非喀斯特区坡耕地动态度

总之，10 年来贵州喀斯特地区耕地资源减少了 0.44 万 hm², 80% 是坡耕地; 非喀斯特地区减少 0.16 万 hm², 94% 是坡耕地。喀斯特地区缓坡地区集中分布了最多的耕地资源，随着坡度梯度增加，坡耕地的分布比例大幅下降，坡耕地减少幅度增大，一系列退耕政策的实施对陡坡耕的退耕产生重要影响。对比发现，2 个时段非喀斯特地区坡耕地比例较喀斯特地区大12 个百分点，特别是陡坡耕地比重明显高于喀斯特地区，在区域水土流失防治中应予以重视。

7.1.2.2 坡耕地空间动态分布与聚落的关系

2000 年、2005 年、2010 年 3 个时期距聚落≤300m 内坡耕地数量最低，分别约为 0.37×10⁶hm²、0.36×10⁶hm²、0.34×10⁶hm² (表 7.3), 而 (300, 900m] 梯度内坡耕地总量与>900m梯度相当。从各坡度梯度来看，[6°, 15°]、[16°, 25°]、>25°距聚落大于 900m 区域 10年来坡耕地累计分别减少约 9.45 万 hm²、6.02 万 hm²、2.32 万 hm²，缩减规模均较其他距离梯度大。在 25°以上，3 个时期距聚落>900m 区域的坡耕地分别约为 10.43 万 hm²、9.18 万 hm²、8.11 万 hm²，均高于同坡度距聚落≤900m 区域的坡耕地之和，说明陡坡耕地在空间上往往布局于距聚落较远的地区，其耕作成本非常高，耕作方式粗放，土地利用效率低，生产成本高，生态负效应大，应加快其退耕步伐。

表 7.3 距聚落 0~900m 不同缓冲区内的坡耕地分布情况

年份	距离/m	面积/ (10²hm²)			
		缓坡区 6°~15°	陡坡区 16°~25°	急陡坡区>25°	合计
2000	≤300	2 688.29	861.35	196.41	3 746.05
	(300, 600]	3 699.25	1 353.31	342.54	5 395.1
	[600, 900]	3 596.24	1 444.35	400.04	5 440.63
	>900	6 926.87	3 157.54	1 042.51	11 126.92

年份	距离/m	面积/（$10^2 hm^2$）			
		缓坡区6°~15°	陡坡区16°~25°	急陡坡区>25°	合计
2005	≤300	2 571.44	811.51	180.59	3 563.54
	(300, 600]	3 494.05	1 238.06	304.74	5 036.85
	(600, 900]	3 362.44	1 305.68	355.3	5 023.42
	>900	6 401.09	2 825.88	918.12	10 145.09
2010	≤300	2 467.03	770.35	168.34	3 405.72
	(300, 600]	3 326.53	1 146.25	275.35	4 748.13
	(600, 900]	3 182.86	1 194.36	315.88	4 693.1
	>900	5 982	2 555.99	810.66	9 348.65

7.1.2.3 坡耕地转出时空动态分析

2000~2005年贵州喀斯特地区坡耕地转为其他地类的面积为19.36万 hm^2，2005~2010年为15.73万 hm^2，前5年明显多于后5年（表7.4）。转出地类方面，2000年以来，一系列生态工程的实施导致坡耕地多转出为林地和草地，总量分别达19.49万 hm^2 和13.58万 hm^2；工业化、城镇化步伐加快使不少坡耕地转出为建设用地，前后2个时段分别为0.4万 hm^2、0.82万 hm^2；喀斯特地区大量小山塘、小水窖及部分水利工程建设使水域成为坡耕地转出的重要地类，10年间达0.31万 hm^2；此外，由于农业结构调整、弃耕撂荒导致10年内0.49万 hm^2 坡耕地转出为灌木林地。空间上，2000~2005年距公路（4级以上）大于2000m梯度，坡耕地转为其他地类的比例为29.3%，2005~2010年为28.52%（图7.3），相应的，距公路2000m以内比例分别为70.7%和71.48%，表明10年来坡耕地退耕主要发生在公路沿线。在距公路2000m内的区域，10年来在500m范围内集中了近30%的坡耕地转出土地，随着距离增加，坡耕地转出为其他地类的比例减少，说明10年来坡耕地退耕过程表现出明显的公路指向性，即距公路500m内，坡耕地退耕的比例较高，随着距离增加，坡耕地退耕比例降低。在坡耕地转出土地与聚落关系方面，距聚落900m以内，各梯度2个时段内坡耕地转出土地的比例相当，900m以外，坡耕地转出土地的比例接近40%，表明微观上，距聚落大于900m的地区是坡耕地转出的主要区域。

表7.4 坡耕地转出为其他土地覆盖类型的数量　　　　　　　　单位：$10^2 hm^2$

时段	林地	灌木林地	草地	水体	未利用地	居住地	其他建设用地	合计
2000~2005年	1 099.99	19.35	756.64	20.16	0.03	38.14	1.91	1 936.22
2005~2010年	849.24	29.71	601.36	10.46	0.39	74.05	8.13	1 573.34
合计	1 949.23	49.07	1 358.00	30.62	0.43	112.18	10.03	

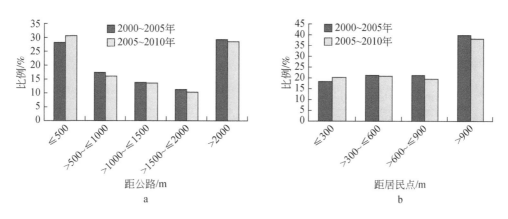

图 7.3　2000 年以来转出坡耕地与公路（a）、聚落（b）的空间关系

　　在宏观空间上（图 7.4），2000 年以来，贵州喀斯特地区坡耕地转出综合热区域指数（H_j）大于 2 的乡镇主要集中在临长江的乌江下游遵义东北、铜仁地区及黔中高原面的贵阳、安顺市周边地区，形成了 2 个坡耕地转出的热区域。两个热区域的形成与区域生态建设背景密切关联，前者以保障长江流域生态安全为重点，后者以提高城市生态功能为重点。

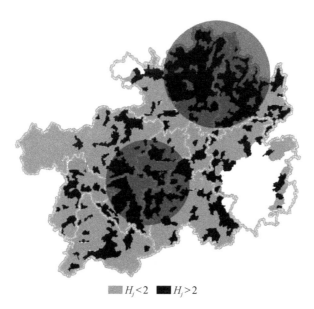

$H_j < 2$　　$H_j > 2$

图 7.4　坡耕地转出综合热区域指数
注：本研究无 $H_j = 2$

7.1.2.4　坡耕地动态转出的生态服务功能评估

2000 ~ 2010 年贵州喀斯特地区坡耕地转出为林地、灌木林地、草地、水体、未利用地、

建设用地的生态服务价值分别约为3188.97万元/a、64.13万元/a、1032.68万元/a、55.12万元/a、0.16万元/a、58.75万元/a。坡耕地退耕产生了良好的生态效应（表7.5），坡耕地转出土地生态系统的生态服务价值4399.81万元/a。

表 7.5　贵州喀斯特地区 2000 ~ 2010 年坡耕地转为不同土地利用类型的生态服务价值（ESV）

土地利用类型	生态价值系数/[元/(hm² · a)]	面积/10² hm²	ESV/(元/a)	总ESV/(万元/a)
林地	16 360.15	1 949.23	31 889 698.17	
灌木林地	13 071.1	49.07	641 337.63	
草地	7 604.43	1 358	10 326 789.3	4 399.81
水体	17 998.58	30.62	551 206.45	
未利用地	3 671.23	0.43	1 563.32	
建设用地	4 807.29	122.22	587 542.83	

7.1.3　不同地貌类型区喀斯特小流域坡耕地分布

从总量来看（表7.6），贵州全省喀斯特小流域坡耕地总量为5404.93万亩①，约占全省耕地总面积的78.91%，喀斯特小流域坡耕地成为全省耕地资源的主要组成部分。岩溶高原、岩溶槽谷坡耕地总量分别为2212.48万亩、1455.77万亩，是全省坡耕地总量最大的地貌类型区。从平均面积来看，全省岩溶峡谷与岩溶断陷盆地区小流域坡耕地平均比例最大，分别为33.65%与31.97%；非喀斯特地貌区喀斯特小流域平均坡耕地比例最小，仅为12.45%，可见，参照非喀斯特地区喀斯特小流域平均坡耕地分布比例标准，贵州全省所有地貌类型区喀斯特小流域坡耕地平均分布比例较大，坡耕地的大量存在成为制约喀斯特小流域生态服务价值提升的重要制约因素。

坡度方面，（6，10］范围内，岩溶高原区耕地总量为1172.52万亩，岩溶峡谷与岩溶槽谷相当，分别为348.95万亩、391.52万亩；而非喀斯特地区喀斯特小流域大部分坡耕地分布在该坡度范围内，坡耕地总量占小流域面积的8.03%，因此，（6，10］范围岩溶高原地区小流域坡耕地总量最大，非喀斯特地貌区分布比例最高。（10，15］范围内，岩溶槽谷区坡耕地分布总量为644.79万亩，占槽谷区喀斯特小流域总面积的10.19%，该坡度范围内坡耕地总量约占岩溶槽谷区坡耕地总量的一半；同样，该坡度范围内岩溶断陷盆地区、岩溶峡谷区坡耕地分布占喀斯特小流域总面积的比例也相对较大。（15，25］范围内，非喀斯特地貌区喀斯特小流域坡耕地总量为3.11万亩，占该地貌区喀斯特小流域总面积的1.14%，而同坡度范围的其他喀斯特地貌区的坡耕地分布比例明显高于此值数倍，可见，（15，25］范围内喀斯特地貌区小流域坡耕地分布比例较大。25°以上，喀斯特地貌

---

① 1亩 ≈ 666.7m²。

区喀斯特小流域仍有 72.36 万亩坡耕地存在，其中以峰丛洼地、岩溶断陷盆地、岩溶峡谷三种地貌区 25°以上陡坡耕地的分布比例最大。

表 7.6 不同地貌区喀斯特小流域坡耕地分布统计

坡度		峰丛洼地	岩溶槽谷	岩溶断陷盆地	岩溶高原	岩溶峡谷	非喀斯特地貌
(6, 10]	面积/万亩	173.35	391.52	76.17	1 172.52	348.95	21.95
	比例/%	6.59	6.19	9.55	14.52	12.08	8.03
(10, 15]	面积/万亩	156.34	644.79	110.92	720.43	370.79	9.23
	比例/%	5.94	10.19	13.91	8.92	12.84	3.37
(15, 25]	面积/万亩	127.40	399.95	63.98	302.02	239.08	3.11
	比例/%	4.84	6.32	8.02	3.74	8.28	1.14
(25, 100]	面积/万亩	12.54	19.51	3.98	17.52	18.81	0.07
	比例/%	0.48	0.31	0.50	0.22	0.65	0.02
合计	面积/万亩	469.64	1 455.77	255.05	2 212.48	977.64	34.35
	小流域平均比例/%	17.43	23.35	31.97	27.93	33.65	12.45

7.1.4 不同地形起伏度喀斯特小流域坡耕地分布

总量上（表 7.7），全省中起伏度类喀斯特小流域坡耕地总量最大，为 2645.41 万亩；从坡耕地占喀斯特小流域总面积来看，低起伏度与中起伏度喀斯特小流域分别为 26.09% 和 26.20%，而高起伏度类为 24.30%。总的来看，三种起伏度喀斯特小流域坡耕地分布总量占相应起伏度喀斯特小流域面积比例大致相当。

表 7.7 不同起伏度喀斯特小流域坡耕地分布统计

小流域起伏度/(°)		坡度范围/(°)				合计
		(6, 10]	(10, 15]	(15, 25]	(25, 100]	
低起伏度	面积/万亩	1 162.16	382.73	78.65	5.46	1 629.01
	比例/%	18.62	6.13	1.26	0.09	26.09
中起伏度	面积/万亩	893.68	1 192.03	531.17	28.53	2 645.41
	比例/%	8.85	11.80	5.26	0.28	26.20
高起伏度	面积/万亩	128.62	437.74	525.72	38.43	1 130.51
	比例/%	2.77	9.41	11.30	0.83	24.30

注：比例=（坡耕地面积/某一起伏度类型喀斯特小流域总面积）×100%

从坡耕地分布坡度来看，低起伏度类喀斯特小流域在（6，10〕范围内坡耕地总量为 1162.16 万亩，该坡度范围坡耕地总量占低起伏度类喀斯特小流域总面积的 18.62%，可见，低起伏度喀斯特小流域坡耕地主要分布在流域 10 度以下的缓坡地带；中起伏度喀斯特小流域（10，15］范围内坡耕地分布总量最大，为1192.03万亩，占中起伏度喀斯特小流域总面积的11.80%；高起伏度喀斯特小流域在（15，25］范围内坡耕地分布总量最大，为525.72万亩，占高起伏度喀斯特小流域总面积的11.30%；25度以上坡度范围内，随着喀斯特小流域地形起伏度增加，25度以上坡耕地分布的总量与比例显著增加。

总之，总体上不同起伏度喀斯特小流域坡耕地分布比例差异不大，但喀斯特小流域起伏度不同，坡耕地主要分布坡度带变化明显。

7.1.5 不同岩性喀斯特小流域坡耕地分布

从贵州全省范围来看，不同岩性地区2000年、2005年、2010年6°以上坡耕地占该岩性区耕地资源的比例从大到小依次为（表7.8）：灰岩碎屑岩互层（78.4%、77.74%、77.33%）、连续性灰岩（77.78%、77.17%、76.65%）、灰岩夹碎屑岩（72.61%、72.06%、71.77%）、白云岩碎屑岩互层（72.01%、71.54%、71.25%）、连续性白云岩（65.09%、63.96%、62.97%）、灰岩白云岩互层（62.65%、61.69%、61.33%）、白云岩夹碎屑岩（58.33%、58.05%、58.36%）。由此可见，喀斯特地区坡耕地空间分布与基质岩性具有明显相关性，灰岩地区坡耕地比重明显高于白云岩地区。坡度梯度方面（图7.5），2000年、2005年、2010年白云岩地区缓坡坡耕地比例最高，其次为白云岩与灰岩互层地区，灰岩地区最低；而15°以上在灰岩地区比例最高、白云岩地区最低。说明白云岩地区坡耕地较多地分布在缓坡地带，而灰岩地区陡坡耕地比例较白云岩地区大。

表7.8 贵州省喀斯特地区各岩性区坡耕地面积

年份	耕地	连续性灰岩	灰岩夹碎屑岩	灰岩碎屑岩互层	连续性白云岩	白云岩夹碎屑岩	白云岩碎屑岩互层	灰岩与白云岩互层
2000	总量/10^2hm^2	8 758.43	7 109.40	7 884.52	7 071.18	3 763.73	105.11	1 078.59
	缓坡[6°,15°]/10^2hm^2	4 302.19	3 424.76	3 869.40	3 177.92	1 627.65	48.94	457.50
	陡坡[16°,25°]/10^2hm^2	1 847.00	1 371.73	1 807.66	1 131.09	464.57	20.81	172.55
	急陡坡(>25°)/10^2hm^2	663.07	365.89	504.07	293.63	103.07	5.94	45.71
	坡耕地比例/%	77.78	72.61	78.40	65.09	58.33	72.01	62.65
2005	总量/10^2hm^2	8 201.11	6 666.99	7 260.34	6 556.75	3 608.43	101.54	1 023.38
	缓坡[6°,15°]/10^2hm^2	4 045.96	3 219.20	3 580.20	2 947.66	1 557.48	47.48	431.04
	陡坡[16°,25°]/10^2hm^2	1 687.63	1 257.62	1 620.27	996.87	440.29	19.94	158.49
	急陡坡(>25°)/10^2hm^2	595.11	327.11	443.70	248.89	96.91	5.23	41.81
	坡耕地比例/%	77.17	72.06	77.74	63.96	58.05	71.54	61.69
2010	总量/10^2hm^2	7 718.96	6 315.72	6 763.53	6 102.45	3 437.63	98.50	972.22
	缓坡[6°,15°]/10^2hm^2	3 836.99	3 065.48	3 364.35	2 739.35	1 496.86	46.15	409.24
	陡坡[16°,25°]/10^2hm^2	1 550.93	1 170.33	1 471.52	889.16	417.87	19.01	148.12
	急陡坡(>25°)/10^2hm^2	528.67	297.17	394.61	214.36	91.47	5.02	38.91
	坡耕地比例/%	76.65	71.77	77.33	62.97	58.36	71.25	61.33

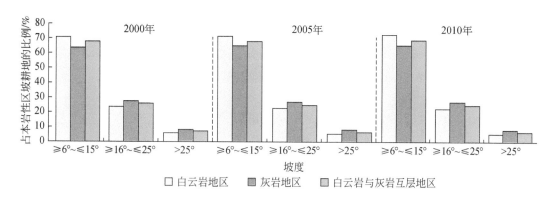

图 7.5 2000 年、2005 年、2010 年贵州省各岩性区不同坡度坡耕地占本岩性区坡耕地的比例

从动态来看，2000 年至 2010 年灰岩地区（连续性灰岩、灰岩夹碎屑岩、灰岩碎屑岩互层）和白云岩地区（连续性白云岩、白云岩夹碎屑岩、白云岩碎屑岩互层）耕地资源分别减少 $0.30 \times 10^6 hm^2$、$0.13 \times 10^6 hm^2$，10 年来灰岩地区坡耕地减少的规模明显大于白云岩地区。坡度梯度方面，灰岩地区缓坡、陡坡、急陡坡 3 个坡度梯度内，10 年来坡耕地分别减少 0.13 万 km^2、0.08 万 km^2、0.03 万 km^2，减少率为 11.47%、16.58%、20.39%；相应地，在白云岩地区缓坡、陡坡、急陡坡 3 个坡度梯度内坡耕地 10a 减少率为 11.79%、17.97%、22.80%。一方面，受退耕还林、防护林建设、经济林建设等工程影响，灰岩地区与白云岩地区 15° 以上坡耕地 10 年来退耕比例明显大于缓坡地带；另一方面，由于白云岩地区陡坡立地条件（如土层厚度、保水保土能力等）较灰岩地区差，故随着坡度梯度的提高，白云岩地区坡耕地的减少率高于灰岩地区的幅度逐渐增大。

小流域尺度（表 7.9），贵州全省石灰岩类小流域坡耕地总量为 2702.84 万亩，复合碳酸盐岩类小流域坡耕地总量为 2255.04 万亩，白云岩类为 447.06 万亩；从比例来看，复合碳酸盐岩类小流域坡耕地占该岩性喀斯特小流域总面积的比例为 27.34%，明显高于其他岩性类型小流域坡耕地比例。从坡耕地分布的坡度带来看，白云岩类小流域在

表 7.9 小流域岩性类型与坡耕地分布关系

小流域岩性类性		坡度范围/(°)				合计
		(6, 10]	(10, 15]	(15, 25]	(25, 100]	
白云岩	面积/万亩	240.65	146.41	55.13	4.87	447.06
	比例/%	11.96	7.28	2.74	0.24	22.23
复合碳酸盐岩	面积/万亩	919.76	843.40	467.81	24.07	2 255.04
	比例/%	11.15	10.22	5.67	0.29	27.34
石灰岩	面积/万亩	1 024.06	1 022.69	612.61	43.48	2 702.84
	比例/%	9.54	9.53	5.71	0.41	25.18

注：比例=坡耕地面积/某一岩性类型喀斯特小流域总面积×100%

（6，10］范围内坡耕地总量为240.65万亩，占白云岩类小流域总面积的11.96%，白云岩小流域坡耕地在（6，10］分布优势明显；而复合碳酸盐岩类小流域坡耕地在（10，15］范围内分布比例较白云岩类小流域明显增加；石灰岩类小流域在15度以上坡度带的坡耕地占该岩性喀斯特小流域总面积的比例为三种岩性喀斯特小流域的最大值。

7.1.6 不同喀斯特小流域类型坡耕地分布

峰丛洼地区，峰丛洼地+低起伏度+石灰岩、峰丛洼地+中起伏度+石灰岩两类小流域坡耕地总量最大，分别为121.03、119.43万亩，约占峰丛洼地区坡耕地总面积的51.2%；从坡耕地占各类型小流域总面积看，峰丛洼地区石灰岩类小流域坡耕地占流域面积比例较小，均在15%左右，而其他岩性类性则均在23%以上。可见，峰丛洼地区石灰岩类小流域坡耕地比例较小，而复合碳酸盐岩与白云岩类小流域则相对较大。

岩溶槽谷区，岩溶槽谷+高起伏度+复合碳酸盐岩、岩溶槽谷+高起伏度+石灰岩、岩溶槽谷+中起伏度+复合碳酸盐岩、岩溶槽谷+中起伏度+石灰岩四类小流域坡耕地总量为1130.4万亩，约占槽谷区坡耕地总面积的77.65%，该区域坡耕地主要分布在中高起伏度非白云岩类小流域；从坡耕地占流域面积比例来看，岩溶槽谷区三种起伏度白云岩类小流域坡耕地比重均在20%以内，与峰丛洼地区正好相反，该区域白云岩类小流域坡耕地比例较小，复合碳酸盐岩次之，石灰岩类小流域坡耕地比例最大。

岩溶断陷盆地区，岩溶断陷盆地+中起伏度+复合碳酸盐岩、岩溶断陷盆地+中起伏度+石灰岩两类小流域坡耕地总量为148.14万亩，约占区域坡耕地总量的58.08%；从坡耕地占流域面积比例来看，该区域复合碳酸盐岩类小流域最大，其次为白云岩类小流域，石灰岩类小流域最小。

岩溶高原区，岩溶高原+低起伏度+复合碳酸盐岩、岩溶高原+低起伏度+石灰岩、岩溶高原+中起伏度+复合碳酸盐岩、岩溶高原+中起伏度+石灰岩四类小流域坡耕地总量为1843.86万亩，约占区域坡耕地总面积的83.34%；坡耕地占流域面积比例受地形起伏度影响较大，高起伏度小流域明显小于中低起伏度小流域；在中高起伏度，复合碳酸盐岩类小流域的坡耕地占流域面积比例最大，其次为白云岩类小流域，石灰岩小流域最小。

岩溶峡谷区，岩溶峡谷+高起伏度+石灰岩、岩溶峡谷+中起伏度+石灰岩两类小流域坡耕地总面积分别为224.43万亩和277.37万亩，两者约占峡谷区坡耕地总面积的51.33%；该区域石灰岩类小流域坡耕地占流域面积比例最大，其次为复合碳酸盐岩类小流域，白云岩类小流域最小，并且随着地形起伏度增加，各岩性类型小流域坡耕地占流域面积比例减小，但明显高于其他地貌类型区。非喀斯特地貌区的少数喀斯特小流域坡耕地具有总量小、比例小的特点。

7.2 坝 子

"坝子"是我国云贵高原上的局部平原的地方名称，主要分布于山间盆地、河谷沿岸和山麓地带。贵州是我国西部高原山地的一部分，地处云贵高原的东斜坡地带，地貌类型十分复杂。贵州省平均坡度值为 17.78%，6°以下平缓地仅占全省土地总面积的 13.5% 左右 [6°, 15°] 的约占 26.85%，15°以上陡坡约占 59.65%。全省山地面积比重大，占全省总面积的 92.5%，山间平地仅占 7.5%，是全国唯一没有平原支撑的省份，成一定规模的坝子更是少之又少。坝子作为贵州省土地资源的精华，面临着一要建设、二要吃饭、三要生态保护的三难局面。因此，在小流域研究中引入坝地—山地系统，对就其进行定量表达，对于掌握喀斯特小流域关键土地资源赋存与土地利用格局具有重要作用。

7.2.1 贵州千亩以上坝子基本情况

本研究采用 1:50 000 DEM 作为数据源，提取坡度<6°的集中连片区域作为初始数据。应用 2.5m（少数区域为 10m）高分辨率影像进行地形识别，逐个核改坝子边界，去除计算机自动提取的非坝区（如河谷、狭长地带），从而得到全省千亩以上坝子空间分布与边界数据。

贵州省千亩以上坝子共 1627 个，总面积为 4768.30km²，约占全省土地面积的 2.71%，平均面积 2.93km²（约 4396 亩），可见，坝子总量少、总面积小是贵州的基本省情。分级来看（表 7.10），面积在 1000～2000 亩的一级坝子共 716 个，总面积为 687.07km²，占全省土地面积的 0.39%。一级坝子数量多、分布散，应该进一步研究其空间分布特征，加强分类管理。二级坝子（2000～5000 亩）共 590 个，总面积为 1183.19km²，占全省土地面积的 0.67%，其数量规模是一级坝子的近一倍，在全省坝子资源中具有核心地位。三级坝子（5000～10000 亩）共 202 个，总面积为 941.92km²，占全省土地面积的 0.53%。四级万亩以上大坝共 119 个，总面积为 1956.12km²，占全省土地面积的 1.11%。值得注意的是，在 2004 年贵州省万亩大坝调查过程，由于主要考虑保障粮食安全，其调查成果一方面结合地形资料，另一方面更关注其耕地资源（重点在水田），导致调查成果中，只查得 44 个水田坝（水田面积多在 70% 以上）和 3 个旱地坝（旱地也占大部分），共 47 个万亩大坝，未能完整反映贵州坝子的数量特征，特别是对喀斯特地表径流缺乏、地下渗透严重地区的以旱地为主的万亩大坝关注不够，这应该在今后万亩大坝调查及优化调控中给予足够重视。

表 7.10　贵州省千亩以上坝子等级特征

等级	标准/亩	个数	面积/km²	占全省土地面积比例/%
1	1 000～2 000	716	687.07	0.39
2	2 000～5 000	590	1 183.19	0.67
3	5 000～10 000	202	941.92	0.53
4	>10 000	119	1 956.12	1.11

根据四期（2000 年、2005 年、2010 年、2014 年）土地覆盖数据，对贵州省千亩以上

坝子按主要用地类型划分为水田坝、旱地坝、城镇工业坝、其他用地坝四类，划分标准如下：①水田坝，耕地面积>50%且水田面积>旱地面积；②旱地坝，耕地面积>50%且水田面积<旱地面积；③城镇工业坝，耕地面积<50%，且建设用地>其他用地；④其他用地坝，耕地面积<50%，且建设用地<其他用地。

表 7.11 贵州省千亩以上坝子类型动态变化

类型	等级	2000 年		2005 年		2010 年		2014 年	
		个数	总面积	个数	总面积	个数	总面积	个数	总面积
水田坝	1	297	286.86	298	288.14	296	285.70	290	279.45
	2	279	558.62	274	549.22	270	541.05	274	547.83
	3	105	494.81	105	495.54	102	477.82	101	476.07
	4	50	859.08	50	859.08	50	877.97	49	868.31
旱地坝	1	347	333.06	343	329.07	338	324.30	331	318.02
	2	268	538.57	270	541.98	264	532.70	260	527.24
	3	89	408.82	86	395.60	83	382.66	83	380.16
	4	64	1 041.96	61	1 008.85	56	945.53	55	936.06
城镇工业坝	1	12	11.70	12	11.70	19	18.51	29	28.25
	2	17	35.53	17	35.53	26	53.11	26	52.20
	3	6	31.04	6	31.04	15	74.19	17	81.95
	4	5	55.08	8	88.19	13	132.63	15	151.76
其他用地坝	1	60	55.45	63	58.15	63	58.56	66	61.35
	2	26	50.47	29	56.46	30	56.34	30	55.92
	3	2	7.25	5	19.73	2	7.25	1	3.74
	4	0	0	0	0	0	0	0	0

2014 年，贵州省共有千亩以上水田坝 714 个（表 7.11），约占全省 1627 个坝子的 44%，总面积近 2173km²，约占全省千亩坝子总面积的 46%；千亩以上旱地坝共 729 个，占 45%，总面积近 2162km²，约占全省千亩坝子总面积的 45%，两占总面积占全省千亩以上坝子的 90% 以上。可见，贵州省千亩以上坝子中，水田坝与旱地坝占绝大多数，以耕地为主要土地类型仍然是当前贵州千亩坝子的主要用地特征，对千亩以上坝子实行最严格耕地保护制度具有可行性与可操作性。但同时也要看到，旱地坝子在贵州千亩坝子中占据半壁江山，其人口承载量大、地表水资源缺乏、易旱低产等问题应该尽快加以研究，以破解制约其保护和优化利用的关键瓶颈问题。因此，应立即将水田坝子和资源禀赋好的旱地坝子划为红线。

动态来看，全省城镇工业坝子由 2000 年的 40 个增加到 2014 年的 87 个，城镇工业坝子为贵州实施工业化、城镇化提供了较大用地保证，这是贵州坝子保障建设的重要体现，应该加强这类坝子的优化集约节约利用。同时，为保障区域粮食安全，守牢底线，应该严控耕地坝子向城镇工业坝子转移的数量。

建设用地占用是导致坝子农业利用率与生产力下降的最直接原因。采用四期遥感监测数据，运用建设用地距平指数较好地比较了近15年来全省千亩以上坝子建设用地占用情况。

根据表7.12，各等级坝子建设用地距平指数均在4以上，表明贵州省千亩以上坝子的建设用地规模明显超出全省平均水平；随着坝子等级提高，其距平指数明显增大，表明坝子规模越大，其建设占用率越大。分级来看，1、2级坝子近15年来距平指数基本维持不变并呈微弱减小趋势，说明在近年来工业化、城镇化的大背景下，1、2级坝子的建设用地占用保持原有水平，应该将千亩以上坝子保护重点放在这两个等级；3级坝子的距平指数明显高于1、2级坝，应该加强优化管控；4级万亩以上大坝2010年来距平指数明显提高，表明其对全省工业化、城镇化进程起到了重要支撑作用，应加强万亩大坝的多功能利用。

表 7.12 千亩以上坝子建设用地距平指数

等级	2000 年	2005 年	2010 年	2014 年
1	4.52	4.55	4.49	4.40
2	5.36	5.36	5.35	5.09
3	6.90	7.09	7.22	6.96
4	8.49	8.94	10.38	10.21

注:距平指数=(坝子建设用地面积/坝子面积)/(全省当期建设用地面积/全省土地面积)

7.2.2 贵州千亩以上坝子在小流域中的分布

千亩以上坝子作为耕地质量较高的赋存区域，从贵州全省范围来看（表7.13），岩溶高原地貌区有千亩以上坝子的喀斯特小流域共491个，约占岩溶高原区喀斯特小流域总数的38.97%，该区域千亩以上坝子总面积366.13万亩；岩溶槽谷区共有235个坝子分布的喀斯特小流域，约占岩溶槽谷区喀斯特小流域总数的22.32%，总面积137.1万亩；峰丛洼地区有千亩以上坝子的喀斯特小流域共150个，约占峰丛洼地区喀斯特小流域总数的30.24%，该区域坝子总面积98.6万亩；岩溶峡谷区有千亩以上坝子112个，约占峡谷区喀斯特小流域总数的23.93%，总面积54万亩；岩溶断陷盆地区有坝子分布的喀斯特小流域共30个，总面积为6.15万亩。除岩溶断陷盆地区外，坝子占有坝分布的喀斯特小流域面积的比例均在5%以上，说明有坝分布的喀斯特小流域坝地资源赋存量较大。

表 7.13 各地貌区千亩以上坝子分布情况

地貌类型	有坝分布的小流域个数	坝子总面积/万亩	坝子占小流域面积比例/%
峰丛洼地	150	98.60	8.05
岩溶槽谷	235	137.10	6.34

续表

地貌类型	有坝分布的小流域个数	坝子总面积/万亩	坝子占小流域面积比例/%
岩溶断陷盆地	30	6.15	2.33
岩溶高原	491	366.13	8.79
岩溶峡谷	112	54.00	5.44
非喀斯特	17	12.84	8.74

7.2.3　各地貌类型区喀斯特小流域坝坡比①

非喀斯特地貌、岩溶高原两种地貌区喀斯特小流域平均坝坡比分别为 21.38% 和 17.28%（表 7.14），明显高于其他地貌区；峰丛洼地区最大喀斯特小流域的坝坡比最小，为 63.52%，同时，其平均坝坡比为 11.93%，高于除岩溶高原以外的其他喀斯特地貌类型区。可见，峰丛洼地区喀斯特小流域整体上具有"坝子分布数量相对较多，坝子规模的差异相对较小"的特点。从各地貌区喀斯特小流域坝子赋存来看，岩溶槽谷区无坝喀斯特小流域最多，为 85 个、其次为岩溶峡谷区，为 50 个。

表 7.14　各地貌区喀斯特小流域坝坡比

地貌区	平均坝坡比/%	最大坝坡比/%	有坝小流域数	无坝小流域数
峰丛洼地	11.93	63.52	366	33
岩溶槽谷	9.86	75.66	858	85
岩溶断陷盆地	8.33	91.99	109	13
岩溶高原	17.28	89.46	1174	48
岩溶峡谷	9.88	79.41	380	50
非喀斯特地貌	21.38	76.24	44	1

喀斯特小流域坝坡比空间格局方面（图 7.6），黔中高原面高坝坡比喀斯特小流域明显较其他地貌区域多，尤其以贵阳、安顺一带高坝坡比喀斯特小流域分布集中。此外，黔东铜仁、黔南独山与荔波、黔北遵义、黔西南兴义、黔西北威宁中部等区域喀斯特小流域坝坡比明显高于同地貌区其他区域。黔北向四川盆地过渡带、西部岩溶峡谷与断陷盆地区、峰丛洼地中部向广西平原过渡等区域喀斯特小流域坝坡比明显较低，多在 5% 以下。

---

① 为更加全面地分析喀斯特小流域坝子信息，本研究计算坝坡比时，将单个面积大于 500 亩的坝子纳入分析范围，提取方法与千亩以上坝子相同。

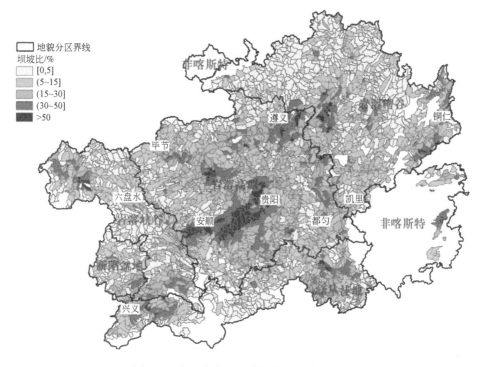

图 7.6　各地貌类型区喀斯特小流域坝坡比

7.2.4　不同起伏度喀斯特小流域坝坡比

总的来看（表7.15），贵州全省喀斯特小流域坝坡比受流域地形起伏度影响较大，表现在：低起伏度喀斯特小流域平均坝坡比为24.48%，中起伏度为7.59%，高起伏度为3.10%。非喀斯特地貌区，低起伏度喀斯特小流域的坝坡比为34.43%，明显高于其他地貌区；其次为低起伏度岩溶高原、岩溶峡谷、岩溶槽谷，分别为26.23%、24.42%、22.68%；岩溶断陷盆地与峰丛洼地低起伏度喀斯特小流域坝坡比最小，分别为20.22%和20.12%。全省喀斯特小流域坝坡比与地形起伏度之间呈指数相关关系（图7.7），R^2达0.9。当喀斯特小流域地形起伏增加，喀斯特小流域坝坡比呈指数级下降；喀斯特流域的地形起伏在0.2以上，小流域坝坡比变幅明显变小。分地貌类型区来看，两大贵州分布面积最广的岩溶高原、岩溶槽谷地貌区，坝坡比与流域地形起伏度之间的指数相关关系最强，其次为岩溶峡谷与峰丛洼地区，岩溶断陷盆地区不具有指数相关关系。

表 7.15　各地貌区不同起伏度喀斯特小流域平均坝坡比　　　　单位:%

地貌类型区	低起伏度	中起伏度	高起伏度
峰丛洼地	20.12	6.04	2.85
岩溶槽谷	22.68	7.01	2.88

续表

地貌类型区	低起伏度	中起伏度	高起伏度
岩溶断陷盆地	20.22	5.94	3.54
岩溶高原	26.23	8.84	3.44
岩溶峡谷	24.42	7.54	3.35
非喀斯特地貌	34.43	7.13	0.25
平均值	24.48	7.59	3.10

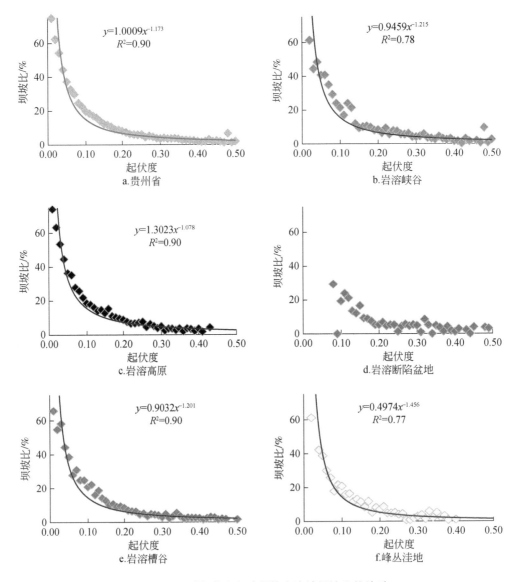

图 7.7　地形起伏度与喀斯特小流域坝坡比的关系

7.2.5 不同岩性小流域坝坡比

喀斯特小流域坝坡比受流域岩性类型影响较大。其中，白云岩类喀斯特小流域平均坝坡比最大，达 20.09%，复合碳酸盐岩与石类岩小流域相当，分别为 12.99% 和 11.66%（表 7.16）。

表 7.16　不同岩性类型喀斯特小流域平均坝坡比

小流域岩性	平均坝坡比/%
白云岩	20.09
复合碳酸盐岩	12.99
石灰岩	11.66

7.2.6 喀斯特小流域类型坝坡比 （附表 14）

峰丛洼地区，低起伏度喀斯特小流域中，复合碳酸盐岩类喀斯特小流域的平均坝坡比最大，为 33.67%，其次为白云岩与石灰岩类小流域，分别为 26.37、18.21%。该地貌区中起伏度类喀斯特小流域平均坝坡比相对较小，变幅不大；峰丛洼地+高起伏度+白云岩类喀斯特小流域平均坝坡比达 10.62%，高于各类型中起伏度喀斯特小流域的平均坝坡比，而同起伏度复合碳酸盐岩与灰岩类小流域的平均坝坡比明显变小，分别为 3.29% 和 2.54%。

岩溶槽谷区，低起伏度复合碳酸盐岩类小流域平均坝坡比最大，为 25.07%，白云岩流域次之，为 23.29%，灰岩小流域在低起伏度小流域平均坝坡比最小，为 19.56%；中起伏度各类型喀斯特小流域平均坝坡比具有与低起伏度一致的趋势，即复合碳酸盐岩类小流域最大，其次为白云岩流域，灰岩流域最小；高起伏度各类型喀斯特小流域中，石灰岩流域平均坝坡比最大，达 3.13%，其次为复合碳酸盐岩流域，为 2.75%，白云岩流域为 1.7%。

岩溶断陷盆地区，低起伏度各岩性小流域之间的平均坝坡比变幅较大，从大到小依次为白云岩、复合碳酸盐岩、石灰岩类小流域，平均坝坡比分别为 40.57%、21.03%、10.31%；中起伏度各岩性小流域中，白云岩与复合碳酸盐岩类小流域的平均坝坡比明显高于石灰岩类小流域；高起伏度各岩性小流域中，复合碳酸盐岩类小流域平均坝坡比为 6.06%，为全省所有高起伏度喀斯特小流域的最大值。

岩溶高原区，低起伏度白云岩、复合碳酸盐岩、石灰岩三类小流域平均坝坡比依次为 35.58%、27.24%、22.72%，均为全省其他地貌类型区相同起伏度与岩性类型喀斯特小流域的较大值；中起伏度白云岩类小流域平均坝坡比达 10.74%，该起伏度的复合碳酸盐岩与石灰岩类小流域的平均坝坡比也相对较大，分别为 8.82%、8.44%；高起伏度各岩性小流域中，复合碳酸盐岩类小流域平均坝坡比最大，为 4%，白云岩与石灰岩类小流域平均坝坡比相当，分别为 2.98%、3.04%。

岩溶峡谷区，低起伏度白云岩、复合碳酸盐岩、石灰岩三类小流域平均坝坡比依次为 37.27%、26.25%、22.23%；中起伏度各岩性小流域中，白云岩类小流域平均坝坡比最大，为 10.06%，复合碳酸盐岩与石灰岩小流域相当，分别为 7.75% 和 7.27%；高起伏度白云岩、复合碳酸盐岩、石灰岩三类小流域平均坝坡比分别为 4.37%、3.35%、3.26%，变幅较小。

7.3　土地利用综合程度

土地利用程度主要反映了土地系统中人类因素的影响程度。为了充分利用遥感和地理信息系统技术来研究土地利用/覆被变化，刘纪远等提出了土地利用程度的分级原则（表 7.17），并提出了土地利用综合程度指数计算公式：

$$L_a = 100 \times \sum_{i=1}^{n} A_i \times C_i, \qquad L_a \in [100, 400] \tag{7.4}$$

式中，L_a 为梯度内土地利用程度综合指数；A_i 为梯度内第 i 种土地利用程度的分级指数；C_i 为梯度内第 i 土地利用程度的百分比。小流域 L_a 值越接近 100，表明流域土地程合利用程度低，林、灌、草、裸地等自然覆盖类型在小流域中占主导覆盖类型；相反，小流域 L_a 值越接近 400，表明流域土地程合利用程度高，小流域人类活动程度高，土地方式与覆盖类型以人工景观为主。

7.3.1　各地貌类型区喀斯特小流域土地利用综合程度

总体来看（图 7.8），贵州黔中高原面安顺、贵阳、遵义等片区，因耕地与建设用地数量大，喀斯特小流域土地利用综合程度指数较高，而贵州西部断陷盆地地区、威宁县中部等区域土地利用综合程度指数同样呈现较高趋势，上述区域人类活动强度明显高于其他地区；而贵州东部、东北部、东南部、南部等区域喀斯特小流域土地利用综合程度指数较低。数量上，全省喀斯特小流域土地利用综合程度指数平均值为 213.83，指数值明显低于我国东部地区及全国平均水平（表 7.18）（孙传谆等，2015；刘超琼等，2015；Zhang et al.，2009）。

表 7.17　土地利用程度分级赋值表

土地利用程度分级	土地利用/覆被类型	土地利用分级指数
未利用土地级	裸地、草地	1
林、草、水域级	林、灌、水域地	2
农业用土地级	水田、旱耕地	3
居民地、工矿地级	居民地、工矿地	4

注：此表略有改动。刘纪远等将草地指数确定为 2，本研究结合喀斯特地区草地实际多为荒草地的特征，将其分级指数确定为 1；其次增加将灌木林地，确定分级指数为 2

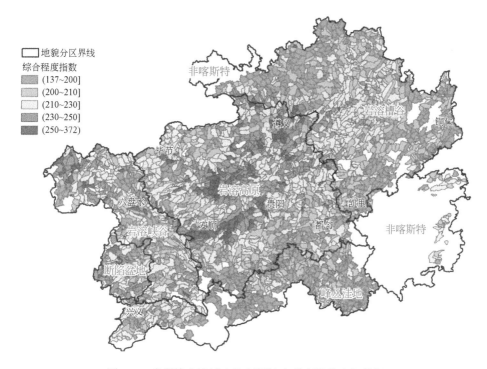

图 7.8　喀斯特小流域土地利用综合程度指数空间特征

　　峰丛洼地区，喀斯特小流域土地利用综合程度指数平均值为所有地貌区最小，为198.63，最大值为255.89，处于全省各地貌区较低水平；岩溶槽谷与非喀斯特地貌区，喀斯特小流域小流域土地利用综合程度指数平均值分别为207.16和209.81，其中，岩溶槽谷区最小值为137.34，是全省喀斯特小流域土地利用综合程度指数最低值；岩溶断陷盆地与岩溶高原区喀斯特小流域土地利用综合程度指数平均值分别为222.37和222.36，其中，岩溶高原最大值为371.97，为全省所有地貌区最大值。总体上，峰丛洼地、岩溶槽谷、非喀斯特三类地貌区喀斯特小流域土地利用综合程度较低，而岩溶断陷盆地、岩溶高原、岩溶峡谷三类地貌区喀斯特小流域土地利用综合程度较高。

表 7.18　各地貌类型区喀斯特小流域土地利用特征

地貌类型	综合程度指数（L_a）		
	平均值	最大值	最小值
峰丛洼地	198.63	255.89	151.15
岩溶槽谷	207.16	267.73	137.34
岩溶断陷盆地	222.37	271.72	172.76
岩溶高原	222.36	371.97	150.04
岩溶峡谷	216.36	274.59	151.29

续表

地貌类型	综合程度指数（L_a)		
	平均值	最大值	最小值
非喀斯特地貌	209.81	241.92	171.70
总计	213.83	371.97	137.34

7.3.2　不同地形起伏度喀斯特小流域土地利用综合程度

从贵州全省范围来看，喀斯特小流域地形起伏度越大，土地利用综合程度指数平均值越小，低起伏度喀斯特小流域土地利用综合程度指数平均值为 222.03，相应的，中起伏度为 210.9，高起伏度为 203.79，三种起伏度平均值在全省水平上（图 7.9）。

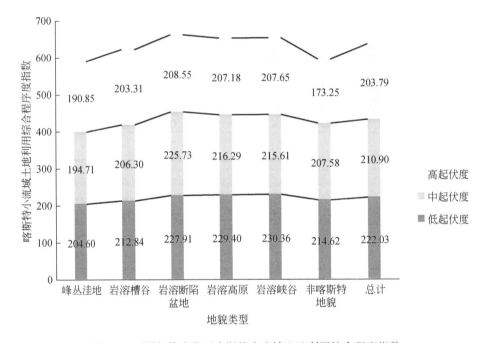

图 7.9　不同起伏度类型喀斯特小流域土地利用综合程度指数

从图 7.9 可知，不同地貌类型区，喀斯特小流域土地利用综合程度指数随地形起伏度变化的规律不一致。峰丛洼地区，低起伏度喀斯特小流域土地利用综合程度指数平均值明显高于中、高起伏度喀斯特小流域，且中起伏度较高起伏度喀斯特小流域指数平均值略小；岩溶槽谷区，低起伏度喀斯特小流域土地利用综合程度明显低于全省同起伏度小流域的平均水平，而高起伏度小流域则与全省平均水平相当；岩溶断陷盆地、岩溶高原、岩溶峡谷三个地貌区喀斯特小流域土地利用综合程度指数平均值总体上随地形起伏度增加而降低，但均高于全省同起伏度平均水平，其中，断陷盆地区中起伏度小流域平均值明显高于其他地貌类型区。

7.3.3 不同岩性类型小流域土地利用综合程度

根据表 7.19，贵州全省白云岩与复合碳酸盐岩性小流域土地利用综合程度指数平均值分别为 217.76 和 217.08，两种岩性之间的指数值几乎一致，同时，石灰岩类小流域指数值为 210.86，低于前两种岩性类型平均值；极值方面，白云岩类小流域指数最大值为371.97，为全省最大值，而石灰岩类最小值为 137.34，为全省最低值，可见，白云岩类喀斯特小流域土地利用综合程度指数值明显高于石灰岩类喀斯特小流域。

表 7.19 不同岩性喀斯特小流域土地利用综合程度指数

岩性类型	平均值	最大值	最小值
白云岩	217.76	371.97	154.67
复合碳酸盐岩	217.08	351.59	151.29
石灰岩	210.86	328.12	137.34

7.3.4 喀斯特小流域类型土地利用综合程度（附表 15）

峰丛洼地区，峰丛洼地+低起伏度+白云岩、峰丛洼地+低起伏度+复合碳酸盐岩两类小流域土地利用综合程度最大，平均指数分别为 228.32 和 222.78，该地貌区仅上述两类喀斯特小流域的土地利用综合程度高于全省平均水平；峰丛洼地+低起伏度+石灰岩、峰丛洼地+中起伏度+石灰岩、峰丛洼地+高起伏度+石灰岩三类小流域指数值较小，均低于200；其他类型喀斯特小流域土地利用综合程度均低于全省平均水平。

岩溶槽谷区，除岩溶槽谷+低起伏度+石灰岩类小流域土地利用综合程度指数平均值（219.08）高于全省平均水平外，其他类型喀斯特小流域均低于全省平均值，区域总体土地利用综合程度低，各类型小流域之间土地利用综合程度指数变幅小，表现在：岩溶槽谷+中起伏度+白云岩类小流域土地利用综合程度指数平均值为 198.58，与最高值相差20.5，是所有喀斯特地貌区小流域土地利用综合程度指数平均值的最小变幅。

岩溶断陷盆地区，岩溶断陷盆地+高起伏度+石灰岩类小流域土地利用综合程度指数为204.91，是该区域唯一低于全省平均值的小流域类型；岩溶断陷盆地+中起伏度+复合碳酸盐岩、岩溶断陷盆地+低起伏度+白云岩、岩溶断陷盆地+低起伏度+复合碳酸盐岩三类小流域指数平均值均高于 230。总体上，岩溶断陷盆地区各类喀斯特小流域土地利用综合程度较高。

岩溶高原区，岩溶高原+低起伏度+白云岩、岩溶高原+高起伏度+白云岩两类小流域土地利用综合程度指数平均值为该地貌区最大值与最小值，分别为 241.31、195.68，两者相差达 45.63，说明岩溶高原区各类型喀斯特小流域之间的土地利用综合程度变幅较大；

中、低起伏度喀斯特小流域平均土地利用综合程度指数值大多高于全省平均水平，高起伏度喀斯特小流域土地利用综合程度指数低于全省平均水平，但区域各类型喀斯特小流域总体土地利用综合程度较高。

岩溶峡谷区，岩溶峡谷+低起伏度+白云岩、岩溶峡谷+低起伏度+复合碳酸盐岩、岩溶峡谷+低起伏度+石灰岩三类喀斯特小流域土地利用综合程度指数平均值分别为241.21、232.15、228.40，明显高于其他小流域类型；岩溶峡谷+高起伏度+白云岩、岩溶峡谷+高起伏度+石灰岩两类喀斯特小流域的平均指数值分别为201.89、205.76，是该地貌区土地利用综合程度指数低于全省平均水平的两类小流域。

参 考 文 献

陈起伟，熊康宁，兰安军．2013. 生态工程治理下贵州喀斯特石漠化的演变．贵州农业科学，41（7）：195-199.

贾晓娟，常庆瑞，薛阿亮，等．2008. 黄土高原沟壑区退耕还林生态效应评价．水土保持通报，28（3）：182-185.

角媛梅，胡文英，速少华，等．2006. 哀牢山区哈尼聚落空间格局与耕作半径研究．资源科学，28（3）：66-72.

李阳兵，饶萍，罗光杰，等．2016. 贵州坝子土地利用变迁与耕地保护．北京：科学出版社．

刘超琼，彭开丽，陈红蕾．2015. 安徽省土地利用变化下的生态敏感性时空规律．长江流域资源与环境，24（9）：1584-1590.

刘纪远，布和敖斯尔．2000. 中国土地利用变化现代过程时空特征的研究——基于卫星遥感数据．第四纪研究，20（3）：229-239.

刘纪远，岳天祥，王英安，等．2003. 中国人口密度数字模拟．地理学报，58（1）：17-24.

刘纪远，张增祥，徐新良，等．2009. 21世纪初中国土地利用变化的空间格局与驱动力分析．地理学报，64（12）：1411-1420.

刘彦随，郑伟元．2008. 中国土地可持续利用论．北京：科学出版社．

宋开山，刘殿伟，王宗明，等．2008. 1954年以来三江平原土地利用变化及驱动力．地理学报，63（1）：93-104.

孙传谆，甄霖，王超，等．2015. 生态建设工程对鄱阳湖区域土地利用/覆被变化的影响．资源科学，37（10）：1953-1961.

谢俊奇．2005. 中国坡耕地．北京：中国大地出版社．

张明阳，王克林，陈洪松，等．2009. 喀斯特生态系统服务功能遥感定量评估与分析．生态学报，29（11）：5891-5901.

张信宝，王世杰，孟天友．2012. 石漠化坡耕地治理模式．中国水土保持，（9）：41-44.

张治伟，朱章雄，王燕，等．2010. 岩溶坡地不同利用类型土壤入渗性能及其影响因素．农业工程学报，26（6）：71-76.

Benjamin K, Domon G, Bouchard A. 2005. Vegetation composition and succession of abandoned farmland: Effects of ecological, historical and spatial factors. Landscape Ecology, 20（6）：627-647.

López-Vicente M, Lana-Renault N, García-Ruiz J M, et al. 2011. Assessing the potential effect of different land cover management practices on sediment yield from an abandoned farmland catchment in the Spanish

Pyrenees. Journal of Soils and Sediments，11（8）：1440-1455.

Robert Costanza，Ralph d'Arge，Rudolf de Groot，et al. 1997. The value of the world's ecosystem services and natural capital. Nature，387（6630）：253-260.

Xu F，Zhang W，Li H. 2013. Landscape pattern analysis of farmland under different slope//Agro-Geoinformatics. 2013 Second International Conference on IEEE.

Zhang J，Liu Z，Sun X. 2009. Changing landscape in the Three Gorges Reservoir Area of Yangtze River from 1977 to 2005：Land use/land cover，vegetation cover changes estimated using multi-source satellite data. International Journal of Applied Earth Observation & Geoinformation，11（6）：403-412.

8 | 喀斯特小流域类型的人地关系

8.1 人口分布与人口压力

"人"和"地"两方面的要素按照一定的规律相互交织在一起，交错构成的复杂开放的巨系统内部具有一定的结构和功能机制，在空间上具有一定的地域范围的人地关系地域系统，它是地球表层系统研究的核心（吴传钧，1991）。近年来研究者对人地关系具有代表性的村域、流域、区域的研究不断增多，在人地关系评价、人地系统耦合、优化调控、人地关系驱动力等方面取得不少成果，以人口空间分布为出发点研究人地关系成为人口地理学研究的重点领域（欧阳玲，2011；乔家君和李小建，2006；Samuel and Richard，2011）。我国西南喀斯特地区，人地关系矛盾突出，由于土地资源瘠薄分散、面积狭小、生产能力偏低，严重制约了人口密度的增大，使该区域人口空间聚集度较低（周国富，1994），加之受喀斯特地质条件的强烈影响，人口分布并不完全遵循随海拔升高而减少，随海拔降低而增加的规律（李旭东和张善余，2006），地貌因子和交通网密度对人口分布影响较为强烈（宋国宝等，2007）。同时，人口的过快增长导致土地负荷量过大，启动了生态恶性循环的进行，人民生活长期贫困（安裕伦，2000）。因此，解剖喀斯特小流域人口空间分布特征，对于做好喀斯特小流域生态空间优化调控与协调人地关系格局具有重要意义。

8.1.1 小流域人口数据空间化处理

人口数据通常是按照行政单元来逐级统计和汇总的。这种统计方法往往造成研究中人口和其他数据所依附的空间单元尺度不同，使得数据间融合成为难题。另外由于人口的增长和迁移，还需要大量的精力和财力来维持人口信息的实时性（廖一兰等，2007）。因此，将人口普查数据进行空间化长期以来都是人口地理学研究的重点领域。随着社会对高分辨率人口密度数据的需求日益扩大以及遥感及地理信息系统技术的引入，现在更多的是采用栅格数字模拟技术开展人口空间化表达，近年来这方面出现了很多研究成果（刘纪远等，2003；Sutton et al.，1997）。

进行人口数据空间化的方法很多，从人口数据空间化方法的发展历程和基本原理的角度出发，可将其归纳为城市地理学中的人口密度模型、空间插值方法、基于遥感和 GIS 的统计建模方法等 3 类（柏中强等，2013）。由于基础数据不易获取，人口空间化方面研究都是针对县级以上区域，小尺度（县以下区域）很难进行（Ahlburg，1982；Tayman，1996；王雪梅等，2007）。同时，考虑到土地利用现状是众多自然和社会要素长期共同作用的结果，与人口分布有关的因素多与土地利用有高度的相关，土地利用最能体现人口的分布规律（田永中等，2004）。本研究运用空间化方法，建立了基于土地利用类型斑块尺度的人口密度分布数据，进一步完成喀斯特小流域尺度的人口空间分布数据定量表达。表达式如下：

$$POP_n = \sum_{i=1}^{m} A_{ij} \times D_{ij} \qquad (8.1)$$

$$D_{ij} = \frac{P_i \times \dfrac{V_{jr}}{\sum_{j=1}^{k} V_{jr}}}{A_j} \qquad (8.2)$$

$$V_{jr} = A_j \times w_j \qquad (8.3)$$

式中，POP_n 为喀斯特小流域 n 的承载人口数；A_{ij} 为 i 乡镇 j 土地覆盖斑块的面积；D_{ij} 为 i 乡镇 j 土地覆盖斑块的人口密度；m 为喀斯特小流域 n 内所包含的乡镇数；P_i 为乡镇 i 的统计人口数；V_{jr} 为 j 土地覆盖斑块的人口承载系数；k 为 i 乡镇的土地覆盖类型斑块数；w_j 为 j 斑块所属土地利用类型的人口调整系数。

人口调整系数的确定方法：将土地类型分为不适宜居住型和适宜居住型，不适宜居住型包括水域和未利用地（裸岩与裸土）两种一级地类的全部土地二级地类；适宜居住区分为居住区（人工表面）和非居住区，后者包括耕地、林地、草地等土地类型（表8.1）。用适宜居住各类型土地总面积与贵州全省总人口数之间的比例关系确性适宜居住区各类型土地与全省总人口之间的线性关系斜率，并按照建设用地、水田、旱地、林灌草地四类确定贵州全省土地类型的人口调整系数，并按照建设用地>水田>旱地>林灌草地的地理规则，确定各类型土地的人口调整系数。

表8.1　土地利用类型与人口调整系数

一级类型		二级类型		居住分类	人口调整系数	一级类型		二级类型		居住分类	人口调整系数
代码	名称	代码	名称			代码	名称	代码	名称		
1	林地	11	有林地	A	0.00028	4	耕地	41	水田	A	0.00367
		12	灌木林地	A	0.00028			42	旱地	A	0.00093
		13	园地	A	0.00028	5	人工表面	51	居住地	R	0.01333
		14	绿化用地	A	0.00028			52	工业用地	R	0.01333
2	草地	21	草丛	A	0.00028			53	交通用地	R	0.01333
		22	荒草地	A	0.00028			54	采矿场	R	0.01333
		23	人工草地	A	0.00028	6	未利用地	61	裸岩	N	—
3	水域	31	湖泊、库塘	N	—			62	裸土	N	—
		32	河流	N	—			63	其他未利用地	N	—
		33	水渠	N	—						

注：N 为无人区，R 为居住区（人工表面），A 为非居住区

8.1.2　各地貌类型区喀斯特小流域人口空间分布

总体上，贵州省喀斯特小流域共承载 3110.9 万人（表 8.2），约占全省总人口的 89.53%，高于喀斯特小流域土地面积占全省土地面积比例约 10 个百分点，全省喀斯特小流域实际人口承载量明显高于非喀斯特小流域；全省喀斯特小流域平均人口数为 0.98 万人，人口密度为 222 人/km²。

表 8.2　各地貌类型区喀斯特小流域人口分布特征

地貌类型	总承载人口数/万人	平均人口数/万人	人口密度/（人/km²）
非喀斯特地貌	25.83	0.57	142
峰丛洼地	220.57	0.55	126
岩溶槽谷	708.94	0.75	168
岩溶断陷盆地	124.20	1.02	234
岩溶高原	1 567.98	1.28	291
岩溶峡谷	463.37	1.08	241
总计	3 110.90	0.98	222

从地貌类型来看，峰丛洼地区喀斯特小流域承载人口 220.57 万人，小流域平均承载 0.55 万人，人口密度为 126 人/km²，区域人口密度与小流域平均人口数均为全省最低水平；岩溶槽谷区喀斯特小流域总承载 708.94 万人，小流域平均承载 0.75 万人，区域喀斯特小流域人口密度为 168 人/km²；非喀斯特地貌区喀斯特小流域总承载 25.83 万人，小流域平均人口数为 0.57 万人，区域喀斯特小流域人口密度为 142 人/km²，上述三个地貌类型区喀斯特小流域人口密度明显低于全省平均水平。

岩溶断陷盆地、岩溶高原、岩溶峡谷三个地貌类型区喀斯特小流域平均人口分别为 1.02 万人、1.28 万人、1.08 万人，相应的，人口密度为 234 人/km²、291 人/km²、241 人/km²，均高于全省平均水平；其中，岩溶高原区喀斯特小流域总人口数 1567.98 万人，约占全省喀斯特小流域总人口数的 50.4%，其小流域平均人口数与人口密度均为全省所有地貌区最大值，可见，岩溶高原区喀斯特小流域是贵州人口承载的主要地貌区。

8.1.3　不同起伏度喀斯特小流域人口空间分布

根据表 8.3，低起伏度喀斯特小流域平均人口数最大，为 1.19 万人/个，其人口密度为 336 人/km²，明显高于全省喀斯特小流域平均人口密度水平，低起伏度小流域总承载 1396.55 万人；尽管中起伏度喀斯特小流域平均人口数为 0.87 万人/个，但其总承载人口为 1269.41 万人，略低于低起伏度喀斯特小流域人口承载量；高起伏度喀斯特小流域平均人口数、总承载人口数、人口密度等指标均为三种起伏类型最低值。可见，贵州全省中、低起伏度喀斯特小流域为贵州喀斯特地区承载人口的主要小流域类型。

表8.3　喀斯特小流域地形起伏类型与人口空间分布数量特征

起伏类型	平均人口数/万人	总承载人口数/万人	人口密度/(人/km²)
低起伏度	1.19	1 396.55	336
中起伏度	0.87	1 269.41	189
高起伏度	0.84	444.94	143

8.1.4　三种岩性类型喀斯特小流域人口分布特征

白云岩与复合碳酸盐岩类小流域人口密度较大，分别为 268 人/km² 和 260 人/km²，而石灰岩类小流域为 184 人/km²，明显低于其他岩性类型小流域及全省小流域平均水平。总承载量方面，复合碳酸盐岩类小流域与石灰岩类小流域承载了较多人口，总量达 2700 余万人，白云岩类小流域仅承载 359 万人。小流域平均人口数方面，复合碳酸盐岩类小流域最大，为 1.29 万人（表8.4）。总之，贵州全省复合碳酸盐岩类小流域从人口承载量、人口密度、平均小流域人口数等方面均占优势，为贵州喀斯特地区主要的人口分布小流域类型。

表8.4　三种岩性喀斯特小流域人口分布特征

岩性类型	总承载人口数/万人	平均人口数/万人	人口密度/(人/km²)
白云岩	359	0.99	268
复合碳酸盐岩	1 432	1.29	260
石灰岩	1 320	0.78	184

8.1.5　各类型喀斯特小流域人口分布（附表16）

峰丛洼地区，从人口承载总量来看，峰丛洼地+低起伏度+白云岩、峰丛洼地+低起伏度+石灰岩、峰丛洼地+中起伏度+石灰岩三类小流域分别为 37.28 万人、61.50 万人、44.20 万人，三类小流域总人口约占峰丛洼地区喀斯特小流域人口总数的 64.82%；小流域平均人口数方面，低起伏度与高起伏度喀斯特小流域平均人口相对较大，中起伏度较低；从小流域人口密度来看，峰丛洼地+低起伏度+白云岩类小流域最大，为 395 人/km²，该地貌其他类型喀斯特小流域人口密度均低于全省平均水平。

岩溶槽谷区，岩溶槽谷+中起伏度+复合碳酸盐岩、岩溶槽谷+中起伏度+石灰岩两类小流域承载人口数最多，分别为 178.77 万人和 144.19 万人；从小流域平均人口数来看，岩溶槽谷区所有喀斯特小流域类型平均人口数多在 1 万人以下；岩溶槽谷区低起伏度三种岩性类型喀斯特小流域人口密度均高于全省喀斯特小流域平均水平，而中、高起伏度所有喀斯特小流域类型人口密度均低于全省平均水平。

岩溶断陷盆地区，中、高起伏度复合碳酸盐岩与石灰岩四类小流域集中分布了104.67万人，约占该区域总人口的84.28%，低起伏度各类岩性喀斯特小流域人口分布总量较低；小流域平均人口数方面，岩溶断陷盆地+高起伏度+复合碳酸盐岩、岩溶断陷盆地+中起伏度+复合碳酸盐岩两类小流域最大，平均人口数分别为3.30万人、1.62万人；人口密度方面，除岩溶断陷盆地+低起伏度+石灰岩、岩溶断陷盆地+高起伏度+石灰岩外，该区域其他类型喀斯特小流域均接近或高于全省喀斯特小流域平均水平。

岩溶高原区，不同类型喀斯特小流域间的人口分布总量差异较大，岩溶高原+低起伏度+复合碳酸盐岩类小流域总人口数达533.72万人，约占区域总人口数的34.04%，岩溶高原+低起伏度+白云岩、岩溶高原+低起伏度+石灰岩、岩溶高原+中起伏度+复合碳酸盐岩、岩溶高原+中起伏度+石灰岩四类小流域的承载人口数均在150万人以上，该区域其他类型喀斯特小流域承载人口均在50万人以内；小流域平均人口数方面，除岩溶高原+高起伏度+白云岩类小流域外，该区域其他类型喀斯特小流域平均人口数均接近或高于全省喀斯特小流域平均承载人口数量；小流域人口密度方面，岩溶高原+低起伏度+白云岩、岩溶高原+低起伏度+复合碳酸盐岩两类小流域分别为572人/km^2、619人/km^2，为全省所有喀斯特小流域类型的最大值。

岩溶峡谷区，岩溶峡谷+高起伏度+石灰岩、岩溶峡谷+中起伏度+复合碳酸盐岩、岩溶峡谷+中起伏度+石灰岩三类小流域总承载人口数为320.80万人，约占区域总人口数的69.23%；人口密度方面，岩溶峡谷区中低起伏度喀斯特小流域较高，均高于全省喀斯特小流域平均水平，高起伏度喀斯特小流域均低于全省喀斯特小流域平均水平。

8.2 石漠化状况

石漠化是指在亚热带脆弱的喀斯特环境背景下，受人类不合理社会经济活动的干扰破坏所造成的土壤严重侵蚀，基岩大面积出露，土地生产力严重下降，地表出现类似荒漠景观的土地退化过程。喀斯特石漠化是土地荒漠化的主要类型之一，它以脆弱的生态地质环境为基础，以强烈的人类活动为驱动力，以土地生产力退化为本质，以出现类似荒漠景观为标志（王世杰等，2003）。

为了能以一种简洁的方式综合考虑喀斯特小流域石漠化土地的退化现状和空间分布，同时也能进一步比较不同面积或不同地貌类型的石漠化程度，建立基于面积权重和石漠化退化等级权重的石漠化综合指数（KDI），评价喀斯特小流域石漠化土地退化特征，其计算公式如下（李阳兵等，2009）：

$$KDI = \sum_{i=1}^{n} W_i A_i \quad (KDI \in [2, 8]) \tag{8.4}$$

式中，W_i代表第i类景观的石漠化强度的分级值（将无石漠化、轻度、中度、强度石漠化权重依次设定为 2、4、6、8），A_i 代表第 i 类石漠化景观的面积比例。KDI 越大，喀斯特小流域石漠化程度越严重。

8.2.1 不同地貌类型区喀斯特小流域石漠化程度

总体上看，贵州全省喀斯特小流域石漠化土地总面积为 299.92 万 hm²，约占全省 302.4 万 hm² 石漠化土地总面积的 99.18%，即几乎全部石漠化土地均分布在喀斯特小流域中；全省喀斯特小流域石漠化土地比例达 21.43%，石漠化程度指数为 2.61（表 8.5）。

从地貌区来看，峰丛洼地区喀斯特小流域石漠化土地总面积达 51.52 万 hm²，石漠化土地比例为 29.35%，为所有地貌类型区最高比例，可见，该区域喀斯特小流域石漠化土地分布规模最大。因峰丛洼地区喀斯特小流域平均面积较小，导致其喀斯特小流域平均石漠化面积仅为 89hm²；该区域喀斯特小流域平均石漠化指数达 2.91，为全省较高水平。总体上，峰丛洼地区喀斯特小流域石漠化土地具有分布规模大、严重程度高的特点。

岩溶槽谷区，喀斯特小流域石漠化土地总面积为 58.14 万 hm²，石漠化土地比例为 13.79%，石漠化分布规模大，平均石漠化面积为 1291hm²，为全省所有地貌区喀斯特小流域最高值；石漠化程度指数为 2.35，低于全省平均水平，是五种喀斯特地貌区最低值。岩溶槽谷区喀斯特小流域石漠化土地具有分布规模大、单个小流域石漠化面积大，但区域尺度石漠化土地比例低、严重程度轻的特征。

表 8.5 不同地貌类型区喀斯特小流域石漠化状况

地貌类型	总面积/万 hm²	石漠化土地比例/%	平均石漠化面积/hm²	平均石漠化程度指数
峰丛洼地	51.52	29.35	89	2.91
岩溶槽谷	58.14	13.79	1 291	2.35
岩溶断陷盆地	14.46	27.20	617	2.96
岩溶高原	124.38	23.10	1 185	2.62
岩溶峡谷	51.03	26.51	1 018	2.86
非喀斯特地貌	0.40	2.19	1 187	2.06
总计	299.92	21.43	949	2.61

岩溶断陷盆地区，喀斯特小流域石漠化土地总面积为 14.46 万 hm²，是全省五种喀斯特地貌区石漠化分布规模的最小值，其石漠化土地比例达 27.2%，区域石漠化土地比例较大；喀斯特小流域平均石漠化土地面积为 617hm²；平均石漠化程度指数为 2.96，为全省所有地貌类型区喀斯特小流域石漠化程度最大值。可见，贵州省岩溶断陷盆地区石漠化土地具有总量少、区域比例大、严重程度高的特征。

岩溶高原区，喀斯特小流域石漠化土地总面积达 124.38 万 hm²，石漠化土地总面积达

23.1%，石漠化土地总量明显高于其他地貌类型区；喀斯特小流域平均石漠化土地达 1185hm²，石漠化程度指数为 2.62。总体上，岩溶高原区喀斯特小流域石漠化土地具有总量大、比例高、小流域平均规模高的特点。

岩溶峡谷区，喀斯特小流域石漠化土地总面积为 51.03 万 hm²，石漠化土地比例达 26.51%，小流域石漠化土地比例总体较高；喀斯特小流域平均石漠化面积为 1018hm²，石漠化程度指数为 2.86，在全省所有地貌区来看均为较大值。故该区域喀斯特小流域石漠化土地具有分布规模大、流域比例高、严重程度高的特点。此外，非喀斯特地貌区喀斯特小流域仅管石漠化土地比例较小，但其单个小流域 1187hm² 的石漠化土地分布规模也是值得引起重视。

8.2.2　不同起伏度喀斯特小流域石漠化程度

从总量来看（表 8.6），贵州全省中起伏度喀斯特小流域石漠化土地总面积最大，为 138.8 万 hm²，其次为低起伏度与高起伏度喀斯特小流域，分别为 99.94 万 hm²、61.18 万 hm²；石漠化土地比例方面，低起伏度为 24.01%，中、高起伏度喀斯特小流域分别为 20.62% 和 19.73%，中高起伏度喀斯特小流域石漠化土地比例大致相当；从平均石漠化规模来看，随着起伏度增加，喀斯特小流域平均石漠化规模增大；平均石漠化指数方面，低起伏度喀斯特小流域为 2.66，中、高起伏度分别为 2.59 和 2.58。总体来看，中起伏度喀斯特小流域石漠化土地分布规模大，低起伏度喀斯特小流域石漠化土地占低起伏度喀斯特小流域总面积的比例高，低起伏度喀斯特小流域石漠化严重程度高于中高起伏度喀斯特小流域。

表 8.6　不同起伏度喀斯特小流域石漠化状况

起伏类型	总面积/万 hm²	石漠化土地比例/%	平均石漠化面积/hm²	平均石漠化程度指数
低起伏度	99.94	24.01	853	2.66
中起伏度	138.80	20.62	949	2.59
高起伏度	61.18	19.73	1159	2.58

8.2.3　三种岩性喀斯特小流域石漠化程度

从岩性类型来看，石灰岩类小流域石漠化土地最大，为 168.29 万 hm²（表 8.7），其次为复合碳酸盐岩与白云岩类小流域，分别为 99.24 万 hm² 和 32.38 万 hm²；但从石漠化土地与同类岩性小流域总面积的比例来看，白云岩与灰岩类小流域大致相当，分别为 24.15% 和 23.52%，复合碳酸盐岩类小流域最小，为 18.05%；从平均石漠化程度指数来看，白云岩类小流为 2.77，石灰岩类小流域为 2.66，复合碳酸盐岩类小流域为 2.48。

可见，单一岩性类型的喀斯特小流域石漠化发生规模与严重程度较复合岩性类型小流域高。

表 8.7 三种岩性类型喀斯特小流域石漠化程度

岩性类型	总面积/万 hm²	石漠化土地比例/%	平均石漠化面积/hm²	平均石漠化程度指数
白云岩	32.38	24.15	892	2.77
复合碳酸盐岩	99.24	18.05	896	2.48
石灰岩	168.29	23.52	996	2.66

8.2.4 各类型喀斯特小流域石漠化程度（附表17）

峰丛洼地区，从石漠化土地分布规模来看，峰丛洼地+低起伏度+石灰岩、峰丛洼地+中起伏度+石灰岩两类小流域石漠化土地总面积分别为 15.2 万 hm² 和 14.74 万 hm²，两者约占峰丛洼地区喀斯特小流域石漠化土地总面积的 58.13%。石漠化土地比例方面，该地貌区低、中、高三种起伏度白云岩类喀小流域石漠化土地比例明显高于灰岩类小流域；小流域平均石漠化面积最大的是峰丛洼地+高起伏度+白云岩类小流域，最低为峰丛洼地+高起伏度+石灰岩类小流域；除峰丛洼地+高起伏度+石灰岩类小流域外，该区其他喀斯特小流域类型石漠化程度指数均高于全省平均水平，9 类喀斯特小流域中，有 5 类喀斯特小流域石漠化程度指数高于 3.0。

岩溶槽谷区，岩溶槽谷+高起伏度+石灰岩、岩溶槽谷+中起伏度+复合碳酸盐岩、岩溶槽谷+中起伏度+石灰岩三类小流域石漠化土地分别为 10.11 万 hm²、12.62 万 hm²、12.12 万 hm²，合计约占区域喀斯特小流域石漠化土地总面积的 59.94%。该区域所有类型喀斯特小流域石漠化土地比例与平均石漠化程度指数均低于全省平均水平。其中，低起伏度白云岩类小流域的石漠化土地比例与平均石漠化程度最大，而中、高起伏度则为灰岩类小流域最大；小流域平均石漠化规模方面，表现为随着小流域起伏度增加，平均石漠化面积增大。

岩溶断陷盆地区，岩溶断陷盆地+高起伏度+石灰岩、岩溶断陷盆地+中起伏度+复合碳酸盐岩、岩溶断陷盆地+中起伏度+石灰岩三类小流域石漠化土地总面积分别为 3.40 万 hm²、3.52 万 hm²、3.65 万 hm²，合计约占区域石漠化土地总面积的 73.11%，该区域石漠化土地大多分布于上述三类喀斯特小流域。石漠化土地比例方面，岩溶断陷盆地+低起伏度+白云岩、岩溶断陷盆地+中起伏度+白云岩两类小流域最大，复合碳酸盐岩类小流域最小；小流域平均石漠化土地方面，高起伏度复合碳酸盐岩与石灰岩较大，中低起伏度相对较小；石漠化严重程度方面，岩溶断陷盆地+低起伏度+白云岩、岩溶断陷盆地+高起伏度+石灰岩、岩溶断陷盆地+中起伏度+白云岩三类小流域最为严重，石漠化程度指数均在 3.4 以上。

岩溶高原区，岩溶高原+低起伏度+复合碳酸盐岩、岩溶高原+低起伏度+石灰岩、岩溶高原+中起伏度+复合碳酸盐岩、岩溶高原+中起伏度+石灰岩四类小流域石漠化土地总面积达 103.56 万 hm²，合计约占区域石漠化土地总面积的 83.26%。石漠化土地比例方面，三种起伏度小流域中，灰岩类小流域石漠化土地比例最大，低起伏度复合碳酸盐岩类小流域最小，而中、高起伏度白云岩类小流域最小。小流域平均石漠化面积来看，高起伏度石类岩类小流域最大，高起伏度白云岩类最小。石漠化程度方面，岩溶高原+低起伏度+白云岩、岩溶高原+低起伏度+石灰岩、岩溶高原+高起伏度+石灰岩、岩溶高原+中起伏度+石灰岩四类小流域高于全省平均水平，其他类型小流域低于全省平均水平，但总体上各类型小流域石漠化严重程度变幅较小，最大为 2.76，最小为 2.3。

岩溶峡谷区，岩溶峡谷+高起伏度+石灰岩、岩溶峡谷+中起伏度+石灰岩两类小流域石漠化土地总面积分别为 13.50 万 hm² 和 12.79 万 hm²，合计约占区域石漠化土地总面积的 51.51%。石漠化土地比例方面，岩溶峡谷+高起伏度+白云岩、岩溶峡谷+中起伏度+白云岩两类小流域均超过 60%，两种喀斯特小流域石漠化分布规模相当大。石漠化程度方面，岩溶峡谷+高起伏度+白云岩、岩溶峡谷+中起伏度+白云岩两类小流域为全省喀斯特小流域石漠化程度指数超过 4.0 的仅有两类流域类型。可见，岩溶峡谷区喀斯特小流域类型之间的石漠化分布规模、严重程度差异较大。

参 考 文 献

安裕伦 . 2000. 贵州峰丛喀斯特多民族山区人地关系的思考——以贵州麻山、瑶山及北盘江河谷地区为例 . 贵州师范大学学报（自然科学版），18（3）：8-12.

柏中强，王卷乐，杨飞 . 2013. 人口数据空间化研究综述 . 地理科学进展，32（11）：1692-1702.

李旭东，张善余 . 2006. 贵州喀斯特高原人口分布与自然环境定量研究 . 人口学刊，（3）：49-54.

李阳兵，王世杰，程安云，等 . 2009. 区域石漠化评价方法研究——以盘县为例 . 地球与环境，37（3）：275-279.

廖一兰，王劲峰，孟斌，等 . 2007. 人口统计数据空间化的一种方法 . 地理学报，62（10）：1110-1119.

刘纪远，布和敖斯尔 . 2000. 中国土地利用变化现代过程时空特征的研究——基于卫星遥感数据 . 第四纪研究，20（3）：229-239.

刘纪远，岳天祥，王英安，等 . 2003. 中国人口密度数字模拟 . 地理学报，58（1）：17-24.

刘纪远，张增祥，徐新良，等 . 2009. 21 世纪初中国土地利用变化的空间格局与驱动力分析 . 地理学报，64（12）：1411-1420.

欧阳玲 . 2011. 科尔沁沙地农牧交错区典型村域人地关系协调度评价——以内蒙古自治区敖汉旗母子山村为例 . 中国沙漠，31（5）：1278-1285.

乔家君，李小建 . 2006. 村域人地系统状态及其变化的定量研究——以河南省三个不同类型村为例 . 经济地理，26（2）：192-197.

宋国宝，李政海，鲍雅静，等 . 2007. 纵向岭谷区人口密度的空间分布规律及其影响因素 . 科学通报，52（增刊 II）：78-85.

王世杰，李阳兵，李瑞玲 . 2003. 喀斯特石漠化的形成背景、演化与治理 . 第四纪研究，23（6）：657-666.

王雪梅，李新，马明国 . 2007. 干旱区内陆河流域人口统计数据的空间化——以黑河流域为例 . 干旱区资源与环境, 21 (6): 39-47.

吴传钧. 1991. 论地理学的研究核心——人地关系地域系统. 经济地理, 11 (3): 1-9.

周国富. 1994. 贵州喀斯特峰丛洼地系统土地利用与人口聚落分布. 贵州师范大学学报 (自然科学版), 12 (3): 16-21.

Ahlburg D. 1982. How accurate are the US Bureau of the Census projections of total live births. Journal of Forecasting, (1): 365-374.

Samuel N A, Richard E B. 2011. Population and agriculture in the dry and derived savannah zones of Ghana. Population and Environment, 33: 80-107.

Sutton P. 1997. Modeling population density with night-time satellite imagery and GIS. Computers Environment & Urban Systems, 21 (3-4): 227-244.

Tayman J. 1996. The accuracy of small-area population forecasts based on a spatial interaction land-use modeling system. Journal of the American Planning Association, 62 (1): 85-98.

9 ｜ 乌江流域喀斯特小流域特征及其生态优化调控策略

乌江是长江上游右岸最大的一条支流，也是贵州境内最大、流域面积最广的河流，发源于贵州高原西部乌蒙山脉东麓，干流流经云南、贵州、湖北、重庆4个省（直辖市），于重庆市涪陵城东注入长江（黄健民，2009）。乌江干流贵州省境内长874.2km，流域面积66 849km²，约占贵州省土地面积的37.93%（韩至钧，1996）。因此，科学分析乌江流域小流域特征，构建其生态优化调控策略，既是形成长江流域生态安全屏障的需要，更是贵州守住发展与生态两条底线的必然要求。本研究分别以乌江上游两大支流（三岔河和六冲河）、鸭池河至构皮滩段、乌江下游（构皮滩以下）为基本单元（图9.1），分析乌江流域小流域关键要素特征，在此基础上构建其生态优化调控策略。

图9.1　乌江流域各段喀斯特小流域空间分布

9.1　三岔河喀斯特小流域特征及其生态优化调控策略

三岔河为乌江正源，河流流向为南东东，多年平均流量164m³/s，为典型的山区型河流，岩溶发育，有三处伏流河段，主要支流有月照河、洞口河、白水河、依龙河、沙子河、二塘河、波玉河、牛场河等；三岔河共有喀斯特小流域169个（表9.1），约占乌江流域喀斯特小流域总数的11.32%，总面积为0.7万 km²，约占乌江流域喀斯特小流域总面积的 10.64%，平均面积 41.53km^2，较乌江流域喀斯特小流域平均面积低 2.55km^2。

9.1.1 各类型喀斯特小流域数量特征

三岔河喀斯特小流域类型包含岩溶高原与岩溶峡谷两种地貌类型，其中，岩溶高原类喀斯特小流域数量与规模占相对优势，数量 95 个，占三岔河小流域总数的 56.21%，总面积 0.39 万 km^2，占三岔河小流域总面积的 55.83%；起伏度方面，低、中、高三类喀斯特小流域总面积分别为 0.15km^2、0.49km^2、0.07 万 km^2，分别占三岔河喀斯特小流域总面积的 21.03%、69.59%、9.38%，中起伏度类喀斯特小流域在三岔河分布规模较大；从岩性来看，白云岩、石灰岩、复合碳酸盐岩类喀斯特小流域分别为 18、118、33 个，总面积分别为 0.06km^2、0.49km^2、0.15 万 km^2，石灰岩类喀斯特小流域在三岔河分布规模较大。

表 9.1 三岔河各类型喀斯特小流域数量特征

小流域类型	总面积/km^2	平均面积/km^2	数量/个
岩溶高原+低起伏度+白云岩	474.64	33.90	14
岩溶高原+低起伏度+复合碳酸盐岩	226.23	37.71	6
岩溶高原+低起伏度+石灰岩	367.79	24.52	15
岩溶高原+高起伏度+石灰岩	309.37	77.34	4
岩溶高原+中起伏度+白云岩	19.31	19.31	1
岩溶高原+中起伏度+复合碳酸盐岩	885.24	46.59	19
岩溶高原+中起伏度+石灰岩	1 636.4	45.46	36
岩溶峡谷+低起伏度+白云岩	21.05	10.52	2
岩溶峡谷+低起伏度+复合碳酸盐岩	100.04	33.35	3
岩溶峡谷+低起伏度+石灰岩	286.31	20.45	14
岩溶峡谷+高起伏度+石灰岩	349.13	58.19	6
岩溶峡谷+中起伏度+白云岩	51.24	51.24	1
岩溶峡谷+中起伏度+复合碳酸盐岩	332.27	66.45	5
岩溶峡谷+中起伏度+石灰岩	1 960.19	45.59	43
总计	7 019.21	41.53	169

类型方面，三岔河喀斯特小流域共有 14 种类型。其中，岩溶高原+低起伏度+白云岩、岩溶高原+低起伏度+石灰岩、岩溶高原+中起伏度+复合碳酸盐岩、岩溶高原+中起伏度+石灰岩、岩溶峡谷+低起伏度+石灰岩、岩溶峡谷+中起伏度+石灰岩为三岔河主要喀斯特小流域类型，总数为 141 个，约占三岔河喀斯特小流域总数的 83.43%，总面积 0.56 万 km^2，约占三岔河喀斯特小流域总面积的 79.93%。

9.1.2 主要类型喀斯特小流域关键要素特征

三岔河 6 种主要类型喀斯特小流域平均河网丰富度均在 0.8 以下（图 9.2），全部处于缺水状态，其中，岩溶高原+低起伏度+白云岩、岩溶高原+低起伏度+石灰岩、岩溶峡谷+低起伏度+石灰岩 3 类喀斯特小流域河网丰富度在 0.7 以上，为三岔河缺水程度较轻的三种喀斯特小流域类型；而岩溶峡谷+中起伏度+石灰岩类喀斯特小流域河网丰富度接近 0.4 的严重缺水状态。土壤赋存状况方面，岩溶高原+低起伏度+白云岩类缺土流域较多，岩溶峡谷+中起伏度+石灰岩类喀斯特小流域严重缺土流域最多，富土流域较少，岩溶高原+中起伏度+复合碳酸盐岩类富土流域数多于缺土流域数，岩溶高原+低起伏度+石灰岩、岩溶高原+中起伏度+石灰岩、岩溶峡谷+低起伏度+石灰岩 3 类喀斯特小流域 3 种土壤赋存状况的小流域数相当。生物量密度方面，岩溶高原+低起伏度+白云岩类喀斯特小流域平均生物量密度明显低于其他 5 种流域类型，生物量密度低于 $30t \cdot hm^{-2}$；其他 5 种喀斯特小流域平均生物量密度均在 $40t \cdot hm^{-2}$ 以上，除岩溶高原+低起伏度+石灰岩类喀斯特小流域平均生物量密度略高于全省喀斯特小流域 $47.69t \cdot hm^{-2}$ 的平均生物量密度值之外，其他均低于全省喀斯特小流域平均生物量密度。因此，三岔河 6 种喀斯特小流域生物量密度较低，总体植被赋存状态差。

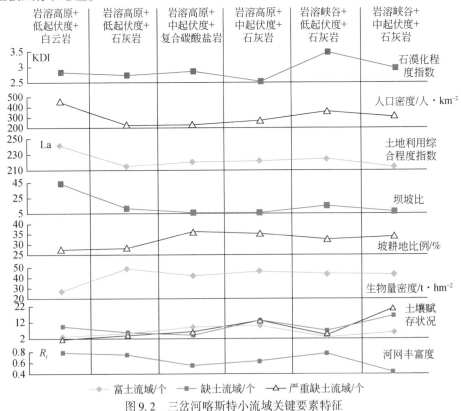

图 9.2 三岔河喀斯特小流域关键要素特征

重要土地利用特征方面,岩溶高原+低起伏度+白云岩和岩溶高原+低起伏度+石灰岩类喀斯特小流域坡耕地比例较低,坡耕地比例均在30%以下,其他4类喀斯特小流域坡耕地35%左右,但总体上,三岔河6种主要类型喀斯特小流域坡耕地比例均接近或高于相同地貌类型区喀斯特小流域坡耕地比例平均值。坝子资源赋存方面,岩溶高原+低起伏度+白云岩类喀斯特小流域坝坡比超过40,明显高于其他喀斯特小流域类型,岩溶峡谷+低起伏度+石灰岩类喀斯特小流域坝坡比高于岩溶峡谷区喀斯特小流域平均坝坡比,其他4类喀斯特小流域平均坝坡比均较全省相同地貌类型区喀斯特小流域低。土地利用综合程度方面,岩溶高原+低起伏度+白云岩类喀斯特小流域平均土地利用综合程度指数值最大,超过240,岩溶高原+低起伏度+石灰岩与岩溶峡谷+中起伏度+石灰岩两类喀斯特小流域平均土地利用综合程度指数接近210,低于同地貌类型区喀斯特小流域平均值,而岩溶峡谷+低起伏度+石灰岩类流域高于岩溶峡谷区喀斯特小流域平均 La 值,其他两类喀斯特小流域 La 值均接近于相同地貌区喀斯特小流域平均 La 值。

人地关系特征方面,三岔河地区岩溶高原+低起伏度+白云岩类喀斯特小流域人口密度近450人·km^{-2},明显高于岩溶高原地貌区喀斯特小流域平均291人·km^{-2}的水平,岩溶峡谷+低起伏度+石灰岩与岩溶峡谷+中起伏度+石灰岩两类喀斯特小流域人口密度均在300人·km^{-2}以上,明显高于岩溶峡谷区喀斯特小流域平均人口密度水平,三岔河地区上述3类喀斯特小流域人口压力较大;其他3类喀斯特小流域人口密度均小于相同地貌类型区喀斯特小流域平均人口密度。石漠化状况方面,6种主要喀斯特小流域石漠化程度指数均高于相同地貌类型区喀斯特小流域平均值,三岔河地区喀斯特小流域石漠化程度严重。

9.1.3 主要类型喀斯特小流域关键脆弱性与生态优化调控策略

在三岔河流域区,6种主要类型喀斯特小流域均存在地表河网丰富度低、水资源缺乏、缺土流域数量大、生物量密度低、坡耕地比例大、石漠化严重等共性问题,针对上述共性脆弱性问题,建议三岔河流域6种喀斯特小流域生态优化调控策略如下:①加强地表水资源的集蓄利用工程建设,提高对坡面垂向与横向表层水资源的拦蓄调配利用能力;②加快推进退耕还林还草工程建设,有效降低坡耕地比例,加强小流域水土保持工程建设力度;③开展植被恢复与林分改造,提升流域植被覆盖度与生物量密度,降低小流域石漠化程度。

具体来看,在三岔河地区的岩溶高原+低起伏度+白云岩类喀斯特小流域具有地表河网丰富度相对较高但总体缺水、流域普遍缺土、生物量密度较低、坝子资源丰富、人口承载量大等基本特征,该类喀斯特小流域的生态优化调控重点为提升坝地资源的生产力水平,减少过载人口对低植被生物量白云岩坡地的压力,合理开展小流域地表径流的空间优化配置利用;岩溶高原+低起伏度+石灰岩类喀斯特小流域具有地表河网相对丰富、大部分小流域缺土、生物量密度相对较高、坝地资源较少、土地利用综合程度较低等特征,其生态优化调控重点为优化地表水资源的空间配置,做好现存生态地类的修复与保育,在人口分布较少的封闭峰丛洼地区域开展生态移民与植被恢复；岩溶高原+中起伏度+复合碳酸盐岩类喀斯特小流域具有地表河网丰富度低、富土流域相对较多、坡耕地比例大、生物量密度低、坝地资源少、石漠化程度高等特点，流域生态优化调控重点为加强坡地地表水资源集蓄利用工程建设，大力推进坡耕地退耕工作，利用富土流域开展坡地生态产业体系建设；岩溶高原+中起伏度+石灰岩类喀斯特小流域具有地表水缺乏、部分流域缺土、坡耕地比例大、人口压力大、石漠化严重程度相对较轻等特点，其生态优化调控策略应以流域坡耕地退耕为重点，提高流域生产力水平和人口承载力，流域石漠化治理重在预防为主，努力提高现存林草资源的生产力水平；岩溶峡谷+低起伏度+石灰岩类喀斯特小流域具有地表河网丰富度相对较高、部分流域缺土、生物量密度低、坡耕地比例大、坝子资源相对丰富、人口承载量大、石漠化程度非常严重等特点，该流域应以石漠化治理为核心，通过植被恢复、退耕还林还草、坝子改良利用、地表水空间优化配置等手段不断降低流域石漠化严重程度；岩溶峡谷+中起伏度+石灰岩类喀斯特小流域地表河网丰富度低、缺水严重、严重缺土流域较多、生物量密度较低、坡耕地比例大、坝子资源少、土地利用综合程度低、人口密度大、石漠化程度相对较高等特点，水土资源的严重缺乏使其生态优化调控难度较大，故应重点加强跨流域生态移民力度，降低流域人口压力，减少流域低生产力水平的人类活动方式。

9.2　六冲河喀斯特小流域特征及其生态优化调控策略

六冲河又名六圭河，是汇入乌江上游段的最大支流，发源于贵州西部高原赫章县罐子窑，地处贵州省西北部毕节市及云南省镇雄县西南部境内，流经七星关区、纳雍、大方、织金、黔西等县汇入乌江，较大的支流有红岩河、后河、伍佐河、白甫河、木白河和织金河等。六冲河共有喀斯特小流域 234 个（表 9.2），约占乌江流域喀斯特小流域总数的 15.67%，总面积约 1.01 万 km²，约占乌江流域喀斯特小流域总面积的 15.35%，喀斯特小流域平均面积 42.97km²，较乌江流域喀斯特小流域平均面积低 1.11km²。

9.2.1　各类型喀斯特小流域数量特征

六冲河喀斯特小流域类型属于岩溶高原与岩溶峡谷两种地貌类型，其中，岩溶高原类喀斯特小流域数量为 172 个，约占六冲河喀斯特小流域总数的 73.5%，总面积 0.74 万 km²，约占六冲河喀斯特小流域总面积的 73.93%，岩溶高原类喀斯特小流域在六冲河分布规模较大。起伏度方面，低、中、高三类喀斯特小流域总面积分别为 0.18 万 km²、0.66 万 km²、0.17 万 km²，分别约占六冲河喀斯特小流域总面积的 18.04%、65.07%、16.89%，中起伏度类喀斯特小流域在六冲河分布规模较大。从岩性方面来看，白云岩、石灰岩、复合碳酸盐岩类喀斯特小流域分别为 12 个、118 个、104 个，总面积分别为 0.03 万 km²、0.48 万 km²、0.50 万 km²，复合碳酸盐岩与石灰岩类喀斯特小流域在六冲河分布规模较大。

　　类型方面，六冲河喀斯特小流域共有14种类型。其中，岩溶高原+低起伏度+复合碳酸盐岩、岩溶高原+低起伏度+石灰岩、岩溶峡谷+中起伏度+石灰岩、岩溶高原+中起伏度+石灰岩、岩溶峡谷+中起伏度+复合碳酸盐岩、岩溶高原+中起伏度+复合碳酸盐岩为六冲河主要喀斯特小流域类型，总数为194个，约占六冲河喀斯特小流域总数的82.91%，总面积0.80万km²左右，约占六冲河喀斯特小流域总面积的79.51%。

9.2.2　主要类型喀斯特小流域关键要素特征

　　六冲河流域区6种主要类型喀斯特小流域中，除岩溶高原+低起伏度+复合碳酸盐岩和岩溶高原+低起伏度+石灰岩两类小流域河网丰富度接近0.7以外（图9.3），其他4类均在0.7以下，岩溶峡谷+中起伏度+石灰岩类小流域甚至在0.4以下，6种主要类型喀斯特小流域总体缺水严重。土壤赋存状况方面，6类主要类型喀斯特小流域多为缺土与严重缺土状态，富土流域极少，岩溶峡谷+中起伏度+复合碳酸盐岩类小流域甚至缺乏富土流域。植被生物量状况方面，除岩溶高原+低起伏度+复合碳酸盐岩类喀斯特小流域平均生物量密度略低于相同地貌区喀斯特小流域50.12t·hm⁻²的平均水平外，其他5种主要类型喀斯特小流域的平均生物量均高于相同地貌类型区喀斯特小流域的平均生物量水平，可见，六冲河流域地区喀斯特小流域的植被赋存状况明显优于三岔河地区。

表9.2　六冲河各类型喀斯特小流域数量特征

小流域类型	总面积/km²	平均面积/km²	数量/个
岩溶高原+低起伏度+白云岩	204.91	22.77	9
岩溶高原+低起伏度+复合碳酸盐岩	828.26	39.44	21
岩溶高原+低起伏度+石灰岩	671.48	30.52	22
岩溶高原+高起伏度+复合碳酸盐岩	528.65	88.11	6
岩溶高原+高起伏度+石灰岩	334.45	66.89	5
岩溶高原+中起伏度+白云岩	47.86	15.95	3
岩溶高原+中起伏度+复合碳酸盐岩	2 400.24	47.06	51
岩溶高原+中起伏度+石灰岩	2 421.03	44.02	55
岩溶峡谷+低起伏度+复合碳酸盐岩	32.46	32.46	1
岩溶峡谷+低起伏度+石灰岩	76.34	38.17	2
岩溶峡谷+高起伏度+复合碳酸盐岩	304.49	101.50	3
岩溶峡谷+高起伏度+石灰岩	530.86	48.26	11
岩溶峡谷+中起伏度+复合碳酸盐岩	871.12	39.60	22
岩溶峡谷+中起伏度+石灰岩	802.02	34.87	23
总计	10 054.17	42.97	234

重要土地利用特征方面，岩溶高原+低起伏度+复合碳酸盐岩和岩溶高原+低起伏度+石灰岩两类小流域坡耕地比例均在 35 以上，岩溶高原+中起伏度+复合碳酸盐岩和岩溶高原+中起伏度+石灰岩两类小流域坡耕地比例也在 30 以上，上述四种主要类型喀斯特小流域坡耕地比例均明显高于岩溶高原区喀斯特小流域坡耕地平均比例；岩溶峡谷+中起伏度+复合碳酸盐岩与岩溶峡谷+中起伏度+石灰岩两类小流域的坡耕地比例明显低于岩溶峡谷区喀斯特小流域平均坡耕地比例。坝子资源方面，岩溶高原+低起伏度+复合碳酸盐岩和岩溶高原+低起伏度+石灰岩两类小流域坝坡比高于相同地貌区喀斯特小流域平均坝坡比值，其他 4 类小流域坝坡比则低于相同地貌区喀斯特小流域平均坝坡比值，尤其岩溶高原+中起伏度+复合碳酸盐岩、岩溶峡谷+中起伏度+复合碳酸盐岩、岩溶峡谷+中起伏度+石灰岩 3 类喀斯特小流域平均坝坡比值较低。土地利用程度方面，岩溶高原+低起伏度+复合碳酸盐岩小流域土地利用综合程度指数值明显高于其他 5 种流域类型，岩溶高原+低起伏度+石灰岩类小流域 La 值接近于岩溶高原区喀斯特小流域平均 La 值；岩溶高原+中起伏度+复合碳酸盐岩和岩溶高原+中起伏度+石灰岩两类小流域 La 值低于相同地貌区小流域平均值；而岩溶峡谷+中起伏度+复合碳酸盐岩与岩溶峡谷+中起伏度+石灰岩两类小流域 La 值较岩溶峡谷区喀斯特小流域平均 La 值高。

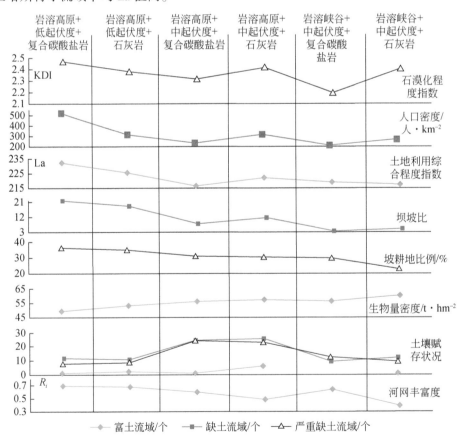

图 9.3 六冲河喀斯特小流域关键要素特征

人地关系特征方面，岩溶高原+低起伏度+复合碳酸盐岩类小流域人口密度在500人·km^{-2}以上，明显高于其他流域类型；除溶高原+中起伏度+复合碳酸盐岩和岩溶峡谷+中起伏度+复合碳酸盐岩两类喀斯特小流域人口密度低于相同地貌区喀斯特小流域人口密度外，其他主要类型喀斯特小流域人口密度均高于相同地貌区喀斯特小流域人口密度的平均值。石漠化状况方面，6种主要类型喀斯特小流域石漠化程度指数均较相同地貌区喀斯特小流域的平均石漠化程度指数值低，说明六冲河流域地区喀斯特小流域石漠化严重程度较轻。

9.2.3 主要类型喀斯特小流域关键脆弱性与生态优化调控策略

六冲河流域地区6种主要类型喀斯特小流域总体具有地表水资源缺乏严重、缺土与严重缺土流域数量多、植被生物量赋存状况相对较好、人口密度较高、石漠化严重程度相对较轻等特点。针对上述共性脆弱性问题，六冲河流域地区喀斯特小流域生态优化调控策略重点为：①加强地表水资源集蓄利用工程建设，提高单位土地水资源集蓄利用率，有效缓解流域地表水资源缺乏的现状；②以自然恢复为重点，对喀斯特小流域现存植被进行重点保育；③提升区域城镇化水平，降低传统产业从业人口，缓解流域人口压力。

具体来看，①岩溶高原+低起伏度+复合碳酸盐岩与岩溶高原+低起伏度+石灰岩两类小流域具有河网丰富度相对较高、缺土流域数量多、生物量密度相对较小、坡耕地比例高、坝子资源赋存好、人口密度大等特点。其小流域生态优化调控策略重点为：加大流域坡耕地退耕还林还草力度，提升流域植被生物量水平，做好优质坝子资源的保护与优化利用，提高流域城镇化水平，缓解传统行业产业人口压力。②岩溶高原+中起伏度+复合碳酸盐岩与岩溶高原+中起伏度+石灰岩两类小流域具有地表河网丰富度低、缺土范围广、坝子资源少、土地利用程度低、人口密度大等特征。其小流域生态优化调控的重点策略为：对地形起伏度大、区位条件差的地域，实施生态移民工程，通过生态移民与城镇化减轻流域人口压力，使流域人类活动强度与水土资源赋存量之间形成良性配置格局。③岩溶峡谷+中起伏度+复合碳酸盐岩类小流域具有地表河网丰富度相对较高、无富土类流域、坝子资源较少、人口密度较低、石漠化严重程度较轻等特点。其生态优化调控重点策略为：做好流域自然生态环境的保育工作，继续实施低人口压力区坡耕地退耕。④岩溶峡谷+中起伏度+石灰岩类小流域具有地表水资源严重缺乏、流域缺土严重、坡耕地比例相对较低、坝子资源源少、土地利用程度低、石漠化程度相对较高的特点。该类喀斯特小流域生态优化调控策略重点为：实施跨区域跨流域水资源空间调配和地表水资源集蓄利用工程建设，对水土资源匮乏、石漠化严重区域实施整体性生态移民，推进异地城镇化进程。

9.3 鸭池河至构皮滩段喀斯特小流域特征及其生态优化调控策略

乌江上游三岔河与六冲河在贵州黔西县化屋基交汇为鸭池河，向北东夹行于苗岭山脉与大娄山脉之间；构皮滩位于余庆县与瓮安县交界处，也是岩溶高原与岩溶槽谷两种地貌类型交界区域，其所在位置的构皮滩水电站是贵州省最大的水电站。乌江水系鸭池河至构皮滩段属川黔南北向构造体系，峡谷纵深，坡陡流急，落差集中，较大的支流有猫跳河、息烽河、偏岩河、鱼塘河、湘江、清水江、瓮安河等；鸭池河至构皮滩段共有喀斯特小流域 572 个（表 9.3），约占乌江流域喀斯特小流域总数的 38.31%，总面积约 2.52 万 km^2，约占乌江流域喀斯特小流域总面积的 38.3%，喀斯特小流域平均面积 44.1km^2，与乌江流域喀斯特小流域平均面积相当。

表 9.3 鸭池河至构皮滩段各类型喀斯特小流域数量特征

小流域类型	总面积/km²	平均面积/km²	数量/个
岩溶槽谷+低起伏度+白云岩	116.29	38.76	3
岩溶槽谷+低起伏度+复合碳酸盐岩	435.72	48.41	9
岩溶槽谷+低起伏度+石灰岩	653.24	38.43	17
岩溶槽谷+高起伏度+复合碳酸盐岩	97.66	97.66	1
岩溶槽谷+中起伏度+白云岩	125.04	62.52	2
岩溶槽谷+中起伏度+复合碳酸盐岩	757.77	68.89	11
岩溶槽谷+中起伏度+石灰岩	692.37	49.46	14
岩溶高原+低起伏度+白云岩	1 666.1	32.67	51
岩溶高原+低起伏度+复合碳酸盐岩	6 039.12	41.65	145
岩溶高原+低起伏度+石灰岩	4 749.22	36.82	129
岩溶高原+高起伏度+复合碳酸盐岩	150.83	50.28	3
岩溶高原+中起伏度+白云岩	1 436.17	55.24	26
岩溶高原+中起伏度+复合碳酸盐岩	5 314.31	53.68	99
岩溶高原+中起伏度+石灰岩	2 992.73	48.27	62
总计	25 226.57	44.10	572

9.3.1 各类型喀斯特小流域数量特征

乌江干流鸭池河至构皮滩段喀斯特小流域类型分属岩溶槽谷和岩溶高原两种地貌类型，其中，岩溶高原类喀斯特小流域数量为 515 个，约占该区域喀斯特小流域总数的 90.04%，总面积约 2.23 万 km^2，约占该区域喀斯特小流域总面积的 89%，岩溶高原类喀斯特小流域在鸭池河至构皮滩段分布规模与数量占绝对优势。起伏度方面，鸭池河至构皮滩段低、中、高三类喀斯特小流域总面积分别为 1.37 万 km^2、1.13 万 km^2、0.02 万 km^2，分别约占鸭池河至构皮滩段喀斯特小流域总面积的 54.15%、44.87%、0.99%；低起伏度类喀斯特小流域在鸭池河至构皮滩段分布规模较大，中起伏度次之。岩性方面，白云岩、石灰岩、复合碳酸盐岩类喀斯特小流域总面积分别为 0.33km²、0.91km²、1.28 万 km²，分别约占鸭池河至构皮滩段喀斯特小流域总面积的 13.25%、36.02%、50.72%；复合碳酸盐岩类喀斯特小流域在鸭池河至构皮滩段分布规模较大，白云岩类喀斯特小流域分布规模明显高于全省平均水平。

类型来看，鸭池河至构皮滩段喀斯特小流域共有 14 种类型。其中，岩溶高原+低起伏度+白云岩、岩溶高原+中起伏度+白云岩、岩溶高原+低起伏度+石灰岩、岩溶高原+中起伏度+复合碳酸盐岩、岩溶高原+中起伏度+石灰岩、岩溶高原+低起伏度+复合碳酸盐岩为鸭池河至构皮滩段主要喀斯特小流域类型，总数为 512 个，约占鸭池河至构皮滩段喀斯特小流域总数的 89.51%，总面积达 2.22 万 km²，约占鸭池河至构皮滩段喀斯特小流域总面积的 87.99%。

9.3.2 主要类型喀斯特小流域关键要素特征

鸭池河至构皮滩段 6 种主要类型喀斯特小流域的河网丰富度均在 0.8 以内（图9.4），

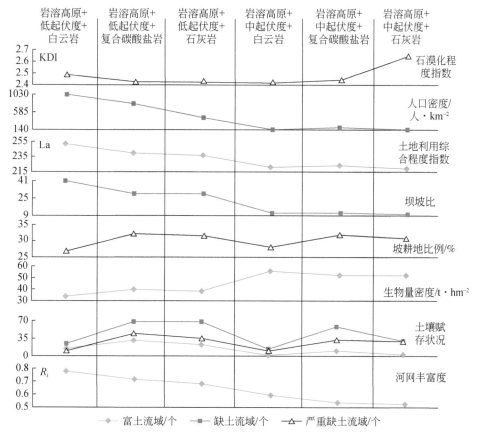

图 9.4 鸭池河至构皮滩段喀斯特小流域关键要素特征

各类型喀斯特小流域总体上处于缺水状态，其中，岩溶高原+低起伏度+白云岩和岩溶高原+低起伏度+复合碳酸盐岩两类小流域河网丰富在0.7以上，其他4类喀斯特小流域河网丰富度均在0.5~0.7。土壤赋存状态方面，岩溶高原+低起伏度+白云岩和岩溶高原+中起伏度+复合碳酸盐岩两类小流域三种土壤赋存类型流域数量比例相当，其他4类喀斯特小流域以缺土和严重缺土流域为主，富土流域数量较少。生物量方面，岩溶高原+低起伏度+白云岩、岩溶高原+低起伏度+复合碳酸盐岩、岩溶高原+低起伏度+石灰岩三类小流域平均生物量密度均在40t·hm^{-2}以下，明显低于岩溶高原地区喀斯特小流域平均生物量密度，而岩溶高原+中起伏度+白云岩、岩溶高原+中起伏度+复合碳酸盐岩、岩溶高原+中起伏度+石灰岩三类小流域生物量密度均高于岩溶高原区喀斯特小流域平均生物量密度。

小流域重要土地利用特征方面，岩溶高原+低起伏度+白云岩和岩溶高原+中起伏度+白云岩两类小流域坡耕地比例略低于岩溶高原区喀斯特小流域坡耕地比例的平均值，其他4种主要类型喀斯特小流域坡耕地比例均在30%以上，明显高于岩溶高原区喀斯特小流域坡耕地比例的平均值。可见，乌江流域鸭池河至构皮滩段喀斯特小流域坡耕地分布规模较大。从坝坡比来看，岩溶高原+低起伏度+白云岩、岩溶高原+低起伏度+复合碳酸盐岩、岩溶高原+低起伏度+石灰岩三类小流域坝坡比平均值均大于28，明显高于岩溶高原区喀斯特小流域17.28的平均坝坡比值；而岩溶高原+中起伏度+白云岩、岩溶高原+中起伏度+复合碳酸盐岩、岩溶高原+中起伏度+石灰岩三类小流域的平均坝坡比值均接近于10。土地利用综合程度方面，岩溶高原+低起伏度+白云岩、岩溶高原+低起伏度+复合碳酸盐岩、岩溶高原+低起伏度+石灰岩三类小流域的La值明显高于相同地貌区喀斯特小流域平均值；岩溶高原+中起伏度+白云岩、岩溶高原+中起伏度+复合碳酸盐岩、岩溶高原+中起伏度+石灰岩三类小流域的La值与岩溶高原区喀斯特小流域平均La值接近，可见，鸭池河至构皮滩段6类主要类型喀斯特小流域土地利用综合程度较高。

人地关系特征方面，6种主要类型喀斯特小流域人口密度差异较大，岩溶高原+低起伏度+白云岩类小流域人口密度甚至超过1000人·km^{-2}，岩溶高原+低起伏度+复合碳酸盐岩类小流域人口密度超过700人·km^{-2}，上述两种类型喀斯特小流域是区域重要人口承载地域；岩溶高原+低起伏度+石灰岩类小流域人口密度值超过400人·km^{-2}，其他3类主要类型喀斯特小流域人口密度均明显低于岩溶高原区平均水平，也低于全省中起伏度喀斯特小流域平均人口密度。由此可知，在鸭池河至构皮滩段区域城镇化水平带动下，人口向低起伏度类喀斯特小流域集中，而中起伏度喀斯特小流域人口压力得到缓解。石漠化状况方面，除岩溶高原+中起伏度+石灰岩类小流域石漠化程度指数略高于岩溶高原区喀斯特小流域平均石漠化程度指数外，其他5种主要类型喀斯特小流域石漠化程度指数均低于相同地貌类型区喀斯特小流域平均石漠化程度指数值，也低于全省相同起伏度喀斯特小流域平均石漠化程度指数，可见，鸭池河至构皮滩段喀斯特小流域石漠化严重程度总体较轻。

9.3.3 主要类型喀斯特小流域关键脆弱性与生态优化调控策略

鸭池河至构皮滩段6种主要类型喀斯特小流域具有地表水总体缺乏、缺土流域数量较多、坡耕地比例较高、土地利用综合程度较高、石漠化程度总体较轻等特点。针对上述共性关键脆弱性特征，6种主要类型喀斯特小流域生态优化调控重点策略如下：①加大跨区域重大骨干水源工程建设力度，提升城镇水资源保障能力；②继续推进具体城镇分布的小流域城镇化建设，使其成为区域人口与产业优先集聚空间；③做好中起伏度类喀斯特小流域生态建设，将其建设为保障区域生态安全的重要空间单元。

具体来看，①岩溶高原+低起伏度+白云岩类小流域具有河网丰富度相对较高、三种土壤赋存状况流域数量均衡、生物量密度较低、坝子资源量大、坡耕地分布多、土地利用综合程度与人口密度较高、石漠化程度较轻等特点。该类喀斯特小流域生态优化调控策略重点方向为：持续推进流域城镇化建设，使其作为全省乃至区域人口与产业聚集中心的地位不断增强，加强流域内部水资源在空间上的合理调度，加快推进坡耕地的生态化产业体系建设，合理开展坝子资源的多功能利用。②岩溶高原+低起伏度+复合碳酸盐岩类小流域总体上具有与岩溶高原+低起伏度+白云岩类喀斯特小流域相同的脆弱性特征，但其流域坡耕地比例明显较高，其生态优化调控策略重点为加快推进流域坡耕地退耕还林还草，使其成为区域重要生态安全空间。③岩溶高原+低起伏度+石灰岩类小流域具有地表河网丰富度低、缺土流域数量大、生物量密度低、坡耕地比例较大、坝子资源丰富、土地利用综合程度与人口密度高、石漠化严重程度低等特点。其生态优化调控策略重点为：实施坡耕地退耕还林还草工程，做好坝子资源的保护和改良，提升流域植被覆盖度与生物量水平。④岩溶高原+中起伏度+白云岩类小流域具有河网丰富度低、三种土壤赋存状况流域数量比例相对均衡、生物量密度较高、坡耕地比例高、坝子资源量少、土地利用综合程度低、人口密度小、石漠化严重程度较轻等特征。其生态优化调控策略重点为：以实施坡耕地退耕还林还草为重点，加强坡面地表水资源集蓄利用工程体系建设，全类型流域突出体现其生态功能地位。⑤岩溶高原+中起伏度+复合碳酸盐类小流域具有地表水资源缺乏、缺土与严重缺土流域数量较大、坡耕地比例较高、坝子资源量少、土地利用综合程度指数较低、人口密度与石漠化严重程度较低等特点。该类型喀斯特小流域生态优化调控重点策略为：做好表层岩溶水资源集蓄利用工程体系建设，加大坡耕地生态产业化建设力度，形成以生态功能为主的流域功能。⑥岩溶高原+中起伏度+石灰岩类小流域具有地表水资源缺乏、缺土与严重缺土流域数量较多、坡耕地比例较大、坝子资源量少、土地利用综合程度较低、人口密度较低、石漠化严重程度相对较高等特点。该类型喀斯特小流域生态优化调控策略重点与岩溶高原+中起伏度+复合碳酸盐岩类小流域相当，但同时还要注意推进小流域石漠化治理。

9.4 乌江下游喀斯特小流域特征及其生态优化调控策略

构皮滩至武隆的乌江下游段为北北东向新华夏构造体系，干流主要呈北东向和正北向，接纳汇入的大支流较多，水量大为增加，比降缓，该段狭谷与宽谷相间，河谷开阔。一级支流有余庆河、石阡河、印江河、马蹄河、坝坨河、甘龙河、洪渡河、芙蓉江等。乌江下游共有喀斯特小流域 518 个（表 9.4），约占乌江流域喀斯特小流域总数的 34.7%，总面积 2.35 万 hm² 左右，约占乌江流域喀斯特小流域总面积的 35.71%，喀斯特小流域平均面积 45.39km²，较乌江流域喀斯特小流域平均面积大 1.31km²。

9.4.1 各类型喀斯特小流域数量特征

贵州境内乌江下游喀斯特小流域类型包括岩溶槽谷与岩溶高原两种地貌类型，除 3 个岩溶高原类喀斯特小流域外，乌江下游喀斯特小流域全部属于岩溶槽谷类型，总数量为 515 个，约占乌江下游喀斯特小流域总数的 99.42%，总面积达 2.33 万 km²，约占乌江下游小流域总面积的 99.17%。起伏度方面，低、中、高三类喀斯特小流域总面积分别约为 0.18 万 km²、1.23 万 km²、0.94 万 km²，分别约占乌江下游喀斯特小流域总面积的 7.57%、52.25%、40.18%，中高起伏度喀斯特小流域在乌江下游分布规模较大。岩性方面，白云岩、石灰岩、复合碳酸盐岩类喀斯特小流域总面积分别约为 0.14 万 km²、1.19 万 km²、1.03 万 km²，分别约占乌江下游喀斯特小流域总面积的 5.79%、50.47%、43.74%，石灰岩类喀斯特小流域在乌江下游分布规模较大。

类型方面，乌江下游喀斯特小流域共有 10 种类型。其中，岩岩溶槽谷+低起伏度+石灰岩、岩溶槽谷+高起伏度+复合碳酸盐岩、岩溶槽谷+高起伏度+石灰岩、岩溶槽谷+中起伏度+白云岩、岩溶槽谷+中起伏度+复合碳酸盐岩、岩溶槽谷+中起伏度+石灰岩为乌江下游主要喀斯特小流域类型，总数为 482 个，约占乌江下游喀斯特小流域总数的 93.05%，总面积 2.25 万 km²，约占乌江下游喀斯特小流域总面积的 95.78%。

表 9.4 乌江下游各类型喀斯特小流域数量特征

小流域类型	总面积/km²	平均面积/km²	数量/个
岩溶槽谷+低起伏度+白云岩	109.1	18.18	6
岩溶槽谷+低起伏度+复合碳酸盐岩	480	22.86	21
岩溶槽谷+低起伏度+石灰岩	1 190.52	23.81	50
岩溶槽谷+高起伏度+白云岩	208.82	34.80	6
岩溶槽谷+高起伏度+复合碳酸盐岩	4 266.04	73.55	58
岩溶槽谷+高起伏度+石灰岩	4 971.17	54.63	91
岩溶槽谷+中起伏度+白云岩	1 043.02	41.72	25

小流域类型	总面积/km²	平均面积/km²	数量/个
岩溶槽谷+中起伏度+复合碳酸盐岩	5 343.69	46.87	114
岩溶槽谷+中起伏度+石灰岩	5 704.72	39.62	144
岩溶高原+中起伏度+复合碳酸盐岩	194.48	64.83	3
总计	23 511.56	45.39	518

9.4.2 主要类型喀斯特小流域关键要素特征

乌江下游6种主要类型喀斯特小流域中,岩溶槽谷+低起伏度+石灰岩类小流域地表河网丰富度大于0.8(图9.5),属于富水流域类型;其他5种主要类型喀斯特小流域河网丰富度在0.5左右,处于缺水状态。土壤赋存状况方面,岩溶槽谷+低起伏度+石灰岩与岩溶槽谷+中起伏度+白云岩两类小流域三种土壤赋存状况的流域数量比例相当;其他4种主要类型喀斯特小流域缺土流域数量较多,富土流域数量比例也明显高于乌江流域其他支流或分段的比例。生物量方面,岩溶槽谷+低起伏度+石灰岩与岩溶槽谷+中起伏度+石灰岩两类小流域生物量密度明显低于岩溶槽谷区喀斯特小流域平均生物量密度,其他4种主要类型喀斯特小流域生物量密度均在50t·hm⁻²以上,高于岩溶槽谷区喀斯特小流域平均生物量密度。

重要土地利用特征方面,岩溶槽谷+低起伏度+石灰岩与岩溶槽谷+中起伏度+石灰岩两类小流域坡耕地比例均在30%以上,明显高于岩溶槽谷区喀斯特小流域23.35%的平均坡耕地比例;岩溶槽谷+中起伏度+白云岩类小流域坡耕地比例接近20%,明显低于相同地貌区喀斯特小流域平均坡耕地比例;其他3种主要类型喀斯特小流域坡耕地比例均接近于岩溶槽谷区喀斯特小流域平均坡耕地比例。坝子资源量方面,岩溶槽谷+低起伏度+石灰岩类小流域坝坡比超过16,明显高于岩溶槽谷区喀斯特小流域9.86的平均坝坡比,其他5种主要类型喀斯特小流域平均坝坡比均较相同地貌区喀斯特小流域平均坝坡比低,可见,乌江下游喀斯特小流域坝子资源赋存量总体较小。土地利用综合程度方面,岩溶槽谷+低起伏度+石灰岩类土地利用综合程度指数值相对较高,岩溶槽谷+高起伏度+复合碳酸盐岩与岩溶槽谷+高起伏度+石灰岩、岩溶槽谷+中起伏度+白云岩三类小流域土地利用综合程度指数低于相同地貌区喀斯特小流域La值。

主要类型小流域人地关系状况方面,岩溶槽谷+低起伏度+石灰岩类小流域人口密度超过240人·km⁻²,岩溶槽谷+中起伏度+石灰岩类小流域人口密度近200人·km⁻²,上述两种喀斯特小流域人口密度均明显高于岩溶槽谷区喀斯特小流域平均人口密度;其他4种主要类型喀斯特小流域人口密度均低于相同地貌类型区喀斯特小流域平均人口密度。石漠化状况方面,岩溶槽谷+低起伏度+石灰岩和岩溶槽谷+中起伏度+石灰岩两类小流域石漠化程度指数略高于岩溶槽谷区喀斯特小流域平均石漠化程度指数;其他4种主要类型喀斯特

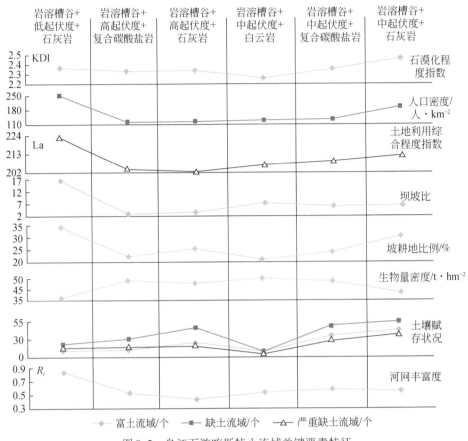

图9.5 乌江下游喀斯特小流域关键要素特征

小流域平均石漠化程度指数均低于相同地貌区喀斯特小流域平均水平，可见，乌江下游喀斯特小流域石漠化严重程度相对较轻。

9.4.3 主要类型喀斯特小流域关键脆弱性与生态优化调控策略

乌江下游6种主要类型喀斯特小流域中，岩溶槽谷+低起伏度+石灰岩类小流域特征明显不同于其他5种主要类型喀斯特小流域，其具有地表河网丰富度高，水资源禀赋条件较好、三种土壤赋存状况流域数量相当、生物量密度较低、坡耕地比例较高、坝子资源量相对较大、土地利用综合程度相对较高、人口密度较大、石漠化严重程度相对较大等关键脆弱性特征。该类型喀斯特小流域生态优化调控策略重点为：以提高小流域坡地植被覆盖度与生物量密度为核心，科学开展流域内部水资源空间优化配置，做好优质坝地资源洪涝灾害防治，严守坝子保护红线。

岩溶槽谷+高起伏度+复合碳酸盐岩、岩溶槽谷+高起伏度+石灰岩、岩溶槽谷+中起伏度+白云岩、岩溶槽谷+中起伏度+复合碳酸盐岩4种主要类型喀斯特小流域均具有地表河网丰富度低、缺土流域数量较多、生物量密度较高、坡耕地比例相对较小、坝子资源量小、土地利用综合程度较低、人口密度较小、石漠化严重程度较轻等特点，上述喀斯特小流域生态优化调控策略重点为：以自然修复和生态保育为主要措施，利用高位悬挂泉与坡面水资源集蓄利用工程，开展坡耕地生态产业化转型利用，提升坝子资源的生产力水平。

岩溶槽谷+中起伏度+石灰岩类小流域具有地表河网丰富度低、缺土与富土流域数量比例相当、植被生物量密度较低、坡耕地比例较大、坝子资源量小、土地利用综合程度低、人口密度较高、石漠化程度相对严重等特征，其生态优化调控策略重点方向为：以推进坡耕地退耕还林还草为重点，改善坡地水资源利用条件，利用富土流域数量优势，大力实施区域生态修复工程。

参 考 文 献

韩至钧 . 1996. 贵州省水文地质志 . 北京：地震出版社 .
黄健民 . 2009. 乌江流域研究 . 北京：中国科学技术出版社 .

10 | 主要喀斯特小流域类型特征及其生态优化调控策略

本章按照基于"地貌+地形起伏度+岩性"的喀斯特小流域类型划分结果，将贵州全省划分出 67 种小流域类型。各种类型小流域分布规模及水土资源格局、生物量状况、重要土地利用特征、人地关系矛盾等方面都具有一定的共性和差异，同时，依次解剖 67 种小流域类型的特征并构建其生态优化调控策略在时间、技术操作等方面都存在一定的局限性。本研究拟以贵州省喀斯特小流域为基础，以喀斯特小流域河网丰度度、土壤赋存状况、生物量密度、坡耕地比例、坝坡比、土地利用综合程度指数、人口密度、石漠化程度指数等定量指标为依据，选取主要喀斯特小流域类型，解剖其关键脆弱性特征，提出相应的生态优化调控策略。

10.1 主要小流域类型划分

聚类分析法是定量研究地理事物分类问题和地理分区问题的主要方法，其基本原理是，根据样本自身的属性，用数学方法按照某种相似性或差异性指标，定量地确定样本之间的亲疏关系，并按这种亲疏关系程度对样本进行聚类（徐建华，2006）。本研究中，以 44 种喀斯特小流域为样本，采用反映喀斯特小流域关键脆弱性特征的河网丰富度、薄层土壤分布比例、生物量密度、坡耕地比例、坝坡比、土地利用综合程度指数、人口密度和石漠化程度指数等 8 个定量化指标，运用极差标准化方法进行指标之间的无量纲化处理，极差标准化表达式如下（李美娟等，2004）：

在决策矩阵 $X = (x_{ij})_{m \times n}$ 中，对于正向指标：

$$y_{ij} = \frac{x_{ij} - \min x_{ij}}{\max x_{ij} - \min x_{ij}} \qquad (1 \leqslant i \leqslant m, \ 1 \leqslant i \leqslant n) \qquad (10.1)$$

对于逆向指标：

$$y_{ij} = \frac{\max x_{ij} - x_{ij}}{\max x_{ij} - \min x_{ij}} \qquad (1 \leqslant i \leqslant m, \ 1 \leqslant i \leqslant n) \qquad (10.2)$$

式中，y_{ij} 为各指标通过极差标准化变换后的无量纲变量。本研究采用的 8 个定量指标中，正向指标为河网丰富度、坝坡比、土地利用综合程度指数、生物量密度；负向指标为薄层土壤比例、石漠化程度指数、人口密度、坡耕地比例。

经过标准化处理后，按照地理学第一定律：事物之间总是相关联的，但距离相近的事物之间的相关性高于距离较远的事物之间的相关性（Tobler，1970），采用平均欧氏距离法，利用 SPSS 聚类工具，对各类型喀斯特小流域关键脆弱性因子进行聚类分析（图 10.1）。

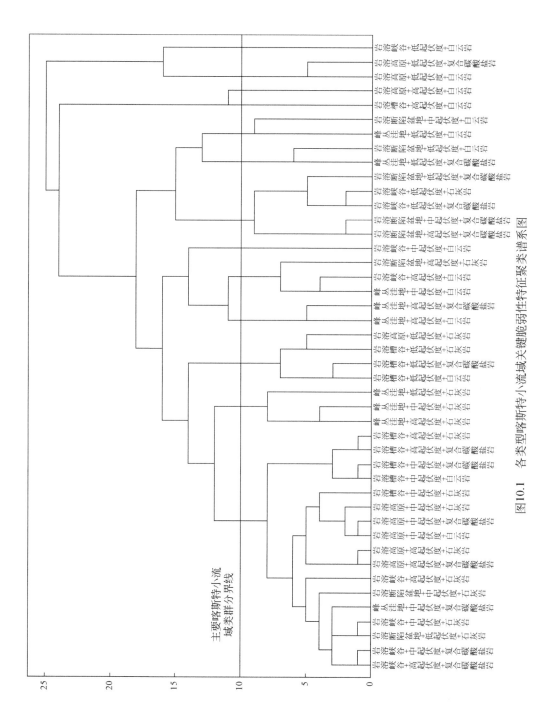

图 10.1　各类型喀斯特小流域关键脆弱性特征聚类谱系图

在上述聚类分析的基础上,结合各类型喀斯特小流域的空间分布规模与数量特征,并考虑其区域代表性,选取岩溶槽谷+中起伏度+石灰岩、峰丛洼地+中起伏度+石灰岩、峰丛洼地+低起伏度+白云岩、岩溶断陷盆地+中起伏度+复合碳酸盐岩、岩溶峡谷+中起伏度+白云岩、岩溶高原+低起伏度+白云岩、岩溶高原+低起伏度+石灰岩、岩溶峡谷+高起伏度+白云岩等8种喀斯特小流域作为贵州主要代表性流域。这8种主要类型小流域的代表了37种关键脆弱性相似的喀斯特小流域类型(附表18),总面积达13.54万 km²,约占贵州全省喀斯特小流域总面积的96.78%。

10.2 主要类型小流域特征及其生态优化调控策略

10.2.1 岩溶高原+低起伏度+石灰岩

岩溶高原+低起伏度+石灰岩类小流域地表河网丰富度平均值为0.66,该类型喀斯特小流域中,盈水流域50个,富水流域43个,亏水流域123个,严重缺水流域96个,富水与盈水流域约占小流域总数的30%,高于全省平均水平近10个百分点。不同类型土壤赋存状况方面,富土流域79个、缺土流域144个、严重缺土流域89个,该类型喀斯特小流域缺土与严重缺土流域数量较多。植被赋存状况方面,该类型喀斯特小流域平均生物量密度为46.71t·hm⁻²,低于全省喀斯特小流域平均生物量密度。重要土地利用特征方面,坡耕地比例为26.18%,略低于相同地貌类型区喀斯特小流域坡耕地比例;坝坡比为22.72,明显高于相同地貌类型区喀斯特小流域坝坡比;土地利用综合程度指数为222.17,高于全省喀斯特小流域平均值。人地关系特征方面,人口密度为295.24人·km⁻²,高于全省喀斯特小流域人口密度近70人·km⁻²;石漠化程度指数为2.76,高于相同地貌区和全省喀斯特小流域平均石漠化程度指数。

总的来看,岩溶高原+低起伏度+石灰岩类小流域具有缺水与严重缺水流域数量相对较多、富水与盈水流域数量规模较大、缺土与严重缺土流域数量较多、生物量密度低、坡耕地比例相对较小、坝子资源量高、土地利用综合程度相对较高、人口密度大、石漠化严重程度较高等特征。其生态优化调控策略为:①以提高流域植被覆盖为重点,利用石灰岩局部富土特征,在石漠化区域开展植被恢复,提高流域生物量水平;②严格做好优质坝子耕地保护,优化坝子排涝能力,研究坝子多功能利用方式,提高坝子资源生产力水平和人口承载力。

10.2.2 岩溶高原+低起伏度+白云岩

岩溶高原+低起伏度+白云岩类小流域河网丰富度平均值达0.77,接近0.8的富水流域标准,在该类型小流域中,盈水流域14个,富水流域11个,亏水流域56个,严重缺水流域总量较少，为 13 个。土壤赋存状况方面，富土流域 26 个、缺土流域 41 个、严重缺土流域 27 个，缺土与严重缺土流域数量较多。生物量密度为 34.32t·hm⁻²，流域植被赋存状况极差。土地利用特征方面，坡耕地比例为 26.78%，略低于岩溶高原区喀斯特小流域坡耕地比例；该类型喀斯特小流域坝子资源量大，坝坡比达 35.58；土地利用综合程度方面，其 La 值为 241.31，明显高于全省喀斯特小流域平均土地利用综合程度指数。人地关系特征方面，该类型小流域人口密度高达 718.99 人·km⁻²，是全省喀斯特小流域平均人口密度的 2 倍多；石漠化程度指数为 2.70，高于相同地貌区和全省喀斯特小流域平均石漠化程度指数。

该类型喀斯特小流域具有地表河网丰富度相对较高、白云岩坡地水土资源漏失严重、缺土流域数量大、生物量密度极低、坡耕地比例相对较小、坝子资源量大、坝区地下水埋藏浅、不透水表面分布比例大、人口密度高、石漠化相对严重等特征。其生态优化调控策略主要为：①流域白云岩坡地及峰丛洼地系统是岩溶高原+低起伏度+白云岩类小流域生态优化调控的重点区域，以表层岩溶带水资源集蓄利用为核心，以生态修复与保护为重点，缓解人地关系压力，提高洼地系统生产力水平；②严控坝区建设占用导致的不透水表面增加形成洪涝灾害，积极开展坝子多功能利用，提升坝子生产力水平。

10.2.3 岩溶槽谷+中起伏度+石灰岩

岩溶槽谷+中起伏度+石灰岩类小流域地表河网丰富度平均值为 0.58，低于相同地貌区喀斯特小流域平均地表河网丰富度；数量方面，该类型喀斯特小流域盈水流域 10 个、富水流域 18 个，两者约占小流域总数的 15.56%，亏水流域 105 个，严重缺水流域 47 个，小流域总体缺水范围大。土壤赋存状况方面，富土流域 56 个，约占小流域总数的 31.11%，缺土流域 72 个、严重缺土流域 52 个，该类型小流域缺土流域分布比例相对较大、富土流域数量相对较多。植被赋存状态方面，生物量密度为 44.09t·hm⁻²，低于相同地貌类型区喀斯特小流域平均生物量密度。重要土地利用特征来看，坡耕地比例为 28.76%，明显高于岩溶槽谷区喀斯特小流域平均坡耕地比例；坝坡比 6.26，低于岩溶槽谷区喀斯特小流域平均坝坡比；土地利用综合程度指数为 210.88，略高于岩溶槽谷区喀斯特小流域平均土地利用综合程度指数值。人地关系特征方面，该类型小流域人口密度为 193.20 人·km⁻²，低于全省喀斯特小流域平均人口密度，但明显高于岩溶槽谷区喀斯特小流域人口密度水平；石漠化程度指数为 2.40，高于岩溶槽谷区喀斯特小流域平均石漠化程度指数。

总体上，岩溶槽谷+中起伏度+石灰岩类小流域具有河网丰富度低、地表水资源缺乏、缺土小流域比例大、富土流域数量多、生物量密度低、坡耕地比例相对较高、坝子资源少、土地利用综合程度相对较高、区域人口密度大、石漠化严重等关键脆弱性特征。其生态优化调控策略重点为：①槽谷两翼山体作为流域生态建设的重点区域，利用其山体多样性小气候特征，对槽谷两翼山体进行垂直带谱建设；②槽谷低部区域，以提高土地生产率与土地承载力为重点，发展高效生态农业及相关产业，对槽低坝区优质耕地资源地集中赋存区域进行严格保护，实现坝地优质土地资源的高效利用。

10.2.4 峰丛洼地+中起伏度+石灰岩

峰丛洼地+中起伏度+石灰岩类小流域地表河网丰富度为 0.57，其中，盈水流域 13 个、富水流域 22 个、亏水流域 45 个、严重缺水流域 48 个，缺水与严重缺水类流域数量较大。三种类型土壤赋存状况方面，富土流域 22 个、缺土流域 43 个、严重缺土流域 63 个，缺土与严重缺土类小流域数量比例较高。该类型喀斯特小流域生物量密度为 48.17t·hm⁻²，明显高于峰丛洼地区喀斯特小流域平均生物量水平。重要土地利用特征方面，小流域坡耕地比例为 14.3%，明显低于相同地貌区喀斯特小流域平均坡耕地比例；坝坡比 5.41，坝子资源极少；土地利用综合程度指数为 190.34，低于全省和相同地貌区喀斯特小流域平均值。人地关系特征方面，该类型喀斯特小流域人口密度为 83.43 人·km⁻²，人口分布较少；石漠化程度方面，平均石漠化程度指数为 2.81，低于峰丛洼地区喀斯特小流域平均值，但石漠化总体上严重。

该类型喀斯特小流域具有地表河网丰富度低、缺土流域分布范围广、生物量密度相对较高、坡耕地比例小、坝子资源极少、土地利用综合程度低、人口分布少、石漠化严重等特征。其生态优化调控策略重点方向为：①利用石灰岩差异生风化特征与区域水热资源优势，开展以自然修复为重点的生态建设；②大力实施生态移民工程，缓解人地关系矛盾，减轻土地承载力。

10.2.5 峰丛洼地+低起伏度+白云岩

峰丛洼地+低起伏度+白云岩类小流域地表河网丰富度为 0.44，接近严重缺水状态，数量方面，盈水流域与富水流域各 1 个、亏水流域 7 个、严重缺水流域达 12 个，该类喀斯特小流域地表水资源严重缺乏。土壤赋存状况方面，富土流域 9 个、缺土与严重缺土流域各 6 个，富土流域分布范围较大。生物量密度为 43.15t·hm⁻²，低于峰丛洼地区喀斯特小流域平均生物量密度。土地利用方面，该类型喀斯特小流域坡耕地比例高达 28.94%，高出峰丛洼地区喀斯特小流域坡耕地平均比例 10 余个百分点；坝子资源方面，坝坡比为 26.37，流域坝子资源分布量大；土地利用综合程度方面，其 La 值为 228.32，明显高于峰丛洼地区喀斯特小流域平均土地利用综合程度指数值。人地关系特征方面，该类型喀斯特小流域人口密度为 353.86 人·km⁻²，人口承载量大；石漠化程度指数为 3.83，石漠化极其严重。

总体而言，峰丛洼地+低起伏度+白云岩类小流域具有地表水资源严重缺乏、富土流域比例较高、生物量密度低、坡耕地比例大、坝子资源赋存状况好、土地利用综合程度高、人口压力大、石漠化极其严重等特征。其生态优化调控策略重点方向为：①以解决流域水资源匮乏为重点，加大跨区域水资源空间优化配置力度，做好流域地表水资源集蓄利用工程体系建设；②加快推进流域坡耕地退耕、生态移民以及城镇化建设，控制坡地石漠化漫延，减少流域人口压力。

10.2.6 岩溶断陷盆地+中起伏度+复合碳酸盐岩

岩溶断陷盆地+中起伏度+复合碳酸盐岩类小流域河网丰富度为 0.59，总体上处于亏水状态；数量上，盈水与富水类小流域共 5 个，亏水流域 19 个，严重缺水流域 5 个。三种土壤赋存状况流域数量方面，富土流域 8 个，缺土流域 18 个，严重缺土流域 3 个，总体上缺土流域分布数量较大。该类型喀斯特小流域生物量密度为 $40.82t \cdot hm^{-2}$，明显低于全省和相同地貌类型区喀斯特小流域平均生物量密度。流域重要土地利用特征方面，坡耕地比例高达 39.38%，较岩溶断陷盆地区喀斯特小流域坡耕地比例高近 10 个百分点；坝坡比为 7.25，坝子资源量少；土地利用综合程度指数为 232.01，明显高于相同地貌区喀斯特小流域平均 La 值。人地关系特征方面，该类型喀斯特小流域人口密度高达 313.07 人·km^{-2}，人口承载量较大；石漠化程度指数为 2.66，低于相同地貌区喀斯特小流域平均石漠化程度指数，该类型喀斯特小流域在区域层面的石漠化程度相对较轻。

总体上，岩溶断陷盆地+中起伏度+复合碳酸盐岩类小流域具有地表亏水、缺土流域分布范围大、生物量密度较低、坡耕地比例大、坝子资源少、土地利用综合程度高、人口承载量大、石漠化相对较轻等特征。其生态优化调控策略为：①加大断陷盆地周边高大山体区域坡耕地退耕还林还草力度，以生态建设为主，丰富山体区域利用方式，提升山体区域生态服务价值；②谷地区域，重点做好坝地谷地的优化高效利用，提升其土地生产力水平与人口承载力，提高断陷盆地区域冈地及缓坡地的利用效率。

10.2.7 岩溶峡谷+中起伏度+白云岩

岩溶峡谷+中起伏度+白云岩类小流域地表河网丰富度为 0.49，便于利用的地表水资源总体上严重缺乏；数量方面，该类型喀斯特小流域无盈水和富水流域，亏水流域 6 个，严重缺水流域 2 个。土壤赋存状况方面，无富土流域，缺土流域 3 个，严重缺土流域 5 个，流域厚层土壤严重缺乏。生物量密度为 $47.34t \cdot hm^{-2}$，高于岩溶峡谷区喀斯特小流域平均生物量密度。重要土地利用特征方面，坡耕地比例为 36.59%，高于相同地貌区喀斯特小流域坡耕地比例；坝坡比 10.06，与岩溶峡谷区喀斯特小流域平均坝坡比接近；土地利用综合程度指数为 221.86，高于相同地貌区喀斯特小流域 La 值。人地关系状况方面，人口密度为 219.25 人·km^{-2}，低于岩溶峡谷区喀斯特小流域平均人口密度；石漠化程度指数为 4.28，流域石漠化极其严重。

岩溶峡谷+中起伏度+白云岩类小流域具有水土资源匮乏、坡耕地比例较高、石漠化极其严重等关键脆弱性特征。其生态优化调控策略重点为：①峡谷两侧高原面山体，以峰丛洼地系统为基本单元，开展有以植被恢复为主要内容的生态建设；②以利用峡谷区域垂直落差大，水热条件多样的特点，开展以山地垂直带谱建设为重点，提升坡地水土保持能力与植被生产力水平，构建峡谷地带生态安全屏障；③发挥峡谷底部水热资源优势，改善坡面立地条件与水土资源赋存格局，建设特色高效经济林，开展喜热作物种植，发展峡谷现代农业产业。

10.2.8　岩溶峡谷+高起伏度+白云岩

岩溶峡谷+高起伏度+白云岩类小流域河网丰富度为 0.45，缺乏盈水流域，富水流域 1 个，亏水流域 3 个，严重缺水流域 5 个，该类型流域地表水资源严重匮乏。土壤赋存状况方面，无富土流域，缺土流域 4 个，严重缺土流域 5 个。生物量密度为 51.55t·hm^{-2}，高于全省和岩溶峡谷区喀斯特小流域平均生物量密度。重要土地利用特征方面，坡耕地比例为 22.86%，坝坡比仅 4.37，坝子资源量较少，土地利用综合程度指数为 201.89，低于相同地貌区喀斯特小流域 La 值。人地关系特征方面，人口密度为 154.33 人·km^{-2}，低于岩溶峡谷区喀斯特小流域平均人口密度；石漠化程度指数为 4.24，流域石漠化严重。

该类型喀斯特小流域具有水土资源短缺、生物量密度较高、坡耕地比例小但危害程度高、坝子资源少、土地利用综合程度低、人口密度小、石漠化严重等特征。其生态优化调控策略重点方向为：①因地制宜建设地表水资源集畜利用工程体系，大力推进流域石漠化治理，做好现存林草资源保护工作；②加大跨流域生态移民工程实施力度，减轻起伏度大、封闭性高、土地承载力低地区的人口压力。

参 考 文 献

李美娟，陈国宏，陈衍泰．2004．综合评价中指标标准化方法研究．中国管理科学，12（s1）：45-48.

徐建华．2006．现代地理学中的数学方法．北京：高等教育出版社．

Tobler W R. 1970. A computer movie simulating urban growth in the detroit region. Economic Geography，46（2）：234-240.

11 典型喀斯特小流域特征及其生态优化调控策略

流域系统是以水为纽带，贯穿于社会、经济和水生态3个子系统的相对独立的自然综合体，表现为一个具有物质（如水、污染物等）、能量和信息内外传递及循环的研究单元（郭怀成等，2007）。小流域既是反映地表生态水文过程的基本单元，也是实施流域管理的基本政策尺度（Houdret et al.，2014），因此，小流域是进行国土空间优化调控与管理的最佳尺度。小流域水文生态研究集中在水分行为、生态效应及其优化调控三大紧密相连又互有区别的方面。其中，优化调控是以对水分行为与生态效应研究为基础和着重点的流域管理，也称小流域治理，是资源、环境、持续发展等研究领域的热点之一（刘文兆，2000）。由于社会经济活动与日趋紧张的水资源利用，人类活动对流域系统的压力将持续增加，社会、水、景观、环境等之间曾经协调的相互关系被破坏，使小流域成为脆弱生态系统单元（Saleth，2004），小流域优化治理往往就以脆弱流域系统为对象，包含两个方面：一是阻止系统破坏与恶化；二是修复已破坏与恶化的要素，后者成本常远高于前者（Menz et al.，2013）。喀斯特小流域因受控于特殊地质背景控制，土壤与植被系统具有明显脆弱性（王世杰等，2003），超土地承载力的人类活动给喀斯特小流域带来巨大压力，造成了土地石漠化退化在喀斯特小流域的广泛存在。构建喀斯特小流域生态优化调控策略，既为了阻止喀斯特脆弱生态系统与要素恶化，也为了更好地修复石漠化退化生态系统，更为了构建喀斯特小流域和谐、可持续的人地关系格局。

11.1 选取典型喀斯特小流域

11.1.1 典型喀斯特小流域构成

考虑到在地貌类型、地表形态、岩性、规模与个数比例等特征方面的代表性，结合喀斯特小流域空间分布与信息特征，本研究最终选择了岩溶峡谷+中起伏度+白云岩、岩溶槽谷+高起伏度+石灰岩、岩溶高原+低起伏度+白云岩、峰丛洼地+中起伏度+石灰岩、岩溶断陷盆地+中起伏度+复合碳酸盐岩5种类型作为典型喀斯特小流域，分析其特征信息，解剖主要问题，构建生态优化调控策略。

在上述5种典型喀斯特小流域中，考虑自然地理分带、区域分异等特征，在各地貌类型区选择1个代表性典型喀斯特小流域构建生态优化调控策略。5个代表性典型喀斯特小流域分别为：后寨河小流域（类型为：岩溶高原+低起伏度+白云岩）、朗溪小流域（类型为：岩溶槽谷+高起伏度+石灰岩）、断桥小流域（类型为：岩溶峡谷+中起伏度+白云岩）、董架小流域（类型为：峰丛洼地+中起伏度+石灰岩）、鸡场坪小流域（类型为：岩溶断陷盆地+中起伏度+复合碳酸盐岩）。5个代表性喀斯特小流域涵盖了岩溶高原、岩溶槽谷、岩溶峡谷、峰丛洼地、岩溶断陷盆地5种喀斯特地貌区类型；包含高、中、低三种小流域地形起伏度类型和白云岩、石灰岩、复合碳酸盐岩三种喀斯特小流域岩性类型。

11.1.2　典型喀斯特小流域的空间分布

5个典型喀斯特小流域中（图11.1），归属长江流域的有2个，均属于乌江水系，其中，朗溪小流域地处黔东北印江县境内，位于乌江思南以下段，后寨河小流域地处黔中普定县境内，位于乌江上游三岔河中段支流；归属珠江水系3个，分别属于红水河、北盘江两大水系，其中，董架小流域地处黔南罗甸县，断桥小流域处于黔西南关岭县，鸡场坪小流域位于西部盘县境内。

图11.1　5个典型喀斯特小流域空间分布

11.1.3 典型喀斯特小流域形态特征

5 个典型喀斯特小流域的面积均高于八大流域小流域平均面积，也高于其对应的喀斯特小流域类型的平均面积。其中，断桥小流域总面积 61.89km²，较同类型（岩溶峡谷+中起伏度+白云岩）喀斯特小流域平均面积（32.22km²）大近一倍；朗溪小流域总面积 65.12km²，较同类型喀斯特小流域平均面积大近 25km²；后寨河小流域总面积 60.36km²，较岩溶高原+低起伏度+白云岩类喀斯特小流域平均面积大近一倍；董架小流域总面积 49.43km²，略高于峰丛洼地+中起伏度+石灰岩类喀斯特小流域平均面积水平；鸡场坪小流域总面积 65.9km²，高于岩溶断陷盆地+中起伏度+复合碳酸盐岩类喀斯特小流域平均面积近 12km²（表 11.1）。

表 11.1 5 个典型喀斯特小流域形态特征

名称	面积/km²	平均坡度/(°)	主坡向	相对高差/m	延长系数
断桥小流域	61.89	15.14	E	667	2.52
朗溪小流域	65.12	16.9	SE	953	2.13
后寨河小流域	60.36	7.66	NW	327	2.27
董架小流域	49.43	17.13	E	502	2.06
鸡场坪小流域	65.9	11.94	SW	586	1.74

5 个典型喀斯特小流域平均坡度方面，后寨河小流域最低，为 7.66°，明显低于所在乌江流域小流域平均坡度；其次为鸡场坪小流域，为 11.94°，低于所在北盘江流域小流域平均坡度，断桥、朗溪、董架三个典型喀斯特小流域的平均坡度均超过 15°，均接近或高于其所处对应的八大流域小流域平均坡度。坡向方面，断桥小流域与鸡场坪小流域主坡向分别为 E、SW，两种主坡向类型均为北盘江流域主要的小流域坡向类型；朗溪小流域 SE 的主坡向是乌江流域小流域分布最多的坡向类型；后寨河小流域主坡向类型为 NW，同样是乌江流域小流域分布较多的坡向类型小流域；董架小流域主坡向为 E。相对高差方面，5 种典型喀斯特小流域相对高差较好地反映了其所处地貌区的地表地形特征。其中，位于黔中高原面的后寨河小流域相对高差最小，为 327m；朗溪小流域 953m 的相对高差反映了岩溶槽谷区山高槽深、地质构造运动复合叠加的特点；董架小流域相对高差为 502m，反映了处于云贵高原向广西平原过渡带的峰丛洼地区喀斯特小流域相对高差较大的特点；断桥小流域相对高差 667m，反映了峡谷两翼高原与谷地过渡带喀斯特小流域相对高差大的特点；鸡场坪小流域相对高差 586m，是岩溶断盆地区喀斯特小流域的常态相对高差。流域形状方面，除鸡场坪小流域延长系数略低于 1.75 以外，其他 4 个典型喀斯特小流域延长系数均在 2.0 以上，典型小流域形状以狭长为主。

总的来看，无论从空间分布，还是从形态特征来看，以及代表的流域类型来看，选择的 5 个喀斯特小流域具有代表流域数多、规模较大、反映主要区域地形地貌特征，具有较好的代表性。

11.2 后寨河小流域生态优化调控策略

11.2.1 小流域概况

后寨河小流域位于贵州省普定县境内（26°12′37″N~26°17′51″N，105°40′8″E~105°48′9″E），处于安顺市区与普定县城之间的过渡地带，为马官、白岩、城关、化处等乡镇，包括后寨、青山、马官屯、陈旗、打油寨、余官、下坝、赵家田等10余个村域范围（图11.2）。流域内三叠系中统杨柳井组、关岭组白云岩类地层广布。流域上游为峰丛、洼地、漏斗地貌组合类型，中游为峰林、槽谷类型，下游为丘陵、谷地、盆地类型，全流域形成以峰林、峰丛、丘陵与谷地、洼地、盆地相间的地貌景观，在云贵高原具有广泛的代表性（王腊春等，2000）。

11.2.2 基本特征及主要问题

后寨河小流域全域为白云岩地层（表11.2），白云岩坡地整体性风化，使坡面保土条件较差，导致中、薄层厚度土壤占全流域90%以上，流域呈缺土状态；流域最高海拔1531m，最低海拔1204m，全流域地形起伏度较低，地形起伏度为0.06，故流域上游峰丛洼地区地表水以表层间隙性岩溶带赋存，地表水资源匮乏，中游地下水在高溶蚀与侵蚀基准面作用下在峰丛洼地区边缘出露，成为流域中下游坝区重要水源；全流域河网长度达46.83km，但主要分布在中下游峰丛洼地边缘及中下游坝区；流域总生物量为18.9万t，生物量密度为31.31t/hm²，略低于同类型喀斯特小流域33.26t/hm²的平均水平，全流域植被赋存量较低。耕地赋存方面，全流域（6°，10°]范围内缓坡耕地为14 507.13亩，(10°，15°]为4594.5亩，(15°，25°]为649.97亩，25°以上坡耕地已全部实现非耕利用。由于全流域为白云岩低起伏度，高坡度坡耕地存在的先天条件不足，而缓坡耕地大量存在，10°以上坡耕地是流域利用低效、产能较低的耕地，同时，全流域坝坡比达51.68，较岩溶高原区低起伏度喀斯特小流域平均坝坡比高近1倍，也明显高于岩溶高原+低起伏度+白云岩类小流域平均坝坡比，小流域优质坝子资源赋存占优，为实现10°以上坡耕地非耕化高效利用提供支撑。

后寨河小流域总人口达2.7万人，人口密度为447人/km²，明显低于岩溶高原+低起伏度+白云岩类喀斯特小流域平均人口密度，加上全流域较高的坝坡比带来的相对较高的土地承载力，使流域人口压力得到有效缓解；石漠化土地退化方面，流域石漠化土地总面积为21.96km²，约占流域总面积的36.38%，石漠化程度指数为3.15，石漠化土地总量与严重程度高于同类型喀斯特小流域，均处于较高水平，可见，后寨河流域石漠化土地总量

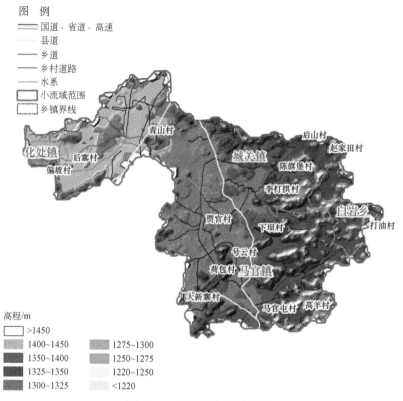

图 11.2 后寨河小流域概况

大、严重程度高、修复难度大；由于流域地处地级市与县城之间的过渡区，土地尤其是坝区近年来不透水地表快速增加，使流域土地利用综合程度指数达259.37，高于同类型喀斯特小流域平均水平，在小流域尺度来看处于全省较高水平，不透水表面的快速增加产生的生态水文效应有待作进一步评估。

表 11.2 后寨河小流域主要特征

特征类型	特征指标及值			
岩性比例/%	灰岩	白云岩	灰岩与白云岩互层	碎屑岩
	0	100.00	0	0
地形特征	最高点/m	最低点/m	地形起伏度	
	1 531	1 204	0.06	
水资源赋存	河网长度/km	河网丰富度	类型	
	46.83	0.65	亏水流域	
土壤赋存/%	厚层土比例	中层土比例	薄层土比例	类型
	7.37	57.65	34.98	缺土流域

续表

特征类型	特征指标及值				
耕地条件	坡耕地/亩				坝坡比
	(6°, 10°]	(10°, 15°]	(15°, 25°]	(25°, 100°]	51.68
	14 507.13	4 594.50	649.97	—	
植被状况	总生物量/万 t	生物量密度/(t/hm²)			
	18.90	31.31			
人地关系	人口		石漠化		土地利用综合程度指数
	总人口/万人	人口密度/(人/km²)	总面积/km²	石漠化程度指数	
	2.70	447	21.96	3.15	259.37

11.2.3 调控策略

针对后寨河流域白云岩广布,上游峰丛洼地区土壤与地表水缺乏,生物量密度低,10°以上坡耕地利用效率低,单位土地承载人口数大,坝区不透水表面快速增加等主要问题,提出如下生态优化调控策略。

(1) 上游峰丛洼地区为流域生态优化调控的重点区域,以表层岩溶带水资源集蓄利用为核心,以生态修复与保护为重点,缓解人地关系压力,提高洼地系统生产力水平。具体策略(图 11.3):分水岭区域山体间的小型洼地或低缓荒山草坡,按照因地制宜与土地承载力控制原则,开展草地建设,发展草食畜牧业,提升表层岩溶带保水保土功能与效率,同时辅以生态移民等措施,缓解峰丛洼地系统人口压力;对于石漠化程度严重,自然修复困难的白云岩山体,采用土壤局部富集、微地形改造、土壤改良、土壤肥力与保水能力提升等技术,人工辅助实施荒山营造林工程;土地承载力较高、人口分布规模相对较大的高位洼地坝地,以发展乡村旅游、民族手工工业等低碳产业,改善居民生活水平,保障生产力提升,同时,做好表层岩溶带水资源集蓄利用工程建设,保障生产生活用水,严控洼地不透水表面的快速增加趋势;对于有一定林草覆盖的现存有林地山体,以保护为主,利用景观生态优势适度发展山地生态旅游,提升其生态服务价值。

(2) 中下游地区,峰丛洼地边缘向坝区转换的地带建设理想人居区域,严控坝区建设占用导致的不透水表面增加与积极开展坝子多功能利用以提升坝子生产力水平相结合,积极开展低丘缓坡冈地经济林建设,发展林下经济,提高其利用率。具体策略如下:峰丛洼地边缘地带,重点做好出露地下水的排泄与利用,合理规划峰丛洼地与坝子之间的转换地带,开展小城镇与美丽乡村建设,完善以水、电、路为主的基础设施和以教、科、文为主的生活功能,利用该地带做好居民点建设规划,引导各类不透水表面向该地带集聚,使该地带成为流域基础设施齐备、功能完善、景观美丽的理想人居区域。中下游坝子核心区域,

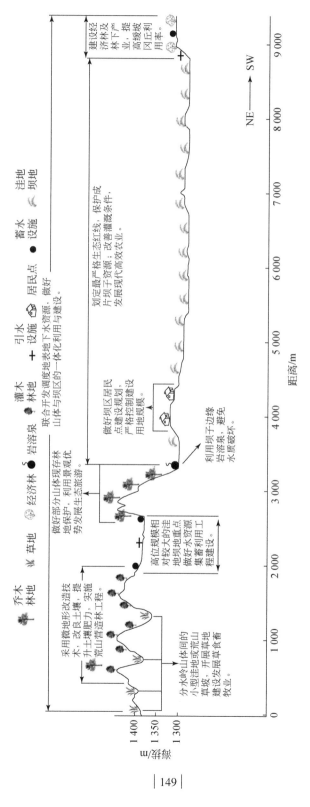

图11.3 后寨河流域生态优化调控策略样带布置

为全流域甚至区域的优质耕地赋存区，要划定最严格的生态红线，保护成片坝子资源，严防对坝子优质耕地资源的非农化占用；同时，改善坝区灌溉保障水平，提升坝子旱涝保收能力，利用好坝子自然低洼区域应对流域不透水表面增加带来的短时强降雨洪水风险，提升坝子沟道的排泄能力；根据区域产业发展需求，因地制宜开展除建设之外的多功能利用，发展现代高效农业产业。零星分布于坝区的低丘缓坡冈地，积极开展以经济林为主的林业工程建设，发展林下经济相关产业，提高缓坡冈地的利用率；坡度较陡的孤峰山体，以自然封育为主，使其发挥好流域生态过程中的踏脚石功能。

11.3 朗溪小流域生态优化调控策略

11.3.1 朗溪小流域概况

朗溪小流域位于贵州省印江县境内（108°26′32″E ~ 108°33′34″E，27°58′2″N ~ 28°5′41″N），流域范围跨合水、板溪、朗溪、峨岭、永义等乡镇（图 11.4），含昔卜、甘龙、十里、茂关、坪阳等村域。流域为向斜构造，向斜核部至两翼地层层序依次为三叠系巴东组、永宁

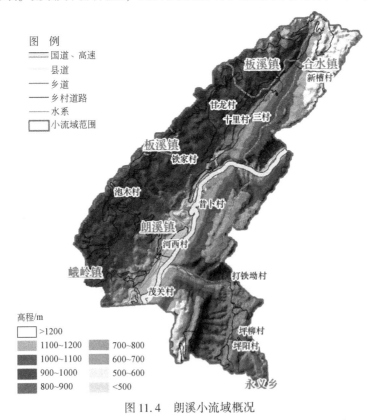

图 11.4 朗溪小流域概况

镇组、大治组及二叠系合山、栖霞组地层，流域内上述地层岩性均为石灰岩。流域为典型隔槽式地貌组合，槽底深而窄、两翼山体高而宽，坡面石沟、石芽、峰丛等微喀斯特地貌发育。发源于梵净山地区的印江河自流域东部经槽底于西南流出，槽底水资源丰富。

11.3.2 基本特征及其主要问题

朗溪小流域灰岩地层占 90.3%（表 11.3），碎屑岩地层占 9.7%，无白云岩类地层出露，由于区域构造控制，两翼山体存在高位悬挂泉出露，灰岩地层广泛出露使流域两翼喀斯特微地貌发育程度高，流域尺度薄层土比例接近 80%，微地貌单元尺度土壤在石沟、石芽、裂隙等喀斯特微地貌单元中富集，成为坡面土壤赋存的少量细微单元，流域总体上呈严重缺土状态；流域最高点海拔 1445m，最低点 492m，相对高差近 1000m，地形起伏度达 0.31，高起伏度特征使高位悬挂泉快速短距离跌入槽底河道系统，同时区域性河流仅流经槽谷底部，致使全流域河网长度仅 27.26km，河网丰富度为 0.35，流域仅槽底平坝区水资源赋存条件优越，占流域面积比例较大的两侧山体几乎无永久性地表径流分布，朗溪小流域总体上表现为严重缺水。流域总生物量为 26.38 万 t，生物量密度为 40.51t/hm²，低于同类型喀斯特小流域平均水平。

表 11.3 朗溪小流域主要特征

特征类型	特征指标及值			
岩性比例/%	灰岩	白云岩	灰岩与白云岩互层	碎屑岩
	90.30	0	0	9.70
地形特征	最高点/m	最低点/m	地形起伏度	
	1 445	492	0.31	
水资源赋存	河网长度/km	河网丰富度	类型	
	27.26	0.35	严重缺水流域	
土壤赋存/%	厚层土比例	中层土比例	薄层土比例	类型
	14.48	5.97	79.55	严重缺土流域
耕地条件	坡耕地/亩			坝坡比
	(6°, 10°]	(10°, 15°]	(15°, 25°]	(25°, 100°]	2.79
	1 510.62	15 599.91	4 536.56	233.85	
植被状况	总生物量/万 t	生物量密度/(t/hm²)		
	26.38	40.51		
人地关系	人口		石漠化		土地利用综合程度指数
	总人口/万人	人口密度/(人/km²)	总面积/km²	石漠化程度指数	
	0.96	147	51.01	3.64	199.53

由于流域为隔槽式喀斯特槽谷类型，槽底狭窄，全流域坝坡比仅为 2.79，低于同类型流域（岩溶槽谷+高起伏度+石灰岩）3.13 的平均坝坡比，质量与承载力较高的土地资源集中分布于槽谷底部区域，使流域厚层土壤分布比例仅为 14.48%；坡耕地方面，朗溪小流域（6°，10°〕范围内缓坡耕地仅为 1500 余亩，（10°，15°〕范围是流域耕地资源主要赋存区域，坡耕地规模为 15 599.91 亩，（15°，25°〕坡耕地达 4500 余亩，25°以上坡耕地仍存 233.85 亩，可见，朗溪小流域坡耕地尤其陡坡耕地规模不小，其保吃饭与保生态难以两全。

人地关系状况方面，朗溪小流域总人口为 0.96 万人，人口密度为 147 人/km²，高于同类型喀斯特小流域平均水平，但低于岩溶槽谷地貌区喀斯特小流域平均人口密度；由于优质土地资源单位承载人口的严重超载引起坡耕地的大量存在，致使全流域石漠化土地面积达 51.01 km²，约占小流域总面积的 78.33%，石漠化程度指数达 3.64，小流域石漠化土地退化严重。从流域土地利用程度来看，朗溪小流域土地利用综合程度指数值为 199.53，略低于同类型喀斯特小流域平均值，全流域总体上以低生产力林草覆盖为主。

11.3.3　调控策略

朗溪小流域存在灰岩广布，水、土资源严重缺乏且空间分布不平衡，流域林草覆盖度高但生产力低，优质耕地总量少，坡耕地大量存在，流域人口承载量大，石漠化土地退化严重，人地关系矛盾突出等主要问题，针对这些问题的生态优化调控策略如下（图 11.5）。

（1）由于槽谷两翼山体高大，应将其作为流域生态建设的重点区域。总体上，利用山体高大，山地垂直带谱明显，应利用山体多样性小气候特征，对槽谷两翼山体进行垂直带谱建设。具体策略为：开发利用不同高程的高位悬挂泉，通过合理搭配坡面水系工程，实现不同高程悬挂泉的调配优化利用；山体顶部发挥雨雾多的小气候特点，在碎屑岩风化成土地带开展茶叶种植，发展特色茶产业；山体中部海拔相对较高的缓坡地带，建设耐旱干果类经济林，发展林下草食畜牧业；山体陡坡以生态保育为重点，加大 15°以上坡耕地生态退耕力度，建设坡地生态林带，对于植被赋存较高或立地条件较好的斑块状坡地，按适地适种原则，实施林灌保育与植被恢复措施。

（2）槽谷底部区域，以提高土地生产率与土地承载力为重点，发展高效生态农业及相关产业。槽底坝区是流域优质耕地资源地集中赋存区域，应对其进行严格保护，实现坝地优质土地资源的高效利用；同时，注意防止地质灾害对槽底的危害，做好谷区河道整治，建设谷口疏浚工程，防治洪涝灾害。槽底两侧山体过渡的缓坡过渡地带，采用小型网络化坡面大气降水集蓄利用工程，提升水资源保障能力的同时，利用槽谷底部较好的热量条件，大力开展坡耕地退耕，建设以鲜果类经济林为主的林业生态工程，积极发展林下经济及附加产业体系。

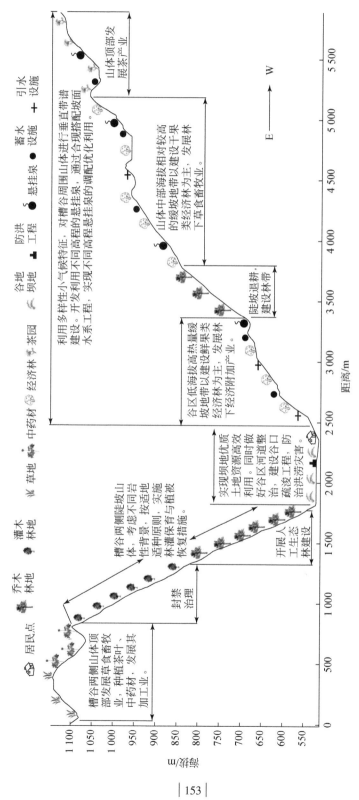

图11.5 朗溪小流域生态优化调控策略样带布置

11.4 董架小流域生态优化调控策略

11.4.1 董架小流域概况

董架小流域位于贵州省境内罗甸、平塘两县交界处（25°34′26″N ～ 25°39′8″N，106°49′31″E ～ 106°55′15″E），流域边界范围跨平塘克度镇、塘边镇以及罗甸董架乡（图11.6），包括白龙村、东跃村等村域。流域内三叠系中统坡段组和垄头组地层广布，地层岩性以连续性灰岩为主。流域内峰丛洼地地貌发育程度高，形态组合多样，缺乏成规模平缓坝地。

11.4.2 基本特征及其主要问题

董架小流域石灰岩地层分布于流域大部，约占流域面积的87.39%（表11.4），白云岩地层主要分布于流域南部地区，约占流域总面积的87.39%。全流域为纯碳酸盐岩地层，无碎屑岩地层分布。流域最高海拔1161m，最低海拔659m，地形起伏度为0.16，居中起伏度水平。流域无厚层土壤分布，中层土比例为71.98%，薄层土比例为28.02%，流域呈缺土状态。全流域无地表径流分布，大气降水除蒸散发和地表生物过程消耗外，几乎全部经过石灰岩裂隙、管道、洼地漏斗系统等进入地下，转为地下径流，流域河网丰富度为零，呈严重缺水状态；植被状况方面，流域总生物量为29.45万t，生物量密度为59.58t/hm^2，高于峰丛洼地区喀斯特小流域44.81t/hm^{2}的平均生物量密度，也较同类型峰丛洼地+中起伏度+石灰岩喀斯特小流域生物量密度高10t/hm^2，可见，全流域植被赋存状况较好，生产力水平较高。

土地资源赋存状况方面，由于流域峰丛洼地集中连片分布，山间小洼地居多，连片500亩以上坝子极少，致使流域坝坡比为3.4，仅为峰丛洼地区喀斯特小流域平均坝坡比的近1/4，明显低于峰丛洼地+中起伏度+石灰岩类喀斯特小流域的平均坝坡比，流域优质耕地资源极少；坡耕地方面，流域（6°，10°]范围内缓坡耕地仅为49.95亩，（10°，15°]范围内坡耕地规模为4344.08亩，（15°，25°]坡耕地达2304余亩，25°以上坡耕地高达505.68亩，可见，董架小流域优质耕地资源严重匮乏驱使坡耕地尤其是陡坡耕地的大量存在，流域水土保持问题严重。

人地关系方面，董架小流域总承载人口为0.28万人，流域人口密度为57人/km^2，尽管其低于同类型喀斯特小流域的人口密度，但较差的流域自然条件使现状人口规模仍对流域产生极大压力，驱动大量坡耕地存在的同时，小流域石漠化土地退化面积达25.49km^2，约占小流域总面积的51.46%，石漠化程度指数达3.13，流域石漠化严重。此外，流域土地利用综合程度指数为199.19，说明流域土地利用效率较低，以林、灌、草等为主要覆被类型，流域交通网络与对外交流条件较差，城镇化水平低。

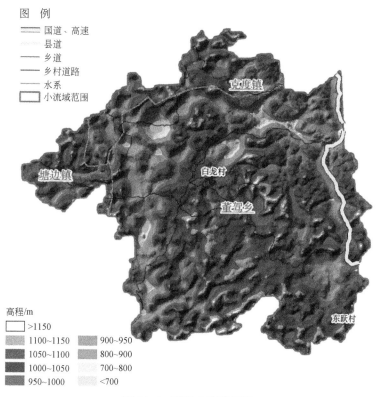

图 11.6　董架小流域概况

表 11.4　董架小流域基本特征

特征类型	特征指标及值			
岩性比例/%	灰岩	白云岩	灰岩与白云岩互层	碎屑岩
	87.39	12.61	0	0
地形特征	最高点/m	最低点/m	地形起伏度	
	1 161	659	0.16	
水资源赋存	河网长度/km	河网丰富度	类型	
	0	0	严重缺水流域	
土壤赋存/%	厚层土比例	中层土比例	薄层土比例	类型
	0	71.98	28.02	严重缺土流域
耕地条件	坡耕地/亩			坝坡比
	(6°, 10°]	(10°, 15°]	(15°, 25°]	(25°, 100°]	3.40
	49.95	4 344.08	2 304.05	505.68	

续表

特征类型	特征指标及值			
植被状况	总生物量/万t	生物量密度/(t/hm²)		
	29.45	59.58		
人地关系	人口		石漠化		土地利用综合程度指数
	总人口/万人	人口密度/(人/km²)	总面积/km²	石漠化程度指数	
	0.28	57	25.49	3.13	199.19

11.4.3　调控策略

　　针对董架小流域碳酸盐岩广布，流域无永久性地表径流，地表水资源仅依靠间隙性表层岩溶带供给，无厚层土壤分布，成片500亩以上连片优质耕地坝子缺乏，峰丛洼地系统人口超载，坡耕地尤其陡坡耕地数量大，流域石漠化土地分布广而严重，流域闭塞，社会经济发展水平低，贫困程度高等主要问题，流域生态优化调控策略如下（图11.7）。

　　（1）全流域以生态建设为重点，利用石灰岩差异生风化特征与区域水热资源优势，对陡坡峰丛山体，开展以乔木树种为主的林业建设，并积极做好旱季森林防火工作。具体策略：针对峰丛山体石灰岩广布，差异性风化导致的石沟、石芽、石缝、石坑等负地形微地貌发育，应有效利用这类负地形微地貌单元开展大气降水的集蓄利用，保障林业生态建设中的用水需求。对于峰丛之间的难以利用或利用成本较高的高洼地和深洼地，以自然封闭为主，减少人类活动干扰，使其成为涵养区域水源的要重地貌单元。

　　（2）大力实施生态移民工程，缓解人地关系矛盾，减轻土地承载力。具体策略为：对规模小、贫困程度深、土地承载力低、封闭程度高、社会公共服务供给成本高、劳动生产率低的洼地区居民点实施以自然村寨为单元的生态移民。利用洼地区边缘或流域外坝区对外交通条件好、土地承载力较高的优势，承接生态移民迁入，积极发展现代农业、乡村旅游、民族手工业等，保障移民异地安居乐业、脱贫致富。

　　（3）利用系统性思难，山地—洼地一体化，治洼与治坡相结合，大力推进流域生态退耕。具体策略：配合生态移民工程，大力开展流域15°以上低生产力高水土流失量的坡耕地退耕还林还草，提升坡地生态系统生产力水平与生态服务价值；注意根除洼地的洪涝灾害，做好洼地边缘表层岩溶带间隙性岩溶泉的"集、蓄、引、用"，稳定生产力较高的洼地面积，提高洼地耕地单产水平，提升有限耕地资源的人口承载力。

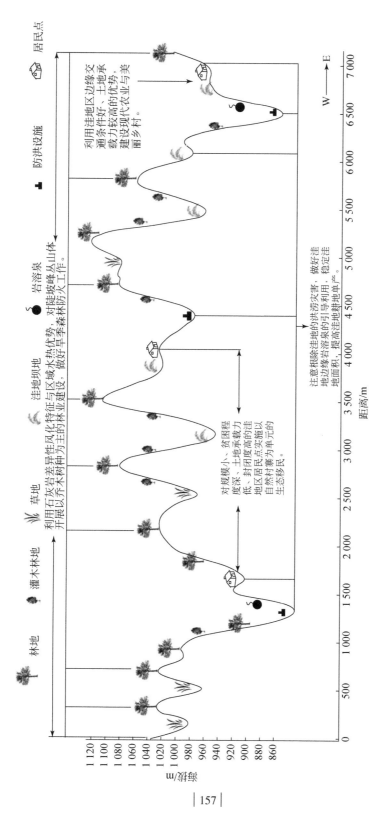

图11.7 董架小流域生态优化调控策略样带布置

11.5　断桥小流域生态优化调控策略

11.5.1　小流域概况

断桥小流域位于贵州省关岭县境内（25°49′44″N～25°58′47″N，105°34′34″E～105°39′46″E），地处关索、顶云、八德、断桥、上关等乡镇，流域主体位于关索镇和断桥镇（图11.8），县城区域整体位于流域内，包括高坡、大龙滩、西坪、普岔、戈尧等村域。流域内三叠系中统关岭组和杨柳井组白云岩广布。流域北部、西部为峡谷区夷平面区，喀斯特峰丛洼地地貌发育，流域东部为峡谷河流深切地区，谷深坡陡。

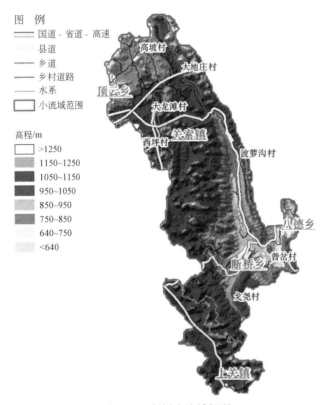

图 11.8　断桥小流域概况

11.5.2　基本特征及其主要问题

断桥小流域出露地层以白云岩为主，占全流域面积的 65.99%（表 11.5），主要分布于流域西部、南部峡谷上部高原面上，流域碎屑岩分布比例为 20.80%，主要分布于流域东部峡谷地区，另有占流域 13.21% 的少量灰岩类地层，分布于流域高原面与峡谷之间的坡地地带。流域最高海拔 1314m，最低海拔 647m，地形起伏度 0.21，为中起伏类型，白云岩广泛分布加上崎岖的地形作用下，流域薄层土壤占 65.13%，厚层土壤不到 20%，流域为严重缺土类型。流域地表水系不发达，总河网长度为 24.25km，且大部分位于峡谷底部区域，流域可利用性较低，地表河网丰富度为 0.33，流域呈严重缺水状态。植被方面，流域总生物量为 36.16 万 t，生物量密度为 58.44t/hm²，明显高于同类型岩溶峡谷+中起伏度+白云岩类喀斯特小流域的 46.56t/hm² 的平均生物量密度，流域植被赋存状态较好，生产力水平较高。

表 11.5　断桥小流域主要特征

特征类型	特征指标及值			
岩性比例/%	灰岩	白云岩	灰岩与白云岩互层	碎屑岩
	13.21	65.99	0	20.80
地形特征	最高点/m	最低点/m	地形起伏度	
	1 314	647	0.21	
水资源赋存	河网长度/km	河网丰富度	类型	
	24.45	0.33	严重缺水流域	
土壤赋存/%	厚层土比例	中层土比例	薄层土比例	类型
	16.92	17.95	65.13	严重缺土流域
耕地条件	坡耕地/亩			坝坡比
	(6°，10°]	(10°，15°]	(15°，25°]	(25°，100°]	
	3 479.60	11 152.47	2 422.48	328.09	6.72
植被状况	总生物量/万 t	生物量密度/(t/hm²)		
	36.16	58.44		
人地关系	人口		石漠化		土地利用综合程度指数
	总人口/万人	人口密度/(人/km²)	总面积/km²	石漠化程度指数	
	2.74	442	30.92	3.99	216.78

耕地条件方面，全流域坝坡比为 6.72，低于岩溶峡谷区喀斯特小流域平均坝坡比近 1 个点，也明显低于岩溶峡谷+中起伏度+白云岩类喀斯特小流域 10.06 的平均坝坡比，流域优质坝子资源较少分布，加上县城区域建设用地对优质坝子资源的大量占用，全流域优质耕地资源严重缺乏。坡耕地方面，断桥小流域 (6°，10°] 范围内缓坡耕地为 3479.60 亩，(10°，15°] 范围是流域坡耕地资源主要赋存区域，规模为 11 152.47 亩，(15°，25°] 坡耕地达 2422.48 亩，25° 以上坡耕地仍存 328.09 亩，由此可见，断桥小流域坡耕地分布总量较大，尤其 15° 以上陡坡耕地仍大量存在。

从人地关系来看，断桥小流域总人口 2.74 万人，人口密度为 442 人/km²，较同类型岩溶峡谷+中起伏度+白云岩类喀斯特小流域平均人口密度高近 1 倍，小流域人口压力极大。从石漠化土地退化情况来看，流域石漠化土地总面积 30.92km²，约占流域总面积的 49.96%，即小流域一半的面积发生了石漠化土地退化，且流域石漠化相当严重，石漠化程度指数为 3.99。流域土地利用综合程度指数为 216.78，略低于同类型喀斯特小流域 221.86 的平均土地利用综合程度指数值，可见，尽管关岭县城位于断桥小流域内，但流域内严重的石漠化土地形成的大量荒草坡及裸露未利用岩土的存在，使流域总体土地利用程度处于较低水平。

11.5.3 调控策略

针对断桥小流域主要存在的白云岩广布、薄层土壤分布较多、地表水系（尤其是峡谷两侧高原面）不发达、工程性缺水严重、坡耕地大量存在、石漠化严重、人口压力大、优质坝子资源先天缺乏与人类活动不断占用导致土地承载力极低等主要问题，提出如下流域生态优化调控策略（图 11.9）。

（1）峡谷两侧高原面山体，以峰丛洼地系统为基本单元，开展以植被恢复为主要内容的生态建设，积极发展山体草食畜牧业。具体策略：针对高原面上白云岩山体水土资尖赋存条件差，林业生态建设难度大的特点，积极开展草地建设与改良，发展山地草食畜牧业；因地制宜开展微地形改造，形成水土资源的局部富集，提升其水土保持能力，在此基础上开展荒山造林育林工作，提高流域森林覆盖率与植被生产力水平；提升白云岩山体间洼地坝子的生产力水平，严格控制坝子内不透水表面的无序快速增加，做好其排涝工程建设，实现山间小坝子的高效利用；做好高原面城镇与乡村的污水与生活垃圾无害化处理工作；通过城镇化合理引导低土地承载力地区人口有序转移。

（2）峡谷两侧山体，以利用峡谷区域垂直落差大，水热条件多样的特点，以山地垂直带谱建设为重点，提升坡地水土保持能力与植被生产力水平，构建峡谷地带生态安全屏障。具体策略：峡谷两侧除石灰岩缓坡地间局部土壤富集的成块耕地用于保障居民基本生活所需的农作物生产外，突破营造林工程的坡度限制，做好峡谷两侧坡耕地的生态退耕工作，合理利用石灰岩坡地微负地形条件，因地制宜开展林业生态工程建设，通过补植、反复抚育、营造林等措施，提升坡地灌木林地的成林率与林木资源的生产力水平，阻止石漠化恶化趋势，形成岩溶峡谷大江大河流经地带良好的生态安全屏障格局。

（3）发挥峡谷底部水热资源优势，在白云岩山坡实施微地形改造，改善坡面立地条件与水土资源赋存格局，建设特色高效经济林，开展喜热作物种植，发展峡谷现代农业产业；发挥峡谷区垂直落差大与河谷水量丰富的优势，建设水电水利及提灌工程。

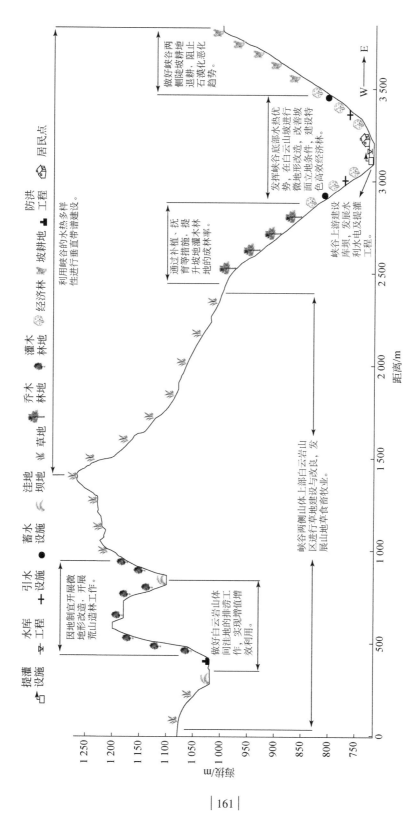

图11.9 断桥小流域生态优化调控策略样带布置

11.6　鸡场坪小流域生态优化调控策略

11.6.1　小流域概况

鸡场坪小流域位于贵州六盘水市盘县境内（25°55′28″N～26°1′13″N，104°36′5″E～104°42′37″E），地处鸡场坪、淤泥、松河、滑石等乡镇（图11.10），流域大部位于鸡场坪乡和淤泥乡，包括白龙洞、新村、罩子河、椅棋、岔河等村域。流域总体上呈向斜构造，核部（即流域中部）为三叠系中统关岭组白云岩地层，两翼为三叠系下统永宁镇组石灰岩地层，故流域为复合碳酸盐岩类小流域，在六盘水断陷构造作用下，形成北部高大山体，中南部下陷为盆地与丘陵地貌。流域水系发育较好，水资源赋存较好。

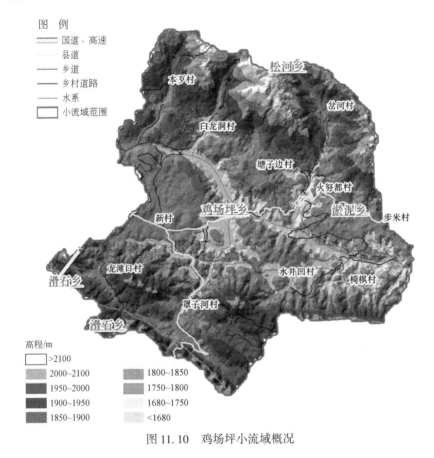

图 11.10　鸡场坪小流域概况

11.6.2 基本特征及其主要问题

鸡场坪小流域石灰岩地层主要分布于流域北、南两翼，占流域总面积的44.93%（表11.6），白云岩地层主要为分布于流域中部向斜核部的关岭组地层，占流域总面积的40.57%，流域东北部分布少量三叠系飞仙关组碎屑岩，占流域总面积的14.5%，流域属复合碳酸盐岩类型。流域厚层土比例为22.12%，中层土比例为46.97%，薄层土比例为30.91%，整体上为缺土类喀斯特小流域。流域最高海拔2269m，最低海拔1683m，地形起伏度为0.18，属中起伏度类型，如此地形条件下，流域北翼高大山体与南翼山冈均有地下水出露形成地表径流，全流域河网长度达65.61km，地表河网丰富度为0.84，流域总体上呈富水状态。植被赋存状况方面，流域总生物量为20.49万t，生物量密度为31.10t/hm²，明显低于岩溶断陷盆地区喀斯特小流域平均生物量密度水平，也低于同类型的岩溶断陷盆地+中起伏度+复合碳酸盐岩类喀斯特小流域平均生物量密度水平，流域植被赋存较差，植物生产力较低。

土地资源赋存状态方面，流域坝坡比为14.72，较岩溶断陷盆地区喀斯特小流域平均坝坡比高近1倍，也高于同类型岩溶断陷盆地+中起伏度+复合碳酸盐岩喀斯特小流域平均坝坡比1倍多，可见，鸡场坪小流域坝地耕地资源赋存量相对较高，流域单位土地人口承载力相对较大。坡耕地方面，鸡场坪小流域（6°，10°]与（10°，15°]范围内坡耕地分布规模最大，分别为24 771.87亩和20 517.33亩，是流域坡耕地资源主要赋存区域，（15°，25°]坡耕地为3853.65亩，25°以上坡耕地少量存在，总面积为57.69亩，由此可见，鸡场坪小流域坡耕地分布总量较大，但总体以缓坡耕地为主，陡坡耕地比例较低。

表 11.6 鸡场坪小流域基本特征

特征类型	特征指标及值			
岩性比例/%	灰岩	白云岩	灰岩与白云岩互层	碎屑岩
	44.93	40.57	0	14.50
地形特征	最高点/m	最低点/m	地形起伏度	
	2 269	1 683	0.18	
水资源赋存	河网长度/km	河网丰富度	类型	
	65.61	0.84	富水流域	
土壤赋存/%	厚层土比例	中层土比例	薄层土比例	类型
	22.12	46.97	30.91	缺土流域
耕地条件	坡耕地/亩				坝坡比
	（6°，10°]	（10°，15°]	（15°，25°]	（25°，100°]	14.72
	24 771.87	20 517.33	3 853.65	57.69	

续表

特征类型	特征指标及值			
植被状况	总生物量/万 t	生物量密度/(t/hm²)		
	20.49	31.10		
人地关系	人口		石漠化		土地利用综合程度指数
	总人口/万人	人口密度/(人/km²)	总面积/km²	石漠化程度指数	
	2.43	368	21.21	2.64	248.02

人地关系状态方面，鸡场坪小流域总人口 2.43 万人，人口密度为 368 人/km²，人口密度明显高于岩溶断陷盆地区喀斯特小流域 234 人/km² 的平均水平，也高于岩溶断陷盆地+中起伏度+复合碳酸盐岩类喀斯特小流域平均人口密度，总体上流域人口承载量较大。石漠化土地退化方面，鸡场坪小流域石漠化土地总面积为 21.21km²，约占小流域总面积的 32.19%，流域石漠化土地面积较大，流域石漠化程度指数为 2.64，总体上以轻度石漠化为主。流域土地利用综合程度指数达 248.02，土地利用效率相对较高，农业耕作与以农村居民点为主的建设用地分布规模较大。

11.6.3　调控策略

鸡场坪小流域主要存在地表植被覆盖率低、植被生产力水平低，高大山体上部林草覆盖低且石漠化严重，断陷盆地谷地区域人口承载量大、产业体系以传统低效农业为主等主要问题，流域生态优化调控策略如下（图 11.11）。

（1）断陷盆地北翼高大山体总体上以生态建设为主，丰富山体区域利用方式，提升山体区域生态服务价值。具体策略：山体上部开展草地建设与改良，辅以"集、蓄、引、用"等小型水利措施，加强地表水资源的集蓄利用，发展山体草食畜牧业；利用高山景观和独特的山地气候条件，积极发展山地旅游与风能等产业，丰富山体利用方式；山体向断陷盆地区域过渡的斜坡地带，以推进陡坡耕地的生态退耕为重点，大力推进 15° 以上坡耕地退耕工作，开展山体垂直带谱建设，对现存灌草坡地实施改造，提升林草覆盖度与植被生产力水平，在石灰岩出露区，利用石灰岩差异性风化产生的负地形微地貌单元，发挥其水土资源局部富集的优势，大规模开展营造林工程建设。总之，要念好断陷盆地两翼高大山体"山字经"，提升其直接和间接生态服务价值，建设断陷盆地生态屏障。

（2）断陷盆地谷地区域，重点做好坝地谷地的优化高效利用，提升其土地生产力水平与人口承载力。具体策略为：盆地谷地边缘，利用山体地下水资源常在此带出露的特点，做好盆地边缘泉点的集蓄引用与集约利用，解决人畜饮水及坝区农田生态系统灌溉用水需求；做好山体下部盆地谷地边缘滑坡、泥石流等地质灾害的防治与应对工作；开展盆地谷地沟道治理，搞好盆地防洪工程体系建设；严格控制盆地谷地优质耕地资源的建设利用，

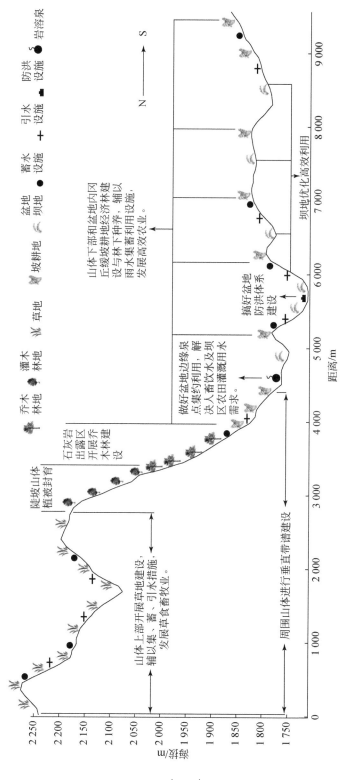

图11.11 鸡场坪小流域生态优化调控策略样带布置

开展乡村居民点整治，有效控制流域乡村建设用地的无序扩张占用坝地资源的趋势。

（3）提高断陷盆地区域冈地及缓坡地的利用效率，提升其生产力水平。具体策略为：在断陷盆地内部及除高大山体外另一翼的缓坡冈丘，由于其明显高于坝地地表径流自流水位，且岩性与土壤厚度不一，应因地制宜，以提升其生产力水平为核心，建设地表水资源集蓄引用工程，保障农业生产用水需求，积极开展坡改梯等土地整治工程，改善土壤赋存状况与土壤质量。在此基础上积极开展高效经济林建设，发展以种养为主的林下经济产业，建设现代高效农业产业体系，保证流域人民生活水平持续提高。

参 考 文 献

刘文兆. 2000. 小流域水分行为、生态效应及其优化调控研究方面的若干问题. 地球科学进展, 15（5）：541-544.

王腊春, 史运良, 汪文富, 等. 2000. 岩溶山区生态环境区划——以贵州普定县后寨河流域为例. 中国岩溶, 19（1）：90-96.

王世杰, 李阳兵, 李瑞玲. 2003. 喀斯特石漠化的形成背景、演化与治理. 第四纪研究, 23（6）：657-666.

Houdret A, Dombrowsky I, Horlemann L. 2014. The institutionalization of River Basin Management as politics of scale: Insights from Mongolia. Journal of Hydrology, 519（Suppl1）：2392-2404.

Menz M H, Dixon K W, Hobbs R J. 2013. Hurdles and opportunities for landscape-scale restoration. Science, 339（6119）：526-527.

Saleth R M. 2004. Introduction to special section on River Basin Management: Economics, Management, and Policy. Water Resources Research, 40（8）：282-299.

12 基于"二元"结构划分喀斯特小流域及研究展望

本研究提出在喀斯特地区特殊生态水文地质背景下，传统的仅依赖于地表地形的流域自动化提取方法是不真实的，它不能准确反映地表生态水文过程，因此，有必要形成新的适用于喀斯特地区的小流域提取方法。本研究聚焦于喀斯特地区生态水文背景，提出了用于提取喀斯特地区小流域的新方法。其主要分为以下五个步骤：①传统方法自动提取地表地形上的小流域（简称ATW）；②确定区域性溶蚀—侵蚀基准与流域出口；③确定喀斯特流域地表与地下主干水系；④确定干流流经区域的喀斯特碳酸盐岩透水层的水流方向；⑤修正自动提取的地表小流域的分水岭。该方法被运用于中国长江流域的一段支流地区（三岔河），结果表明：在喀斯特地区，通过比较传统自动方法提取的小流域与应用本研究提出的新方法提取的小流域在数量、形态、叠置关系特征，两种方法提取的小流域具有较强的不一致性。进一步，比较两种方法提取的小流域内部水文过程，自动提取的小流域存在较多错误，相反，应用本研究提出的新方法提取的喀斯特小流域则能更加准确地反映流域内部水文过程。根据上述研究结果，我们认为喀斯特地区最小流域单元应该是本研究提出的以溶蚀—侵蚀基准为出口的流域，在其内部进行更进一步的子流域划分可能存在与真实生态水文过程之间较强不一致性。

12.1 基于"二元"结构划分喀斯特小流域的重要意义

喀斯特是一种包括洞穴及在可溶岩作用下形成的地下水文系统的特殊地形（Ford and Williams，2007）。在岩性、构造等地质背景作用下，可溶碳酸盐岩在水动力的溶蚀与侵蚀作用下形成了地上与地下双层结构（杨明德，1982），这种结构驱动产生了喀斯特地区水文条件时空异质性（Meng et al.，2015）。在喀斯特山区，降雨通过竖井、落水洞、地下裂隙等快速转移到地下，个别地区渗透系数甚至达到80%以上（Liu and Li，2007；Meng and Wang，2010）；同时，土壤也在快速地流失和漏失（Febles et al.，2012）。相对于非喀斯特地区，在二元水文结构作用下喀斯特坡地地表径流量与土壤流失量较小，大多数降雨通过裂隙、地下管道等进入地下径流系统，而仅少部分形成地表径流（Peng and Wang，2012）。这些特殊的过程为喀斯特地区提供了多样的地下生境，如洞穴水流、地下水库、泉、地下裂隙等，影响着喀斯特的生物多样性（Bonacci et al.，2009）。大量针对喀斯特水文学、土壤侵蚀、水资源管理、生态系统等领域的研究都是以小流域为基本研究单元（Rimmer and Salingar，2006；Navas et al.，2013；McCormack et al.，2014），然而，许多研究并没有评估其所选择的小流域单元范围的准确性，或者少量水文地质学领域的研究也仅集中在单个岩溶泉的集水范围的确定上（Majone et al.，2004；Rimmer and Salingar，2006；Bailly-Comte et al.，2009；Mayaud et al.，2014；Malard et al.，2015；Yue et al.，2015；Wicks，1997；Ravbar and Goldscheider，2009；Navas et al.，2013；McCormack et al.，2014）。

综合来看，由于大范围尺度开展喀斯特小流域划分涉及水文学、地貌学、地质学、地理信息科学、遥感科学等多个学科，综合性较强，使其成为一个较难实现的科学难题，在此基础上开展信息综合与优化调控的科学性更待研究。因此，从国内外研究进展来看，开展大尺度喀斯特小流域划分、信息特征解剖，并在此基础上开展流域生态水文过程、区域生态建设与管理、流域优化调控模式建构等都是一个新的研究领域，一系列科学问题、研究方法、实践验证等都需求全新的思考。

12.2　基于"二元"结构的喀斯特小流域划分过程

本研究提出在喀斯特地区特殊生态水文地质背景下，传统的仅依赖于地表地形的流域自动化提取方法是不真实的，它不能准确反映地表生态水文过程，因此，有必要形成新的适用于喀斯特地区的小流域提取方法。本章将聚焦于喀斯特地区生态水文背景，提出了用于提取喀斯特地区小流域的新方法。其主要分为以下五个步骤：①自动提取地表地形上的小流域；②确定区域性溶蚀—侵蚀基准与流域出口；③确定喀斯特流域地表与地下主干水系；④确定干流流经区域的喀斯特碳酸盐岩透水层的水流方向；⑤修正自动提取的地表小流域的分水岭。该方法运用矢量地形、地质、水文地质数据以及高分辨率遥感数据源，结合 ArcGIS 平台以及必要的野外调查完成喀斯特小流域（为本研究提出的新方法提取的喀斯特小流域，简称 KW）的提取。

12.2.1　提取地表小流域

与传统的流域提取方法一致，此步骤在 ArcGIS 的水文分析工具集下自动完成（Martz and Garbrecht，1999），基本过程如下。

在 ArcGIS 9.3 or 10 中将 1：50 000DLGs（Digital Line Graphic）数据创建 TIN 并转换为 DEM 数据（DLGs to DEM，图 12.1），DEM 数据也可以来自于现存资料（如 ASTER DEM，SRTM DEM 等）；然后利用最常用的 D8 算法进行流向分配（Mark，1984；O'Callaghan and Mark，1984）。然而，在实际 DEM 产品中，由于错误数据或实际地形的真实洼地景观（尤其在喀斯特地区）存在着"凹陷"或"洼地"，因为它们周围栅格都高于这些洼地，导致洼地区域的径流不能流出，从而使提取的河网出现不连续，最终导致河流流向以及河网出现偏移错误（Nikolakopoulos et al.，2006；Jiang et al.，2014；Tarboton et al.，1991）。因此，需要预处理 DEM 数据而将数据中的洼地进行填充，使洼地栅格的高程值等于周围点的最低点的高程值。通过上述高程值修改过程，DEM 中所有栅格点的高程值均大于或等于最低出水口点的高程值，这样就创建了一个具有"水文学意义"的 DEM，保证了从 DEM 数据中提取的流域自然水系是连续的（李昌峰等，2003）。

应用 D8 算法，每个 DEM 栅格都能与它相邻的 8 个方向的栅格高程进行比较，坡度最陡的方向就是该栅格径流的方向（Kiss，2004；Jenson and Domingue，1988）。在 ArcGIS 中，通过流向计算后的栅格分别被标记为 1、2、4、8、16、32、64、128，以记录栅格的不同流向（flow direction，图 12.1）。在每个栅格点流向确定的基础上，通过计算汇聚到每个栅格点上的上游水流直接或间接流向该栅格点的栅格数目（flow accumulation，图 12.1），就确定了该栅格点的上游集水区面积。之后，根据一定区域的气候特征，选择集水栅格阈值作为上游给水区面积阈值，并将等于该阈值的栅格生成为水道的起始点，大于该阈值的栅格生成为水道（邱临静等，2012）。最后，根据预提取流域最低面积大小确定流域或子流域出口水，提取水流汇入该出口的流域所有栅格边界并将其转化为矢量多边形流域边界数据，完成地表小流域划分（Khan et al.，2014）。

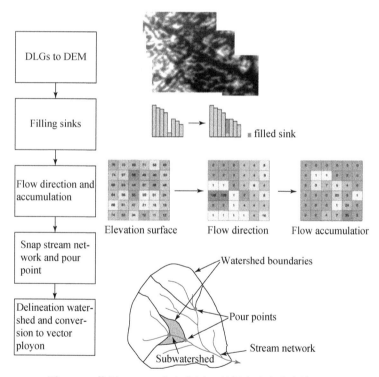

图 12.1　使用 ArcGIS 水文分析工具提出地表小流域过程

注：根据 ArcGIS 帮助文件整理

12.2.2　确定区域性溶蚀—侵蚀基准与流域出口

受控区域性构造活动影响，一定区域内形成了对水文地貌过程产生强烈影响的基准面

（Fitzpatrick，1998）。在喀斯特地区，由于区域内大部分地区是以邻近的大河河面为侵蚀基准（而非直接以海平面），再通过干流与海平面基准相联系（李德文和崔之久，2004）。同时，区域性构造抬升与河流强烈下切作用常在局部形成相对独立的赋水块段，每一块段一般都有独自的补给、径流和排泄，使喀斯特地区地下河或岩溶泉均在排泄基准面附近出露（杨明德，1982）。因此，在喀斯特地区，可以将地下河或岩溶泉出露地表转为永久性明流处作为该区域的溶蚀基准，其可以作为确定流域出口的起点（看图 12.2 A 处），而将区域内的大河主干河道作为区域性侵蚀基准线（看图 12.2 B 处），这样，连接溶蚀基准点与侵蚀基准线之间水系线即为区域性溶蚀—侵蚀基准线（看图 12.2 C 处），为了便于流域管理，将溶蚀—侵蚀基准线与大河主干河道的交叉处确定为喀斯特流域出口（看图 12.2 D 处）。

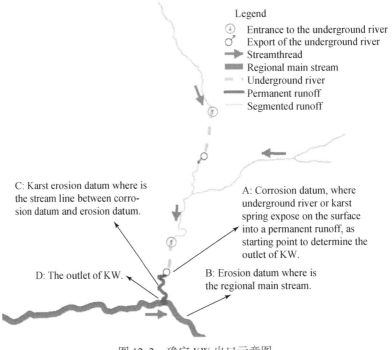

图 12.2　确定 KW 出口示意图

12.2.3　确定喀斯特流域地表与地下主干水系

如本书 10.2.2 节中所述，在喀斯地区区域性溶蚀—侵蚀基准下游地区，大河河道即为流域的干流，可以依据 DEM 自动提取；相反，在溶蚀—侵蚀基准上游地区，受喀斯特岩性与岩层组合背景以及断层、褶皱等地质构造作用，流域主干水系常常明流与伏流交替，而在伏流地区基于 DEM 自动提取的流域主干水系不正确率较高。因此，我们依据地形数据、高分辨率影像与水文地质调查资料，从上游河道开始到 KW 出口，对 ATW 的主干水系进行人工修正。修正过程见示例（图 12.3 左）：①ATW 上游碎屑岩区域，主干水系为地表径流河道，其在 a 处进入碳酸盐岩地区，主干水系转为地下河并流向②ATW 地区，地下河在 b 处遇碎屑岩隔水层后通过地下管道流向③ATW 地区，最后在④ATW 地区的 d 处流出地表，主干水系到达 KW 出口点而进入区域性大河（侵蚀基准）河道。依据高分辨率影像识别（图 12.3 右），在①ATW 的 a 处向东，②ATW 的 b 处向东和③ATW 的 c 处向南的自动提提取的主干水系径流线区并无地表径流，需对这些区域自动提取的地形上的主干水系进行人工修正而得到喀斯特流域地表与地下主干水系。

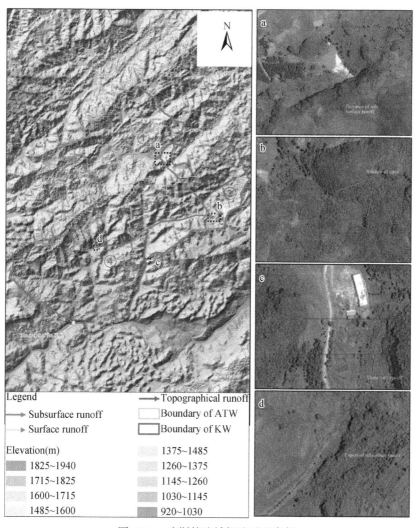

图 12.3 喀斯特流域提取过程案例

12.2.4 确定干流流经区域的喀斯特碳酸盐岩透水层的水流方向

在确定喀斯特流域地表与地下主干水系之后，确定其流经区域各个水文地质单元的水流方向成为提取 KW 的重要步骤。在非喀斯特地区，地下水的分水岭可以直接根据地表地形分水岭与遥感影像确定（Ford and Williams，2007）。然而，在喀斯特地区，地质背景决定了地下水流方向（Nico and David，2007）。因此，在流域非碳酸盐岩地区，水流方向由地表地形确定；而在碳酸盐岩地区，通过考虑岩性、构造等因素确定水流方向，以及采取地球物理调查、示踪实验、模型模拟等方法（Rugel et al.，2016），在此基础上对喀斯特碳酸盐岩透水层区域进行流域归属分配。

12.2.5　修正分水岭区域的流域边界

完成上述步骤工作以后，我们几乎完成了所有喀斯特水文地质单元的流域分配。为使分水岭地区界线更加准确反映喀斯特水文过程，我们需对一些通过自动提取的分水岭进行修正。修正过程存在两种情形：第一种情形，分水岭经过具有隔水作用的碎屑岩（非碳酸盐岩）地区以及地形起伏较大的斜坡地区，因其水文过程主要表现为地表径流，KW 的流域边界直接采用 ATW 的流域边界，即不对自动提取的分水岭进行修正；第二种情形，在

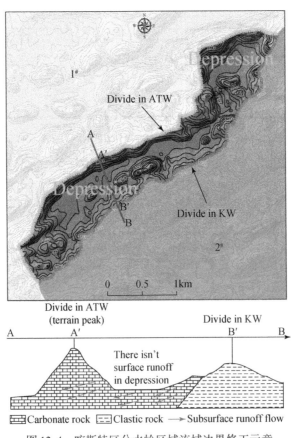

图 12.4　喀斯特区分水岭区域流域边界修正示意

水文过程表现为垂向渗透和地下径流为主的喀斯特地下溶蚀发育的碳酸盐岩地区（这些地区负地形发育程度高，以峰丛洼地为主要地貌形态），运用水文地质数据，结合高分辨率影像，依据12.2.4节中确定的水流方向，完成这些区域ATW边界修正。这里，我们举了一个例子（图12.4），在1#KW与2#KW之间的分水岭地区存在无地表径流的洼地地形，水文过程与地表地形完全不一致，洼地地形区地下径流通过A′（terrain peak）喀斯特碳酸盐岩地区的地下管道汇集到1#KW中，而流域的真实分水岭则经过B′所在的碎屑岩隔水层区域，因此，我们根据地下水文过程特征对流域分水岭进行了人工修正。

12.3 基于"二元"结构的喀斯特小流域划分实证

12.3.1 实证区域

本研究选择黔中高原面长江流域乌江支流上游三岔河中段所在区域作为研究对象（图12.5），研究区面积2193.14km²，研究区最高海拔1846m，最低海拔1042m。研究区位于亚热带季风气候区，受山地影响较大，年均降水量达1400mm，降水主要集中在夏季，年平均温度15.6℃。除缺失志留系、侏罗系、白垩系等地层外，从寒武系到第四系地层均有出露，出露岩层中，二叠系和三叠系地层占总面积的90%以上（表12.1），碳酸盐类岩石广泛分布，致使研究落水洞、溶洞、干谷等喀斯特景观广泛分布，岩溶发育强烈，喀斯特地貌类型多样，形成23条地下河。研究区1994年建成的夜朗湖水库，成为安顺市主要的饮用水源地（张军方等，2011），流经水库的三岔河根据本研究的方法，是研究区最大的河流，也是所流域区的侵蚀基准。

表 12.1 研究区各类地层出露情况

地层年代		地层出露百分比/%
新生界	第四系	3.4
	古近系与新近系	1.06
中生界	三叠系	64.04
古生界	二叠系	26.92
	石炭系	5.91
	泥盆系	0.5
	奥陶系	0.03
	寒武系	2.14

研究区所在的贵州省普定县是典型的喀斯特高原分布区，区内喀斯特地貌广泛分布，碳酸盐岩出露面积863.7km²，约占全县土地面积的79.2%。流域尺度上的喀斯特地上地下生态系统发育典型，研究价值高。生态环境退化、石漠化现象严重，生态环境脆弱，土

地垦殖率较高，人地矛盾突出。自20世纪50年代以来，普定县每年平均新增石漠化面积就达500hm²左右，由于新增的石漠化主要发生在陡坡耕作区，相当于全县每年人均减少耕地0.0013hm²，人地矛盾日趋突出。目前全县石漠化面积已达390.93km²（不含潜在石漠化面积），约占全县土地总面积的35.8%（碳酸盐岩出露面积的47.1%），其中轻度、中度、强度、极强度石漠化面积分别约占全县土地总面积的13.44%、14.74%、6.46%、1.18%，中度（裸岩面积50%以上）以上的石漠化面积约占全县土地总面积的22.3%。普定县处于长江水系和珠江水系分水岭地带，生态地位非常重要，石漠化现象日趋严重，导致长江、珠江流域上游地区水土流失加剧，严重威胁着中下游地区的生态安全。因此，大力开展长江水系、珠江水系石漠化综合治理，既是保障长江流域和珠江流域生态安全的需要，也是关系长江、珠江中下游经济社会可持续发展的重大战略问题。普定县是国家扶贫开发工作重点县，也是贫困面广、贫困户基数大、扶贫开发任务重的国家级重点贫困县之一，2012年末全县总人口46.66万人，农业人口43.27万人，年均收入2300元以下贫困人口15.22万人，贫困发生率35.97%。普定县是贵州省人口密度最大的县，人地矛盾最为突出，石漠化现象非常严重。

图12.5 实证区域位置与地形概况

12.3.2　主要数据来源与处理方法

我们的研究采用了环境地球化学国家重点实验室提供的 1：50 000DLGs 数据（被通过 ArcGIS 转化为 30m 分辨率 DEM），地质数据，以及通过水文地质测绘、水文地质钻探、水质实验、物探示踪等方法获取的水文地质调查数据，还有研究区高分辨遥感影像数据（分辨率<2m）。研究区 2012 年降水量数据由中国生态系统网络观测研究站（CERN，普定）提供。以上提到的这些数据源在 ArcGIS 中建立统一的坐标系统，以利于它们相互之间的空间分析。依据前面提到的方法在室内完成 KW 提取后，我们开展了大量野外考察，对小流域边界进行了现场验证。

12.4　KW（新方法）与 ATW（传统方法）数量与形态特征比较

数量方面，研究区喀斯特小流域共提取了 22 个，较基于 DEM 的地表小流域减少 7 个（图 12.6），流域数量上减少了 24%。从流域边界上看，研究区基于 DEM 的地表小流域边界总长为 1381.47km，喀斯特小流域边界总长为 1004.18km，两类小流域共享边界为 394.36km，共享边界约占地表小流域总数的 28.5%，约占喀斯特小流域总数的 39.27%。

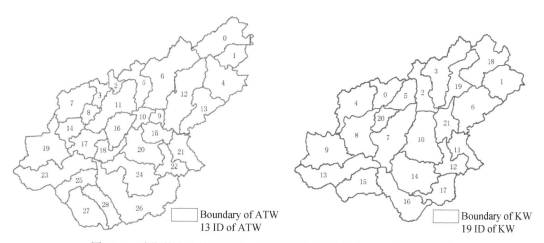

图 12.6　喀斯特小流域（KW）与自动提取小流域（ATW）的数量比较

从流域叠置关系上看，ATW 与 KW 两类流域达到耦合等级的流域数量为 9 个，不耦合也为 9 个，基本耦合为 4 个（表 12.2）。另外，除 3 号流域外，其他所有喀斯特小流域都叠置了至小两个以上地表小流域。

表 12.2　喀斯特小流域（KW）与自动提取小流域（ATW）的空间叠加关系评估

喀斯特小流域编号	面积/km²	自动提取小流域编号（图12.6）	进入该喀斯特小流域的自动提取小流域的最大面积/km²	重叠区域的百分比/%	耦合类型
0	29.91	2，3，11，8	15.31	51.19	不耦合
1	48.35	1，4	47.03	97.28	耦合
2	37.14	5，6，10，11，9	27.93	75.20	半耦合
3	65.46	6	65.46	100.00	耦合
4	52.80	7，8，14	45.92	86.95	半耦合
5	26.86	11	26.86	100.00	耦合
6	65.57	4，12，13	42.99	65.56	不耦合
7	72.98	5，10，16，17，18，24，26，11	33.41	45.78	不耦合
8	59.29	7，8，14，17，19，23，11	25.11	42.35	不耦合
9	62.32	19，23	56.83	91.20	耦合
10	71.73	9，10，16，20，24，15	46.97	65.48	不耦合
11	30.35	21，22	30.28	99.76	耦合
12	31.45	15，20，22，26，21	26.22	83.40	半耦合
13	66.39	23，26	65.51	98.67	耦合
14	67.80	20，24，26	55.12	81.31	半耦合
15	44.71	23，25，28，27	31.09	69.53	不耦合
16	57.16	25，26，28	55.86	97.71	耦合
17	34.92	22，24，26	33.96	97.24	耦合
18	59.23	0，1，12，13，4	23.75	40.10	不耦合
19	37.96	6，9，12	21.70	57.17	不耦合
20	17.07	3，8，11	16.60	97.27	耦合
21	32.28	9，12，20，15	14.45	44.77	不耦合

注：比例<70 为不耦合；70≤叠加比例<90 为半耦合；90≤叠加比例为耦合

综上所述，受喀斯特地区特殊生态水文地质背景作用，喀斯特地区 ATW 与 KW 在流域数量、边界、叠置关系等形态特征方面都具有较大的差异性。

12.5 KW（新方法）与 ATW（传统方法）
水文过程特征对比

从流域内部13处已获取流量数据的地下河（或喀斯特泉）平水期（5月~10月）流量与其上游集水区域面积的线性相关关系来看，在 KW 中，平水期流量与其上游集水区域面积的线性相关系数（R^2）为 0.84，明显高于 ATW 的 0.65（图 12.7）。另外，根据表 12.3，从 13 处地下河（或喀斯特泉）上游集水区域大气降水转换为地下径流的比例来看，$2^{\#}$、$3^{\#}$、$4^{\#}$、$5^{\#}$、$6^{\#}$、$7^{\#}$、$8^{\#}$、$9^{\#}$、$10^{\#}$、$11^{\#}$以及总的 R_{ATW} 均高于 100，说明其通过自动提取的流域上游集水区过小；相应的，13 处地下河（或喀斯特泉）R_{KW} 全部低于 100，说明我们提取的喀斯特小流域是合理的。

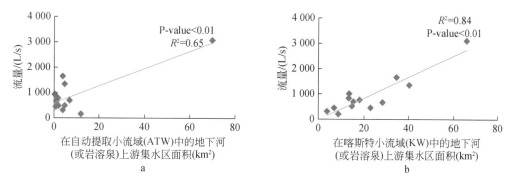

图 12.7 在两种方法提取的小流域（ATW 和 KW）中的地下河（或岩溶泉）
流量与上游集水区面积之间的相关关系

表 12.3 在两种方法提取的小流域（ATW 和 KW）中的地下河（或岩溶泉）
上游集水区域大气降水转换为地下水的渗透效率

No.	D	A_{KW}	A_{ATW}	R_{ATW}	R_{KW}
$1^{\#}$	3 076.00	65.57	69.92	58.42	62.29
$2^{\#}$	1 634.20	34.69	4.01	540.96	62.56
$3^{\#}$	1 331.10	40.31	4.61	383.29	43.85
$4^{\#}$	940.20	13.72	0.07	16 970.80	90.97
$5^{\#}$	832.51	13.05	1.16	956.17	84.72
$6^{\#}$	740.00	18.22	1.93	508.47	53.94
$7^{\#}$	660.60	15.14	6.76	129.73	57.92
$8^{\#}$	632.49	28.30	1.27	663.94	29.68
$9^{\#}$	496.40	14.57	4.95	133.25	45.24
$10^{\#}$	450.00	22.94	2.31	258.45	26.05

No.	D	A_{KW}	A_{ATW}	R_{ATW}	R_{KW}
11[#]	424.00	7.48	0.89	634.45	75.30
12[#]	279.80	4.21	3.93	94.51	88.18
13[#]	157.50	9.01	12.19	17.16	23.22
Sum	11 654.80	287.22	113.99	135.77	53.88

注：No. 是地下河（或岩溶泉）的编号，D 是平水期（5 月~10 月）径流量（L/s），A_{KW} 代表该地下河（或岩溶泉）在喀斯特小流域中的上游集水区面积（KW，km²），A_{ATW} 代表该地下河（或岩溶泉）在自动提取的小流域中的上游集水区面积（KW，km²），R_{ATW} 是自动提取的小流域中的地下河（或岩溶泉）上游集水区域大气降水转换为地下水的渗透效率（%），相应的，R_{KW}（%）是喀斯特小流域中的地下河（或岩溶泉）上游集水区域大气降水转换为地下水的渗透效率（%）。

$$R_{KM} = \frac{\dfrac{D}{A_{KM}} \times T \times r}{p} \times 100$$

$$R_{ATM} = \frac{\dfrac{D}{A_{ATM}} \times T \times r}{p} \times 100$$

式中，T 平水期（5 月~10 月）总的时间（秒）；r 是在 D，A，T 之间的单位转换系数；p 是研究区平水期（5 月~10 月）的总降水量，根据普定县喀斯特生态系统观测研究站记录，合计为 1197.2 mm。

12.6 基于"二元"结构的喀斯特小流域划分方法应用展望

基于上述研究结果，我们认为，自动提取小流域的方法因其数据源获取的便利性以及提取过程的自动化，在国际上得到水文学家、地质学家、生态学家的广泛认可与应用。但在生态水文地质背景复杂、地表与地下二元结构差异较大的喀斯特地区，本研究提出的小流域提取方法，既继承了传统自动提取方法对地形准确表达以及快速自动化方面的优势，又充分考虑了喀斯特地区特殊的生态水文地质背景。其提取的喀斯特小流域在区域水资源管理、生态建设、土地利用管理等方面具有更高的应用价值，值得引起国际同行科学家与政府管理者的重视。此外，在本研究提出的方法的基础上，进一步提高喀斯特流域提取的自动化水平应该成为我们今后研究的重点领域。

12.6.1 方法的创新性

因为数据获取的方便性与提取过程的自动化，自动提取小流域的方法被国际上的水文学家、地质学家、生态学家方泛接受。然而，由于特殊生态水文地质背景下形成地上地下二元结构（杨明德，1982），传统自动提取小流域的方法往往造成小流域范围内生态水文过程信息评估的不准确性。为克服这种不足，这研究提出基于喀斯特水文地质背景与 DEM 来提取小流域。这种创新性的方法既利用了传统流域提取方法的地形表达准确度高、提取速度快的优点，也兼顾了考虑了喀斯特地区特殊的生态水文地质背景。

提取基于二元结构的喀斯特小流域的五个步骤，结合了地质、地貌、水文等多学科方法。一方面，这种方法拓展了当前流域提取方法，继承了基于3S和数字地形数据提供流域的优势（Hollenhorst et al.，2007；Seyler et al.，2009）：①DEM数据（如Shuttle Radar Topography Mission DEMs and the Advanced Spaceborne Thermal Emission、Reflection Radiometer-Global Digital Elevation Model等）是很容易获取的（Jarihani et al.，2015）；②以DEMs为基础数据源，不仅对沟壑、坡面、分水线、河道等地貌信息能自动化准确刻画，而且空间尺度从全球到小地方区域也便于实施（Wilson and Gallant，2000）。另一方面，在喀斯特水文学与喀斯特水文地质学研究领域，通常都是应用地质学与地球化学方法提取单一喀斯特泉或地下河的流域范围（Bonacci et al.，2009；Wolaver et al.，2008），其得出的流域边界信息往往也是比较准确的，也考虑了喀斯特独特的二元结构，但其缺陷是，由于时间、人力、财力等多方面原因，要进行大地理区域尺度开展喀斯特流域划分工作就很难付诸实践。因此，本研究提出的基于二元结构的喀斯特流域提取方法既考虑了喀斯特二元结构，也可运用到多空间尺度的喀斯特小流域提取工作中，是多种学科的交叉方法。

12.6.2　关于喀斯特小流域最小单元确定的重要意义

在地形学领域，流域提取的关键是流域径流网络的划分，而径流网络能够分成不同等级，相应的，提取的流域也能分成不同等级（Fürst and Hörhan，2009）。进一步，基于DEMs提取径流网络最关键的则是河道出水源头的生成（Vogt et al.，2003），因此，产生河道源头的集水区阈值不同，其提取的径流网络以及流域的大小、等级也不一致。

由于喀斯特地形地貌主要受地质背景、第四纪以来的地质事件以及全新世以来的地表过程等三个方面的影响（Viles，2003），在一些区域，受岩性与地质构造运动作用，在地壳上升与长期溶蚀过程作用下，地表径流必然进入地下（Pitty，1968），如此导致仅考虑地表地形提取的小流域与实际自然过程不一致。很显然，喀斯特地区这种背景下的小流域不应被进一步划分为不同等级。因此，本研究提出的喀斯特最小流域单元的流域出口应为区域性的溶蚀与侵蚀基准，这样才能确保提取的喀斯特小流域所反映的喀斯特地上地下二元结构的生态水文地质过程信息的准确性。

12.6.3　方法的适用性

本研究提出的基于地上地下二元结构的喀斯特小流域提取方法应该被优先用于封闭型洼地、地下径流系统发育程度高、地表水地下水交换强烈的地区（Bonacci et al.，2009）。相反，对于一些冰雪覆盖的喀斯特地区（如青藏高原、阿尔卑斯高山、科迪勒拉喀斯特山区等），由于较低的溶解度与次生孔隙率，喀斯特溶蚀作用并不是喀斯特地貌发育的主要因素，导致这些地区喀斯特地上地下二元结构不明显（Zhang 1996；Plan et al.，2009；Viles，2003），以及坡度较陡的喀斯特地区（如青藏高原东部边缘向四川盆地过渡的山区），喀斯特水文过程以地表径流为主，地下喀斯特过程发育程度较低。在这两类喀斯特地区，流域可以基于地表地形采用传统方法来提取。

此外，本研究提出的喀斯特小流域提取方法在区域水资源管理、生态建设、土地利用管理等方面也有较强的应用价值。基于此，这个方法能够被全世界同行科学家以及政府管理者所应用。当然，如何进一步提高本研究提出的喀斯特小流域提取方法的自动化水平也是今后方法优化的重要方向。

参 考 文 献

李德文，崔之久．2004．岩溶夷平面演化与青藏高原隆升．第四纪研究，24（1）：58-66.

邱临静，郑粉莉，Runsheng Y．2012．DEM 栅格分辨率和子流域划分对杏子河流域水文模拟的影响．生态学报，32（12）：3754-3763.

杨明德．1982．论贵州岩溶水赋存的地貌规律性．中国岩溶，（2）：81-91.

张军方，冯新斌，闫海鱼，等．2011．夜郎湖水库水体不同形态汞的时空分布．生态学杂志，30（5）：969-975.

Bailly-Comte V，Jourde H，Pistre S．2009．Conceptualization and classification of groundwater-surface water hydrodynamic interactions in karst watersheds：Case of the karst watershed of the Coulazou River（Southern France）．Journal of Hydrology 376：456-462.

Bonacci O，Pipan T，Culver D C．2009．A framework for karst ecohydrology．Environmental Geology，56（5）：891-900.

Febles J M，Vega M B，Amaral N M，et al．2012．Soil loss from erosion in the next 50 years in karst regions of Mayabeque province，Cuba．Land Degradation & Development，25（6）：573-580.

Fitzpatrick F A．1998．Geomorphic and hydrologic responses to vegetation，climate，and base level changes，North Fish Creek，Wisconsin．Madison：University of Wisconsin-Madison.

Ford D，Williams P D．2007．Karst Hydrogeology and Geomorphology．Chichester：John Wiley & Sons.

Fürst J Hörhan．2009．Coding of watershed and river hierarchy to support GIS-based hydrological analyses at different scales．Computers & Geosciences，35：688-696.

Hollenhorst T P，Brown T N，Johnson L B，et al．2007．Methods for generating multi-scale watershed delineations for indicator development in great lake coastal ecosystems．Journal of Great Lakes Research，33（3）：13-26.

Jarihani A A，Callow J N，McVicar T R，et al．2015．Satellite-derived Digital Elevation Model（DEM）selection，preparation and correction for hydrodynamic modelling in large，low-gradient and data-sparse catchments．Journal of Hydrology，524：489-506.

Jenson S K，Domingue J O．1988．Extracting topographic structure from digital elevation data for geographic information-system analysis．Photogrammetric Engineering and Remote Sensing，54（11）：1593-1600.

Jiang Z C，Lian Y Q，Qin X Q．2014．Rocky desertification in Southwest China：impacts，causes，and restoration．Earth-Science Reviews，132：1-12.

Khan A，Richards K S，Parker G T，et al．2014．How large is the upper indus basin? the pitfalls of autodelineation using dems. Journal of Hydrology, 509 (4) : 442-453.

Kiss R. 2004. Determination of drainage network in digital elevation models, utilities and limitations. Geomathematics, (2) : 16-29.

Liu Y H, Li X B. 2007. Fragile Eco-environment and Sustainable Development. Beijing: The Commercial Press.

Malard A, Jeannin P, Vouillamoz J, et al. 2015. An integrated approach for catchment delineation and conduit-network modeling in karst aquifers: application to a site in the Swiss tabular Jura. Hydrogeology Journal, 23 (7) : 1-17.

Mark D M. 1984. Automated detection of drainage networks from digital elevation models. Cartographica, 21: 168-178.

Martz L W, Garbrecht J. 1992. Numerical definition of drainage netw ork and subcatchment areas from digital elevation models. Computers & Geosciences, 18 (6): 747-761.

Martz L W, Garbrecht J. 1999. An outlet breaching algorithm for the treatment of closed depressions in a raster DEM. Computers & Geosciences, 25 (7) : 835-844.

Mayaud C, Wagner T, Benischke R, et al. 2014. Single event time series analysis in a binary karst catchment evaluated using a groundwater model (Lurbach system, Austria) . Journal of Hydrology, 511: 628-639.

McCormack T, Gill L W, Naughton O, et al. 2014. Quantification of submarine/intertidal groundwater discharge and nutrient loading from a lowland karst catchment. Journal of Hydrology, 519 : 2318-2330.

Meng H H, Wang L C. 2010. Advance in karst hydrological model. Progress in Geography, 29 (11) : 1311-1318.

Meng X, Yin M, Ning L, et al. 2015. A threshold artificial neural network model for improving runoff prediction in a karst watershed. Environmental Earth Sciences, 74 (6) : 1-10.

Navas A, López-Vicente M, Gaspar L, et al. 2013. Assessing soil redistribution in a complex karst catchment using fallout 137Cs and GIS. Geomor, 196: 231-241.

Nico G, David D. 2007. Methods in karst hydrogeology. London: Taylor & Francis Group.

Nikolakopoulos K G, Kamaratakis E K, Chrysoulakis N. 2006. SRTM vs ASTER elevation products: Comparison for two regions in Crete, Greece. International Journal of Remote Sensing, 27 (21) : 4819-4838.

O'Callaghan J F, Mark D M. 1984. The extraction of drainage networks from digital elevation data. Computer Vision Graphics & Image Processing, 28 (3) : 323-344.

Peng T, Wang S J. 2012. Effects of land use, land cover and rainfall regimes on the surface runoff and soil loss on karst slopes in Southwest China. Catena, 90 (1) : 53-62.

Pitty A F. 1968. Calcium carbonate content of karst water in relation to flow-through time. Nature, 5132: 939-940.

Plan L, Decker K, Faber R, et al. 2009. Karst morphology and groundwater vulnerability of high alpine karst plateaus. Environmental Geology, 58 (2) : 285-297.

Ravbar N, Goldscheider N. 2009. Comparative application of four methods of groundwater vulnerability mapping in a Slovene karst catchment. Hydrogeology Journal, 17 (3) : 725-733.

Rimmer A, Salingar Y. 2006. Modelling precipitation-streamflow processes in karst basin: The case of the Jordan River sources, Israel. Journal of Hydrology, 331 (3) : 524-542.

Rugel K, Golladay S W, Rhett J C, et al. 2016. Delineating groundwater/surface water interaction in a karst watershed: Lower Flint River Basin, Southwestern Georgia, USA. Journal of Hydrology Regional Studies,

5 (5)：1-19.

Seyler F，Muller F，Cochonneau G，et al. 2009. Watershed delineation for the Amazon sub-basin system using GTOPO30 DEM and a drainage network extracted from JERS SAR images. Hydrological Processes，23 (22)：3173-3185.

Tarboton D G，Bras R L，Rodriguez-Iturbe I，et al. 1989. The analysis of river basins and channel networks using digital terrain data. Massachusetts Institute of Technology，146：247-248.

Tarboton D G，Bras R L，Rodriguez-Iturbe I. 1991. On the extraction of channel networks from digital elevation data. Hydrological Processes，5 (1)：81-100.

Viles H A. 2003. Conceptual modeling of the impacts of climate change on karst geomorphology in the UK and Ireland. Journal for Nature Conservation，11 (1)：59-66.

Vogt J V，Colombo R，Bertolo F. 2003. Deriving drainage networks and catchment boundaries：A new methodology combining digital elevation data and environmental characteristics. Geomathematics，53：281-298.

Wicks C M. 1997. Origins of groundwater in a Fluviokarst basin：Bonne Femme basin in central Missouri，USA. Hydrogeology Journal，5 (3)：89-96.

Wilson J P，Gallant J C. 2000. Terrain Analysis：Principles and Applications. New York：John Wiley & Sons Ltd.

Wilson J P，Lorang M S. 1999. Spatial models of soil erosion and GIS// Fotheringham A S，Wegener M. Spatial Models and GIS：New Potential and New Models. London：Taylor & Francis.

Wolaver B D，Sharp J J M，Rodriguez J M，et al. 2008. Delineation of Regional Arid Karstic Aquifers：An Integrative Data Approach. Ground Water，46：396-413.

Yue F J，Li S L，Liu C Q，et al. 2015. Sources and transport of nitrate constrained by the isotopic technique in a karst catchment：An example from Southwest China. Hydrological Processes，29 (8)：1883-1893.

Zhang D. 1996. A morphological analysis of Tibetan limestone pinnacles：Are they remnants of tropical karst towers and cones. Geomorphology，15 (1)：79-91.

13 | 结论与展望

13.1 主要研究结论

小流域是喀斯特地区生态管理与基础研究的基本空间单元，也是水土流域防治与石漠化治理的基本空间单元，因此，划分喀斯特小流域单元，分析喀斯特小流域信息特征，构建基于喀斯特小流域关键脆弱性的生态优化调控模式，从理论研究和实践应用方面都具有重要意义。本研究以贵州省为研究区域，以 1∶50 000 数字化 DLG、水文地质图、地质图、石漠化分布图、土壤类型空间分布图、多源多时相多分辨率遥感影像、人口普查数据等为基础数源，结合上述数据提取的衍生信息数据，如土地利用、生物量、岩性、地貌区、坡度、人口密度、水网等矢量空间化数据，运用 3S 技术与野外调查，完成了贵州省小流域提取、空间形态信息特征分析、流域类型划分、关键因子解剖、生态优化调控模式构建等方面的研究工作，并在此基础上开展基于喀斯特二元结构的小流域划分方法研究与试验论证，得出的主要结论如下。

13.1.1 贵州省小流域数量与形态特征

采用贵州省 20m 高程间距 1∶50 000 数字化等高线地形图数据为基础数据，通过 DEM 制作、洼地填充、汇流累积、河道水头阈值确定、河网提取、分水岭划分、流域提取与制图、图谱核准等程序，提取了贵州小流域空间分布信息。贵州全省共划分为 3882 个小流域，分布在北盘江、赤水河—綦江、红水河、柳江、南盘江、北盘江、牛栏江—横江、乌江、沅江八大流域。

贵州 1、2 级小流域分布范围约占全省喀斯特小流域总面积的 67.29%，表明复杂而多样的喀斯特地貌特征导致河流分布较散而短，结构性不强，使高等级流域范围总体较小，而源头型低等级流域较多。在八大流域中，喀斯特小流域具有等级特征明显、流域结构复杂、多样性突出、受水文地质背景控制强等典型特征，低等级源头型喀斯特小流域占控制优势。

形态方面，全省喀斯特小流域地形总体趋陡，呈现"中缓周陡，中心四片缓、三带三片陡"的坡度特征。以河源与支流地区所在小流域坡度总体上低于以干流区域为主的小流域坡度，干流区域水土流失防控任务可能更加艰巨。在西高东低的地势特征与北东向构造线为主的形变类型共同作用下，南东向和北西向为主坡向的小流域数分别为 957 个和 757

个，约占全省喀斯特小流域的 44.15%，成为贵州喀斯特小流域主要坡向类型，且两种小流域类型自西北向东南沿北东向构造线相间分布；全省喀斯特小流域相对高差总体上呈现"中低周高"的空间分布特征，相对高差 1000m 以上的喀斯特小流域主要分布在黔北向四川盆地过渡的斜坡地带以及黔东北喀斯特槽谷地区、西部及西南部北盘江流域河谷深切地区、黔东南非喀斯特河谷深切地区，相对高差在 400m 以下的小流域主要分布在黔中高原面，其中以安顺至贵州一线集中分布；黔中高原面以狭长型小流域为主要类型，周边区域的斜坡地区小流域狭长度不及黔中地区，红水河流域、南盘江流域、北盘江流域的延长系数分别为 2.14、2.05、1.99，均高于其他五大流域，小流域形状狭长，有利于洪水集中。

13.1.2 喀斯特小流域分类方法与分类结果

对喀斯特小流域类型进行科学划分，既是喀斯特小流域生态建设的实践需要，也为科学分析喀斯特小流域脆弱生态地质环境背景、构建符合各类喀斯特小流域水土空间配置规律的治理措施提供基础支撑。本研究充分考虑喀斯特地区特殊地质环境背景，按照非地带性地质背景主控，分区与分类相结合，宏观、中观、微观相结合的三个原则，选择地貌类型、地形起伏度、岩性组合三类指标，构建了"地貌+地形起伏度+岩性"的喀斯特小流域分类体系。该体系既准确反映喀斯特小流域水土资源的宏观配置格局，也较好地表达了喀斯特小流域及其内部微地形区的水土资源赋存状态与分布规律。

贵州省小流域按地貌分区分别归属断陷盆地区、岩溶峡谷区、峰丛洼地区、岩溶高原区、岩溶槽谷区和非喀斯特区 6 种区域，除非喀斯特区之外的 5 个地貌区小流域总数为 3402 个，约占全省小流域总数的 87.64%；低起伏度小流域共 1288 个，总面积 4.49 万 km^2，中起伏度小流域共 1854 个，总面积 8.27 万 km^2，高起伏度小流域共 740 个，总面积 4.38 万 km^2；石灰岩流域共 1690 个，总面积 7.15 万 km^2，复合碳酸盐岩流域共 1108 个，总面积 5.5 万 km^2，白云岩流域共 363 个，总面积 1.34 万 km^2。全省碳酸盐岩性喀斯特小流域共 3161 个，总面积 13.99 万 km^2，约占全省土地面积的 79.44%。

按照本研究确定的"地貌+地形起伏度+岩性"的喀斯特小流域类型划分方案，贵州共划分出 67 种小流域类型。其中，岩溶断陷盆地+中起伏度+复合碳酸盐岩等 19 种小流域类型共 2454 个，总面积 11.06 万 km^2，分别约占全省小流域总面积和总数量的 74.04% 和 72.13%。

八大流域的主要喀斯特小流域类型方面，乌江流域以岩溶高原、岩溶槽谷、中低起伏度及石灰岩、复合碳酸盐岩类小流域为主；北盘江流域小流域以岩溶峡谷、中高起伏度及石灰岩、复合碳酸盐岩类小流域为主；南盘江流域小流域以峰丛洼地、中低起伏度及复合碳酸盐岩类小流域为主；红水河流域小流域以峰丛洼地与岩溶高原、中低起伏度、石灰类小流域为主；柳江流域喀斯特小流域以峰丛洼地与岩溶高原、中高起伏度、石灰岩类小流域为主；沅江流域喀斯特小流域以岩溶槽谷、中低起伏度及白云岩类小流域为主；牛栏江—横江流域小流域以岩溶峡谷、中起伏度及石灰岩类小流域为主。总体来看，八大流域各类碳酸盐岩类小流域边界条件较非喀斯特小流域复杂。

13.1.3　各类型喀斯特小流域水、土、生物量特征

水资源赋存方面，除非喀斯特地貌区外，其他所有地貌类型区小流域亏水与严重缺水类小流域分布数量与规模都在 70% 以上，在喀斯特区域构造背景控制下呈现区域整体性地表水欠缺。其中，峰丛洼地与岩溶峡谷区喀斯特小流域严重缺水程度高，岩溶槽谷与岩溶高原区喀斯特小流域缺水范围广。地形起伏度与水资源赋存状况关系方面，地形起伏越大，地表河网丰富程度越低，地表水资源越加匮乏；白云岩类喀斯特小流域地表河网的丰富度较高，石灰岩类喀斯特小流域地表河网丰富度较低。总之，地表河网丰富度受喀斯特地貌背景、地表地形起伏状况、流域岩性叠置关系的影响较大。在上述因素综合作用下，各地貌区内存在地表河网丰富度的异质性较高，各类型喀斯特小流域地表水资源赋存量的多样性明显。

在不同喀斯特地貌区，喀斯特小流域土壤赋存量存在明显差异。峰丛洼地区喀斯特小流域严重缺土程度最深，岩溶槽谷区喀斯特小流域土壤赋存量最大，岩溶断陷盆地区缺土喀斯特小流域在该区域分布比例最大，岩溶高原与岩溶峡谷缺土喀斯特小流域总量最大，范围最广；喀斯特小流域起伏度与土壤赋存量之间的关系密切，厚层土占小流域总面积的比例随小流域起伏度增加而降低，而中层土与薄层土在小流域分布比例随小流域起伏度增加而增加；白云岩类小流域厚层土平均分布比例最大，为 29.88%，复合碳酸盐岩与石灰岩类小流域厚层土平均分布比例为 26.20% 和 25.44%。

贵州喀斯特小流域植被生物量总量为 6.67 亿 t，生物量密度为 47.69t/hm²，全省喀斯特小流域地表植被生物量总体偏低，生物量密度在小流域间的差异明显；全省喀斯特小流域总生物量具有“中起伏度喀斯特小流域高，低、高起伏度喀斯特小流域低”的特点；全省白云岩小流域总生物量为 0.64 亿 t，复合碳酸盐岩类小流域为 2.67 亿 t，石灰岩类小流域为 3.36 亿 t，生物量密度在不同岩性小流域间差异较小。

13.1.4　各类型喀斯特小流域土地利用特征

全省喀斯特小流域坡耕地总量为 5404.93 万亩，约占全省耕地总面积的 78.91%，喀斯特小流域坡耕地成为全省耕地资源的主要组成部分，所有地貌类型区喀斯特小流域坡耕地平均分布比例较大，坡耕地的大量存在成为制约喀斯特小流域生态服务价值提升的重要制约因素。低起伏度喀斯特小流域坡耕地主要分布在流域 10° 以下的缓坡地带，中起伏度喀斯特小流域（10°，15°］范围内坡耕地分布总量最大，高起伏度喀斯特小流域在（15°，25°］范围内坡耕地分布总量最大，25° 以上坡度范围内，随着喀斯特小流域地形起伏度增加。总体上不同起伏度喀斯特小流域坡耕地分布比例差异不大，但喀斯特小流域起伏度不

同，坡耕地主要分布坡度带变化明显。白云岩小流域坡耕地在（6°，10°］分布优势明显，而复合碳酸盐岩类小流域坡耕地在（10°，15°］范围内分布比例较白云岩类小流域明显增加，石灰岩类小流域在15°以上坡度带的坡耕地占该岩性喀斯特小流域总面积的比例为三种岩性喀斯特小流域的最大值。

贵州省千亩以上坝子共1627个，总面积为4768.30km²，约占全省土地面积的2.71%，平均面积2.93km²（约4396亩），可见，坝子总量少、总面积小是贵州的基本省情。岩溶高原区喀斯特小流域平均坝坡比分别为17.28%，明显高于其他喀斯特地貌区。峰丛洼地区喀斯特小流域整体上具有"坝子分布数量相对较多，坝子规模的差异相对较小"的特点。岩溶槽谷区无坝喀斯特小流域最多，为85个。全省喀斯特小流域坝坡比与地形起伏度之间呈指数相关关系；岩性方面，白云岩类喀斯特小流域平均坝坡比最大，达20.09%，复合碳酸盐岩与石类岩小流域相当，分别为12.99%和11.66%。

土地利用综合程度方面，峰丛洼地、岩溶槽谷、非喀斯特三类地貌区喀斯特小流域土地利用综合程度较低，而岩溶断陷盆地、岩溶高原、岩溶峡谷三类地貌区喀斯特小流域土地利用综合程度较高。喀斯特小流域地形起伏度越大，土地利用综合程度指数平均值越小。白云岩类喀斯特小流域土地利用综合程度指数值明显高于石灰岩类小流域。

13.1.5 各类型喀斯特小流域人地关系特征

本研究运用人口空间化处理方法，计算了喀斯特小流域人口分布情况。全省喀斯特小流域平均人口数为0.98万人，人口密度为222人/km²，人口承载量明显高于非喀斯特小流域。峰丛洼地区、岩溶槽谷区喀斯特小流域人口密度明显低于全省平均水平，岩溶断陷盆地、岩溶高原、岩溶峡谷区喀斯特小流域人口密度高于全省平均水平。中、低起伏度喀斯特小流域为贵州喀斯特地区承载人口的主要小流域类型。复合碳酸盐岩类小流域从人口承载量、人口密度、平均小流域人口数等方面均占优势，其为贵州喀斯特地区主要的人口分布小流域类型。

全省喀斯特小流域石漠化土地总面积为299.92万hm²，约占全省石漠化土地总面积的99.18%，几乎全部石漠化土地均分布在喀斯特小流域中。峰丛洼地区喀斯特小流域石漠化土地分布规模大、严重程度高；岩溶槽谷区喀斯特小流域石漠化土地分布规模大、单个小流域石漠化面积大，但区域尺度石漠化土地比例低、严重程度轻；岩溶断陷盆地地区石漠化土地总量少、区域比例大、严重程度高；岩溶高原区喀斯特小流域石漠化土地总量大、比例高、小流域平均规模高；岩溶峡谷区喀斯特小流域石漠化土地分布规模大、流域比例高、严重程度高。中起伏度喀斯特小流域石漠化土地分布规模大，低起伏度喀斯特小流域石漠化严重程度高于中高起伏度喀斯特小流域。单一岩性类型的喀斯特小流域石漠化发生规模与严重程度较复合岩性类型小流域高。

13.1.6　乌江流域分段与全省主要喀斯特小流域类型特征与调控策略

在划分喀斯特小流域类型与分析其关键脆弱性特征的基础上，分析了乌江流域三岔河、六冲河、鸭池河至构皮滩段、乌江下游四个流域区各类型喀斯特小流域的基本特征，并分别选取6种主要类型流域解剖其关键脆弱性特征，提出了三岔河以人工干预生态修复为主，六冲河以自然修复为主，鸭池河至构皮滩段以推进区域城镇化为主要功能，乌江下游自然修复与人工修复结合、推进坡耕地水土流失治理为主的不同生态优化调控重点方向。运用聚类分析方法，分析代表全省96.78%的喀斯特小流域面积的8种主要类型喀斯特小流域的关键脆弱性特征，在此基础上构建了8种主要类型喀斯特小流域的生态优化调控策略。

13.1.7　典型喀斯特小流域生态优化调控策略

考虑到在地貌类型、地表形态、岩性、规模与数量比例等特征方面的代表性，结合喀斯特小流域空间分布与信息特征，本研究最终选择了后寨河小流域（类型为岩溶高原+低起伏度+白云岩）、朗溪小流域（类型为岩溶槽谷+高起伏度+石灰岩）、断桥小流域（类型为岩溶峡谷+中起伏度+白云岩）、董架小流域（类型为峰丛洼地+中起伏度+石灰岩）、鸡场坪小流域（类型为岩溶断陷盆地+中起伏度+复合碳酸盐岩）5个典型喀斯特小流域，分析其特征信息，解剖主要问题，构建生态优化调控策略。

针对后寨河流域白云岩广布，上游峰丛洼地区土壤与地表水缺乏，生物量密度低，10°以上坡耕地利用效率低，单位土地承载人口数大，坝区不透水表面快速增加等主要问题，提出其生态优化调控策略为：上游峰丛洼地区为流域生态优化调控的重点区域，以表层岩溶带水资源集蓄利用为核心，以生态修复与保护为重点，缓解人地关系压力，提高洼地系统生产力水平；中下游地区，峰丛洼地边缘向坝区转换的地带建设理想人居区域，严控坝区建设占用导致的不透水表面增加与积极开展坝子多功能利用以提升坝子生产力水平相结合，积极开展低丘缓坡冈地经济林建设，发展林下经济，提高其利用率。

针对朗溪小流域存在灰岩广布，水、土资源严重缺乏且空间分布不平衡，流域林草覆盖度高但生产力低，优质耕地总量少，坡耕地大量存在，流域人口承载量大，石漠化土地退化严重，人地关系矛盾突出等主要问题，提出其生态优化调控策略为：利用其山体高大，山地垂直带谱明显的特征，对槽谷两翼山体进行垂直带谱建设，槽谷底部区域，以提高土地生产率与土地承载力为重点，发展高效生态农业及相关产业。

针对董架小流域碳酸盐岩广布，流域无永久性地表径流，地表水资源仅依靠间隙性表层岩溶带供给，无厚层土壤分布，成片500亩以上连片优质耕地坝子缺乏，峰丛洼地系统人口超载，坡耕地尤其陡坡耕地数量大，流域石漠化土地分布广而严重，流域闭塞，社会经济发展水平低，贫困程度高等主要问题，提出其生态优化调控策略为：全流域以生态建设为重点，利用石灰岩差异生风化特征与区域水热资源优势，对陡坡峰丛山体开展以乔木树种为主的林业建设，并积极做好旱季森林防火工作；大力实施生态移民工程，缓解人地关系矛盾，减轻土地承载力；利用系统性思难，山地—洼地一体化，治洼与治坡相结合，大力推进流域生态退耕。

针对断桥小流域主要存在的白云岩广布、薄层土壤分布较多、地表水系（尤其是峡谷两侧高原面）不发达、工程性缺水严重、坡耕地大量存在、石漠化严重、人口压力大、优质坝子资源先天缺乏与人类活动不断占用导致土地承载力极低等主要问题，提出其生态优化调控策略为：峡谷两侧高原面山体，以峰丛洼地系统为基本单元，开展有以植被恢复为主要内容的生态建设，积极发展山地草食畜牧业；峡谷区域垂直落差大、水热条件多样，开展以山地垂直带谱建设为重点，提升坡地水土保持能力与植被生产力水平，构建峡谷地带生态安全屏障；发挥峡谷底部水热资源优势，在白云岩山坡实施微地形改造，改善坡面立地条件与水土资源赋存格局，建设特色高效经济林，开展喜热作物种植，发展峡谷现代农业产业；发挥峡谷区垂直落差大与河谷水量丰富的优势，建设水电水利及提灌工程。

针对鸡场坪小流域主要存在地表植被覆盖率低、植被生产力水平低、高大山体上部林草覆盖低且石漠化严重、断陷盆地谷地区域人口承载量大、产业体系以传统低效农业为主等主要问题，提出其生态优化调控策略为：断陷盆地北翼高大山体总体上以生态建设为主，丰富山体区域利用方式，提升山体区域生态服务价值；断陷盆地谷地区域，重点做好坝地谷地的优化高效利用，提升其土地生产力水平与人口承载力；提高断陷盆地区域冈地及缓坡地的利用效率，提升其生产力水平。

13.2 展望与讨论

13.2.1 基于"二元"结构提取喀斯特小流域

本研究提出在喀斯特地区特殊生态水文地质背景下，传统的仅依赖于地表地形的流域自动化提取方法是不真实的，它不能准确反映地表生态水文过程，因此，有必要形成新的适用于喀斯特地区的小流域提取方法。本研究聚焦于喀斯特地区生态水文背景，探索性地提出了用于提取喀斯特地区小流域的新方法。其主要分为以下五个步骤：①传统方法自动提取地表地形上的小流域；②确定区域性溶蚀—侵蚀基准与流域出口；③确定喀斯特流域地表与地下主干水系；④确定干流流经区域的喀斯特碳酸盐岩透水层的水流方向；⑤修正自动提取的地表小流域的分水岭。

13.2.2 新方法与传统方法对比

通过在三岔河中段的实证分析，比较传统自动方法提取的小流域与应用本研究提出的新方法提取喀斯特小流域，在数量、形态、叠置关系等方面都具有较强的不一致性。进一步，比较两种方法提取的小流域内部水文过程，自动提取的小流域存在较多错误，相反，应用本研究提出的新方法提取的喀斯特小流域则更加准确地反映了流域内部水文过程。根据上述研究结果，本研究认为喀斯特地区最小流域单元应该是本研究提出的以溶蚀—侵蚀基准为出口的流域，在其内部进行更进一步的子流域划分可能存在与真实生态水文过程之间较强不一致性。

13.2.3　喀斯特小流域研究展望

自动提取小流域的方法因其数据源获取的便利性以及提取过程的自动化，在国际上得到水文学家、地质学家、生态学家的广泛认可与应用。但在生态水文地质背景复杂、地表与地下二元结构差异较大的喀斯特地区，本研究提出的小流域提取方法，既继承了传统自动提取方法对地形准确表达以及快速自动化方面的优势，又充分考虑了喀斯特地区特殊的生态水文地质背景，其提取的喀斯特小流域在区域水资源管理、生态建设、土地利用管理等方面具有更高的应用价值，值得引起国际同行科学家与政府管理者的重视。此外，在本研究提出的方法的基础上，进一步提高喀斯特流域提取的自动化水平，并在此基础上讨论喀斯特小流域地表物质、能量、信息交换过程，实施基于"二元"结构的喀斯特小流域生态建设与管理，应该成为我们今后研究的重点领域。

附 表

附表 1 贵州省喀斯特小流域类型划分结果统计

小流域类型	总面积/km²	平均面积/km²	个数	规模比例/%	个数比例/%
峰丛洼地+低起伏度+白云岩	944.11	44.96	21	4.38	4.23
峰丛洼地+低起伏度+复合碳酸盐岩	575.53	52.32	11	2.67	2.22
峰丛洼地+低起伏度+石灰岩	5 139.79	34.96	147	23.82	29.64
峰丛洼地+低起伏度+碎屑岩	170.64	21.33	8	0.79	1.61
峰丛洼地+高起伏度+白云岩	117.53	117.53	1	0.54	0.20
峰丛洼地+高起伏度+复合碳酸盐岩	910.17	75.85	12	4.22	2.42
峰丛洼地+高起伏度+石灰岩	2 517.01	61.39	41	11.67	8.27
峰丛洼地+高起伏度+碎屑岩	1 688.07	56.27	30	7.82	6.05
峰丛洼地+中起伏度+白云岩	584.60	44.97	13	2.71	2.62
峰丛洼地+中起伏度+复合碳酸盐岩	1 082.07	43.28	25	5.02	5.04
峰丛洼地+中起伏度+石灰岩	5 679.29	44.37	128	26.32	25.81
峰丛洼地+中起伏度+碎屑岩	2 165.46	36.70	59	10.04	11.90
岩溶槽谷+低起伏度+白云岩	1 830.99	27.33	67	3.93	6.36
岩溶槽谷+低起伏度+复合碳酸盐岩	3 121.77	35.47	88	6.71	8.36
岩溶槽谷+低起伏度+石灰岩	2 157.53	26.97	80	4.64	7.60
岩溶槽谷+低起伏度+碎屑岩	538.18	23.40	23	1.16	2.18
岩溶槽谷+高起伏度+白云岩	596.37	39.76	15	1.28	1.42
岩溶槽谷+高起伏度+复合碳酸盐岩	6 821.66	69.61	98	14.66	9.31
岩溶槽谷+高起伏度+石灰岩	6 617.58	51.30	129	14.22	12.25
岩溶槽谷+高起伏度+碎屑岩	1 582.16	60.85	26	3.40	2.47
岩溶槽谷+中起伏度+白云岩	2 677.86	45.39	59	5.75	5.60
岩溶槽谷+中起伏度+复合碳酸盐岩	11 084.72	48.83	227	23.82	21.56
岩溶槽谷+中起伏度+石灰岩	7 257.02	40.32	180	15.59	17.09
岩溶槽谷+中起伏度+碎屑岩	2 253.40	36.94	61	4.84	5.79
岩溶断陷盆地+低起伏度+白云岩	152.76	30.55	5	2.84	4.00
岩溶断陷盆地+低起伏度+复合碳酸盐岩	429.68	47.74	9	7.98	7.20
岩溶断陷盆地+低起伏度+石灰岩	293.63	26.69	11	5.45	8.80

小流域类型	总面积/km²	平均面积/km²	个数	规模比例/%	个数比例/%
岩溶断陷盆地+高起伏度+复合碳酸盐岩	444.59	111.15	4	8.25	3.20
岩溶断陷盆地+高起伏度+石灰岩	1 051.96	45.74	23	19.53	18.40
岩溶断陷盆地+高起伏度+碎屑岩	29.02	29.02	1	0.54	0.80
岩溶断陷盆地+中起伏度+白云岩	57.61	19.20	3	1.07	2.40
岩溶断陷盆地+中起伏度+复合碳酸盐岩	1 554.08	53.59	29	28.85	23.20
岩溶断陷盆地+中起伏度+石灰岩	1 332.19	35.06	38	24.73	30.40
岩溶断陷盆地+中起伏度+碎屑岩	40.42	20.21	2	0.75	1.60
岩溶高原+低起伏度+白云岩	2 886.06	30.70	94	5.23	7.46
岩溶高原+低起伏度+复合碳酸盐岩	8 624.95	41.07	210	15.62	16.67
岩溶高原+低起伏度+石灰岩	11 518.99	36.92	312	20.87	24.76
岩溶高原+低起伏度+碎屑岩	172.04	28.67	6	0.31	0.48
岩溶高原+高起伏度+白云岩	262.72	37.53	7	0.48	0.56
岩溶高原+高起伏度+复合碳酸盐岩	2 087.95	67.35	31	3.78	2.46
岩溶高原+高起伏度+石灰岩	2 312.30	66.07	35	4.19	2.78
岩溶高原+高起伏度+碎屑岩	157.01	52.34	3	0.28	0.24
岩溶高原+中起伏度+白云岩	2 570.04	48.49	53	4.66	4.21
岩溶高原+中起伏度+复合碳酸盐岩	11 699.41	49.78	235	21.19	18.65
岩溶高原+中起伏度+石灰岩	11 883.24	48.50	245	21.53	19.44
岩溶高原+中起伏度+碎屑岩	1 030.83	35.55	29	1.87	2.30
岩溶峡谷+低起伏度+白云岩	79.13	11.30	7	0.38	1.50
岩溶峡谷+低起伏度+复合碳酸盐岩	1 115.36	46.47	24	5.41	5.13
岩溶峡谷+低起伏度+石灰岩	2 024.75	33.19	61	9.83	13.03
岩溶峡谷+低起伏度+碎屑岩	261.89	29.10	9	1.27	1.92
岩溶峡谷+高起伏度+白云岩	368.33	40.93	9	1.79	1.92
岩溶峡谷+高起伏度+复合碳酸盐岩	1 823.82	62.89	29	8.85	6.20
岩溶峡谷+高起伏度+石灰岩	5 006.77	54.42	92	24.30	19.66
岩溶峡谷+高起伏度+碎屑岩	323.22	64.64	5	1.57	1.07
岩溶峡谷+中起伏度+白云岩	257.72	32.22	8	1.25	1.71
岩溶峡谷+中起伏度+复合碳酸盐岩	3 277.64	48.20	68	15.91	14.53
岩溶峡谷+中起伏度+石灰岩	5 296.97	40.13	132	25.70	28.21
岩溶峡谷+中起伏度+碎屑岩	771.44	32.14	24	3.74	5.13
非喀斯特+低起伏度+复合碳酸盐岩	77.99	26.00	3	0.35	0.63
非喀斯特+低起伏度+石灰岩	645.36	30.73	21	2.93	4.38

续表

小流域类型	总面积/km²	平均面积/km²	个数	规模比例/%	个数比例/%
非喀斯特+低起伏度+碎屑岩	2 149.92	30.28	71	9.77	14.79
非喀斯特+高起伏度+石灰岩	71.13	35.57	2	0.32	0.42
非喀斯特+高起伏度+碎屑岩	8 965.18	60.99	147	40.73	30.63
非喀斯特+中起伏度+白云岩	22.84	22.84	1	0.10	0.21
非喀斯特+中起伏度+复合碳酸盐岩	262.90	52.58	5	1.19	1.04
非喀斯特+中起伏度+石灰岩	743.10	57.16	13	3.38	2.71
非喀斯特+中起伏度+碎屑岩	9 072.55	41.81	217	41.22	45.21

注：规模比例指某种小流域类型的总面积与该类型小流域所属地貌区的小流域总面积的百分比；个数比例亦然

附表2 乌江流域小流域类型信息特征

小流域类型	总面积/km²	面积比例/%	平均面积/km²	个数	平均形状指数
岩溶槽谷+低起伏度+白云岩	225.39	0.34	25.04	9	2.06
岩溶槽谷+低起伏度+复合碳酸盐岩	915.72	1.37	30.52	30	1.88
岩溶槽谷+低起伏度+石灰岩	1 843.76	2.77	27.52	67	1.99
岩溶槽谷+低起伏度+碎屑岩	3.28	0.00	3.28	1	1.41
岩溶槽谷+高起伏度+白云岩	208.82	0.31	34.80	6	1.75
岩溶槽谷+高起伏度+复合碳酸盐岩	4 363.70	6.55	73.96	59	1.98
岩溶槽谷+高起伏度+石灰岩	4 971.17	7.46	54.63	91	1.89
岩溶槽谷+高起伏度+碎屑岩	139.78	0.21	69.89	2	1.61
岩溶槽谷+中起伏度+白云岩	1 168.06	1.75	43.26	27	1.95
岩溶槽谷+中起伏度+复合碳酸盐岩	6 101.46	9.16	48.81	125	1.95
岩溶槽谷+中起伏度+石灰岩	6 397.09	9.60	40.49	158	1.91
岩溶槽谷+中起伏度+碎屑岩	310.18	0.47	34.46	9	1.82
岩溶高原+低起伏度+白云岩	2 345.65	3.52	31.70	74	2.00
岩溶高原+低起伏度+复合碳酸盐岩	7 093.61	10.65	41.24	172	2.07
岩溶高原+低起伏度+石灰岩	5 788.49	8.69	34.87	166	2.04
岩溶高原+低起伏度+碎屑岩	152.93	0.23	38.23	4	1.94
岩溶高原+高起伏度+复合碳酸盐岩	679.48	1.02	75.50	9	2.00
岩溶高原+高起伏度+石灰岩	643.82	0.97	71.53	9	2.08
岩溶高原+中起伏度+白云岩	1 503.34	2.26	50.11	30	2.02
岩溶高原+中起伏度+复合碳酸盐岩	8 794.27	13.20	51.13	172	2.07
岩溶高原+中起伏度+石灰岩	7 050.16	10.59	46.08	153	2.07
岩溶高原+中起伏度+碎屑岩	68.21	0.10	34.10	2	1.74
岩溶峡谷+低起伏度+白云岩	21.05	0.03	10.52	2	1.83

小流域类型	总面积/km²	面积比例/%	平均面积/km²	个数	平均形状指数
岩溶峡谷+低起伏度+复合碳酸盐岩	132.50	0.20	33.12	4	1.98
岩溶峡谷+低起伏度+石灰岩	362.65	0.54	22.66	16	2.00
岩溶峡谷+低起伏度+碎屑岩	50.32	0.08	16.77	3	1.98
岩溶峡谷+高起伏度+复合碳酸盐岩	304.49	0.46	101.50	3	1.77
岩溶峡谷+高起伏度+石灰岩	879.99	1.32	51.76	17	1.93
岩溶峡谷+中起伏度+白云岩	51.24	0.08	51.24	1	2.04
岩溶峡谷+中起伏度+复合碳酸盐岩	1 203.39	1.81	44.57	27	1.94
岩溶峡谷+中起伏度+石灰岩	2 762.21	4.15	41.85	66	1.98
岩溶峡谷+中起伏度+碎屑岩	67.87	0.10	16.97	4	1.88
总计	66 604.08	100.00	43.88	1518	2.00

注：平均形状指数指该类型小流域近圆形状指数的平均值（下同）。单个小流域的近圆形状指数表达式为：近圆形状指数 $=\dfrac{P}{2\sqrt{\pi A}}$。式中，$P$ 为小流域周长，A 为小流域面积。当指数值接近于1，表明其形状越接近于规则圆形，值越大，小流域边界形状越复杂，流域的边界条件也越复杂。

附表3 北盘江流域小流域类型信息特征

小流域类型	总面积/km²	面积比例/%	平均面积/km²	个数	平均形状指数
峰丛洼地+低起伏度+白云岩	264.91	1.28	44.15	6	2.20
峰丛洼地+低起伏度+复合碳酸盐岩	111.12	0.54	55.56	2	2.42
峰丛洼地+低起伏度+石灰岩	297.48	1.43	49.58	6	1.96
峰丛洼地+高起伏度+复合碳酸盐岩	412.85	1.99	103.21	4	2.52
峰丛洼地+高起伏度+石灰岩	620.63	2.99	62.06	10	1.90
峰丛洼地+高起伏度+碎屑岩	617.88	2.98	56.17	11	1.90
峰丛洼地+中起伏度+白云岩	175.53	0.85	58.51	3	2.50
峰丛洼地+中起伏度+复合碳酸盐岩	150.15	0.72	37.54	4	1.91
峰丛洼地+中起伏度+石灰岩	328.85	1.59	36.54	9	1.98
峰丛洼地+中起伏度+碎屑岩	859.81	4.15	33.07	26	1.79
岩溶断陷盆地+低起伏度+白云岩	61.58	0.30	20.52	3	2.23
岩溶断陷盆地+低起伏度+复合碳酸盐岩	213.27	1.03	42.66	5	1.94
岩溶断陷盆地+低起伏度+石灰岩	67.17	0.32	16.79	4	1.92
岩溶断陷盆地+高起伏度+复合碳酸盐岩	444.59	2.14	111.15	4	1.97
岩溶断陷盆地+高起伏度+石灰岩	975.11	4.70	44.32	22	1.88
岩溶断陷盆地+高起伏度+碎屑岩	29.02	0.14	29.02	1	1.96
岩溶断陷盆地+中起伏度+白云岩	57.61	0.28	19.20	3	2.14

小流域类型	总面积/km²	面积比例/%	平均面积/km²	个数	平均形状指数
岩溶断陷盆地+中起伏度+复合碳酸盐岩	1 085.28	5.23	49.33	22	2.11
岩溶断陷盆地+中起伏度+石灰岩	548.13	2.64	26.10	21	1.86
岩溶断陷盆地+中起伏度+碎屑岩	6.91	0.03	6.91	1	1.84
岩溶高原+低起伏度+白云岩	339.74	1.64	28.31	12	2.24
岩溶高原+低起伏度+复合碳酸盐岩	360.35	1.74	45.04	8	2.06
岩溶高原+低起伏度+石灰岩	404.86	1.95	33.74	12	2.07
岩溶高原+低起伏度+碎屑岩	4.11	0.02	4.11	1	1.87
岩溶高原+高起伏度+石灰岩	262.07	1.26	87.36	3	2.04
岩溶高原+高起伏度+碎屑岩	29.36	0.14	29.36	1	1.99
岩溶高原+中起伏度+白云岩	103.30	0.50	34.43	3	2.32
岩溶高原+中起伏度+复合碳酸盐岩	76.22	0.37	76.22	1	2.40
岩溶高原+中起伏度+石灰岩	873.28	4.21	48.51	18	1.96
岩溶高原+中起伏度+碎屑岩	328.81	1.59	36.53	9	1.93
岩溶峡谷+低起伏度+白云岩	58.08	0.28	11.62	5	1.91
岩溶峡谷+低起伏度+复合碳酸盐岩	873.15	4.21	58.21	15	2.11
岩溶峡谷+低起伏度+石灰岩	691.84	3.34	38.44	18	2.23
岩溶峡谷+低起伏度+碎屑岩	55.94	0.27	27.97	2	1.78
岩溶峡谷+高起伏度+白云岩	368.34	1.78	40.93	9	1.93
岩溶峡谷+高起伏度+复合碳酸盐岩	1 376.48	6.64	59.85	23	2.02
岩溶峡谷+高起伏度+石灰岩	3 399.61	16.39	53.12	64	1.90
岩溶峡谷+高起伏度+碎屑岩	202.01	0.97	50.50	4	1.75
岩溶峡谷+中起伏度+白云岩	206.48	1.00	29.50	7	2.26
岩溶峡谷+中起伏度+复合碳酸盐岩	1 586.30	7.65	49.57	32	2.22
岩溶峡谷+中起伏度+石灰岩	1 263.13	6.09	32.39	39	2.03
岩溶峡谷+中起伏度+碎屑岩	544.89	2.63	34.06	16	1.73
总计	20 736.23	100.00	44.21	469	2.00

附表4　南盘江流域小流域类型信息特征

小流域类型	总面积/km²	面积比例/%	平均面积/km²	个数	平均形状指数
峰丛洼地+低起伏度+白云岩	679.20	10.12	45.28	15	2.22
峰丛洼地+低起伏度+复合碳酸盐岩	390.87	5.83	55.84	7	2.25
峰丛洼地+低起伏度+石灰岩	258.99	3.86	37.00	7	2.04
峰丛洼地+低起伏度+碎屑岩	110.23	1.64	22.05	5	1.86

小流域类型	总面积/km²	面积比例/%	平均面积/km²	个数	平均形状指数
峰丛洼地+高起伏度+白云岩	117.53	1.75	117.53	1	2.31
峰丛洼地+高起伏度+复合碳酸盐岩	414.25	6.18	59.18	7	2.23
峰丛洼地+高起伏度+石灰岩	364.94	5.44	72.99	5	2.00
峰丛洼地+高起伏度+碎屑岩	430.67	6.42	61.52	7	1.94
峰丛洼地+中起伏度+白云岩	377.48	5.63	41.94	9	2.22
峰丛洼地+中起伏度+复合碳酸盐岩	619.17	9.23	41.28	15	2.12
峰丛洼地+中起伏度+石灰岩	138.41	2.06	27.68	5	2.12
峰丛洼地+中起伏度+碎屑岩	779.12	11.61	41.01	19	1.95
岩溶断陷盆地+低起伏度+白云岩	91.19	1.36	45.59	2	2.36
岩溶断陷盆地+低起伏度+复合碳酸	216.39	3.23	54.10	4	2.07
岩溶断陷盆地+低起伏度+石灰岩	226.45	3.38	32.35	7	1.87
岩溶断陷盆地+高起伏度+石灰岩	76.84	1.15	76.84	1	1.97
岩溶断陷盆地+中起伏度+复合碳酸盐岩	468.83	6.99	66.97	7	2.17
岩溶断陷盆地+中起伏度+石灰岩	784.04	11.69	46.12	17	1.91
岩溶断陷盆地+中起伏度+碎屑岩	33.51	0.50	33.51	1	2.07
岩溶峡谷+低起伏度+石灰岩	64.05	0.95	32.02	2	1.97
岩溶峡谷+中起伏度+复合碳酸盐岩	66.14	0.99	33.07	2	2.02
总计	6 708.30	100.00	46.26	145	2.06

附表5　红水河流域小流域类型信息特征

小流域类型	总面积/km²	面积比例/%	平均面积/km²	个数	平均形状指数
峰丛洼地+低起伏度+石灰岩	2 342.97	14.71	34.46	68	2.29
峰丛洼地+低起伏度+碎屑岩	48.05	0.30	24.02	2	1.73
峰丛洼地+高起伏度+复合碳酸盐岩	83.08	0.52	83.08	1	2.39
峰丛洼地+高起伏度+石灰岩	1 089.49	6.84	57.34	19	2.01
峰丛洼地+高起伏度+碎屑岩	228.54	1.44	57.13	4	1.71
峰丛洼地+中起伏度+白云岩	31.58	0.20	31.58	1	2.26
峰丛洼地+中起伏度+复合碳酸盐岩	223.06	1.40	55.77	4	2.44
峰丛洼地+中起伏度+石灰岩	3 388.41	21.28	45.79	74	2.09
峰丛洼地+中起伏度+碎屑岩	355.02	2.23	35.50	10	1.79
岩溶高原+低起伏度+复合碳酸盐岩	109.30	0.69	36.43	3	2.31
岩溶高原+低起伏度+石灰岩	4 809.15	30.20	41.10	117	2.18

小流域类型	总面积/km²	面积比例/%	平均面积/km²	个数	平均形状指数
岩溶高原+高起伏度+石灰岩	145.62	0.91	72.81	2	1.89
岩溶高原+中起伏度+复合碳酸盐岩	231.44	1.45	77.15	3	1.88
岩溶高原+中起伏度+石灰岩	2 633.16	16.54	61.24	43	2.25
岩溶高原+中起伏度+碎屑岩	203.78	1.28	67.93	3	1.95
总计	15 922.65	100.00	44.98	354	2.16

附表6　柳江流域小流域类型信息特征

小流域类型	总面积/km²	面积比例/%	平均面积/km²	个数	平均形状指数
非喀斯特地貌+低起伏度+碎屑岩	41.99	0.28	7.00	6	1.64
非喀斯特地貌+高起伏度+石灰岩	71.13	0.48	35.57	2	2.16
非喀斯特地貌+高起伏度+碎屑岩	5 119.28	34.38	66.48	77	1.85
非喀斯特地貌+中起伏度+复合碳酸盐岩	58.69	0.39	58.69	1	1.96
非喀斯特地貌+中起伏度+石灰岩	315.48	2.12	45.07	7	1.80
非喀斯特地貌+中起伏度+碎屑岩	3 355.02	22.53	35.69	94	1.80
峰丛洼地+低起伏度+复合碳酸盐岩	73.52	0.49	36.76	2	2.06
峰丛洼地+低起伏度+石灰岩	2 240.31	15.05	33.94	66	2.15
峰丛洼地+低起伏度+碎屑岩	12.36	0.08	12.36	1	1.66
峰丛洼地+高起伏度+石灰岩	441.93	2.97	63.13	7	2.05
峰丛洼地+高起伏度+碎屑岩	410.99	2.76	51.37	8	1.74
峰丛洼地+中起伏度+复合碳酸盐岩	89.67	0.60	44.83	2	2.22
峰丛洼地+中起伏度+石灰岩	1 823.66	12.25	45.59	40	2.24
峰丛洼地+中起伏度+碎屑岩	171.52	1.15	42.88	4	1.80
岩溶高原+低起伏度+复合碳酸盐岩	51.84	0.35	51.84	1	2.25
岩溶高原+高起伏度+石灰岩	227.69	1.53	75.90	3	1.85
岩溶高原+高起伏度+碎屑岩	127.65	0.86	63.82	2	1.70
岩溶高原+中起伏度+复合碳酸盐岩	35.29	0.24	35.29	1	2.47
岩溶高原+中起伏度+碎屑岩	221.09	1.48	27.63	8	1.88
总计	14 889.11	100.00	44.85	332	1.95

附表7　沅江流域小流域类型信息特征

小流域类型	总面积/km²	面积比例/%	平均面积/km²	个数	平均形状指数
非喀斯特地貌+低起伏度+复合碳酸盐岩	77.99	0.26	26.00	3	1.83
非喀斯特地貌+低起伏度+石灰岩	645.36	2.18	30.73	21	2.03

小流域类型	总面积/km²	面积比例/%	平均面积/km²	个数	平均形状指数
非喀斯特地貌+低起伏度+碎屑岩	2 069.19	6.98	32.33	64	1.91
非喀斯特地貌+高起伏度+碎屑岩	2 626.97	8.87	54.73	48	1.85
非喀斯特地貌+中起伏度+白云岩	22.84	0.08	22.84	1	1.92
非喀斯特地貌+中起伏度+复合碳酸盐岩	204.20	0.69	51.05	4	1.89
非喀斯特地貌+中起伏度+石灰岩	427.61	1.44	71.27	6	1.97
非喀斯特地貌+中起伏度+碎屑岩	5 300.68	17.89	49.08	108	1.85
岩溶槽谷+低起伏度+白云岩	1 605.61	5.42	27.68	58	2.00
岩溶槽谷+低起伏度+复合碳酸盐岩	2 206.06	7.45	38.04	58	2.07
岩溶槽谷+低起伏度+石灰岩	230.91	0.78	23.09	10	1.95
岩溶槽谷+低起伏度+碎屑岩	520.87	1.76	27.41	19	1.87
岩溶槽谷+高起伏度+白云岩	199.79	0.67	66.59	3	2.03
岩溶槽谷+高起伏度+复合碳酸盐岩	497.80	1.68	71.12	7	1.82
岩溶槽谷+高起伏度+碎屑岩	643.53	2.17	58.50	11	1.90
岩溶槽谷+中起伏度+白云岩	1 505.57	5.08	48.57	31	2.00
岩溶槽谷+中起伏度+复合碳酸盐岩	4 609.46	15.56	51.22	90	1.99
岩溶槽谷+中起伏度+石灰岩	395.32	1.33	43.92	9	1.97
岩溶槽谷+中起伏度+碎屑岩	1 678.89	5.67	37.31	45	1.81
岩溶高原+低起伏度+白云岩	200.67	0.68	25.08	8	1.93
岩溶高原+低起伏度+复合碳酸盐岩	1 009.88	3.41	38.84	26	2.09
岩溶高原+低起伏度+石灰岩	401.40	1.35	30.88	13	2.09
岩溶高原+低起伏度+碎屑岩	15.00	0.05	15.00	1	1.86
岩溶高原+高起伏度+白云岩	27.53	0.09	27.53	1	1.56
岩溶高原+高起伏度+复合碳酸盐岩	114.42	0.39	38.14	3	1.88
岩溶高原+高起伏度+石灰岩	33.44	0.11	33.44	1	2.47
岩溶高原+中起伏度+白云岩	428.81	1.45	61.26	7	2.08
岩溶高原+中起伏度+复合碳酸盐岩	1 511.82	5.10	58.15	26	1.94
岩溶高原+中起伏度+石灰岩	266.40	0.90	38.06	7	1.91
岩溶高原+中起伏度+碎屑岩	150.15	0.51	37.54	4	1.80
总计	29 628.17	100.00	42.75	693	1.94

附表8　赤水河綦江流域小流域类型信息特征

小流域类型	总面积/km²	面积比例/%	平均面积/km²	个数	平均形状指数
非喀斯特地貌+低起伏度+碎屑岩	38.79	0.30	38.79	1	1.81

小流域类型	总面积/km²	面积比例/%	平均面积/km²	个数	平均形状指数
非喀斯特地貌+高起伏度+碎屑岩	1 218.91	9.51	55.40	22	1.91
非喀斯特地貌+中起伏度+碎屑岩	416.73	3.25	27.78	15	1.79
岩溶槽谷+低起伏度+石灰岩	82.84	0.65	27.61	3	1.96
岩溶槽谷+低起伏度+碎屑岩	14.02	0.11	4.67	3	1.75
岩溶槽谷+高起伏度+白云岩	187.78	1.46	31.30	6	1.74
岩溶槽谷+高起伏度+复合碳酸盐岩	1 960.14	15.29	61.26	32	1.95
岩溶槽谷+高起伏度+石灰岩	1 646.40	12.84	43.33	38	1.77
岩溶槽谷+高起伏度+碎屑岩	798.83	6.23	61.45	13	1.84
岩溶槽谷+中起伏度+白云岩	4.26	0.03	4.26	1	1.96
岩溶槽谷+中起伏度+复合碳酸盐岩	373.83	2.92	31.15	12	1.86
岩溶槽谷+中起伏度+石灰岩	464.55	3.62	35.73	13	1.92
岩溶槽谷+中起伏度+碎屑岩	264.31	2.06	37.76	7	1.91
岩溶高原+低起伏度+石灰岩	115.10	0.90	28.77	4	2.26
岩溶高原+高起伏度+白云岩	235.19	1.83	39.20	6	2.17
岩溶高原+高起伏度+复合碳酸盐岩	1 294.03	10.09	68.11	19	1.90
岩溶高原+高起伏度+石灰岩	999.68	7.80	58.80	17	1.91
岩溶高原+中起伏度+白云岩	534.60	4.17	41.12	13	2.00
岩溶高原+中起伏度+复合碳酸盐岩	1 050.26	8.19	32.82	32	1.91
岩溶高原+中起伏度+石灰岩	1 060.28	8.27	44.18	24	1.95
岩溶高原+中起伏度+碎屑岩	58.81	0.46	19.60	3	1.72
总计	12 819.34	100.00	45.14	284	1.89

附表9 牛栏江—横江流域小流域类型信息特征

小流域类型	总面积/km²	面积比例/%	平均面积/km²	个数	平均形状指数
岩溶峡谷+低起伏度+复合碳酸盐岩	109.71	2.73	21.94	5	1.94
岩溶峡谷+低起伏度+石灰岩	906.19	22.57	36.25	25	1.91
岩溶峡谷+低起伏度+碎屑岩	155.65	3.88	38.91	4	2.04
岩溶峡谷+高起伏度+复合碳酸盐岩	142.83	3.56	47.61	3	1.84
岩溶峡谷+高起伏度+石灰岩	727.18	18.11	66.11	11	1.97
岩溶峡谷+高起伏度+碎屑岩	121.21	3.02	121.21	1	1.85
岩溶峡谷+中起伏度+复合碳酸盐岩	421.75	10.50	60.25	7	1.96
岩溶峡谷+中起伏度+石灰岩	1 271.64	31.67	47.10	27	2.04
岩溶峡谷+中起伏度+碎屑岩	158.70	3.95	39.67	4	1.80

小流域类型	总面积/km²	面积比例/%	平均面积/km²	个数	平均形状指数
总计	4 014.86	100.00	46.15	87	1.96

附表10 各类喀斯特小流域水资源赋存类别统计

小流域类型	富水流域		亏水流域		严重缺水流域		盈水流域	
	面积/km²	数量/个	面积/km²	数量/个	面积/km²	数量/个	面积/km²	数量/个
岩溶峡谷+中起伏度+复合碳酸盐岩	335.81	9	2 002.03	37	814.45	18	125.29	4
岩溶峡谷+中起伏度+石灰岩	207.56	6	2 493.43	61	2 557.68	62	38.31	3
岩溶峡谷+高起伏度+石灰岩	174.16	3	1 916.46	41	2 799.67	43	116.49	5
岩溶峡谷+高起伏度+复合碳酸盐岩	138.71	2	897.65	15	595.88	8	191.56	4
岩溶峡谷+低起伏度+石灰岩	71.23	4	757.45	23	1 099.7	25	96.35	9
岩溶峡谷+低起伏度+复合碳酸盐岩	68.77	2	513.39	13	533.2	9		
岩溶峡谷+高起伏度+白云岩	17.86	1	153.34	3	197.14	5		
岩溶峡谷+中起伏度+白云岩			144.59	6	113.13	2		
岩溶峡谷+低起伏度+白云岩			32.69	3	30.86	1	15.58	3
岩溶高原+低起伏度+石灰岩	1 306.8	43	4 886.33	123	4 385.45	96	940.42	50
岩溶高原+低起伏度+复合碳酸盐岩	1 159.43	35	5 472.89	110	1 456.05	36	536.61	29
岩溶高原+中起伏度+复合碳酸盐岩	1 050.95	24	6 897.78	130	3 253.2	62	497.37	19
岩溶高原+中起伏度+石灰岩	925.07	26	6 114.96	122	4 658.63	86	184.62	11
岩溶高原+中起伏度+白云岩	436.41	9	1 956.23	37	149.03	5	28.38	2
岩溶高原+高起伏度+复合碳酸盐岩	375.05	4	1 374.12	21	212.36	3	126.4	3
岩溶高原+低起伏度+白云岩	293.3	11	2 009.51	56	443.21	13	140.04	14
岩溶高原+高起伏度+石灰岩	283.54	5	1 447.45	20	322.48	7	258.85	3
岩溶高原+高起伏度+白云岩	41.82	1	170.06	4			50.84	2
岩溶断陷盆地+中起伏度+石灰岩	203.56	7	667.19	16	383.62	11	77.8	4

续表

小流域类型	富水流域		亏水流域		严重缺水流域		盈水流域	
	面积/km²	数量/个	面积/km²	数量/个	面积/km²	数量/个	面积/km²	数量/个
岩溶断陷盆地+中起伏度+复合碳酸盐岩	187.42	4	1 051.64	19	280.68	5	34.37	1
岩溶断陷盆地+高起伏度+石灰岩	100.39	2	588.11	12	363.45	9		
岩溶断陷盆地+低起伏度+复合碳酸盐岩	56.63	1	268.46	5	96.51	2	8.06	1
岩溶断陷盆地+中起伏度+白云岩			28.01	2	29.6	1		
岩溶断陷盆地+高起伏度+复合碳酸盐岩			386.1	3	58.49	1		
岩溶断陷盆地+低起伏度+石灰岩			142.23	5	145.84	5	5.55	1
岩溶断陷盆地+低起伏度+白云岩			65.7	2	87.07	3		
岩溶槽谷+中起伏度+复合碳酸盐岩	1 133.63	27	8 166.55	159	1 631.38	31	153.19	10
岩溶槽谷+高起伏度+复合碳酸盐岩	687.46	11	4 307.23	60	1 569.06	24	257.89	3
岩溶槽谷+低起伏度+复合碳酸盐岩	472.54	17	2 266.79	54	219.75	5	162.7	12
岩溶槽谷+中起伏度+石灰岩	406.81	18	4 886.91	105	1 887.6	47	75.64	10
岩溶槽谷+低起伏度+石灰岩	238.71	10	1 237.96	39	404.79	12	276.05	19
岩溶槽谷+高起伏度+石灰岩	187.61	4	3 365.91	73	3 038.22	50	25.83	2
岩溶槽谷+低起伏度+白云岩	97.74	6	1 294.56	35	155.72	5	282.98	21
岩溶槽谷+中起伏度+白云岩	87.42	5	1 993.65	41	557.5	11	39.32	2
岩溶槽谷+高起伏度+白云岩			492.55	11	89.04	2	14.8	2
峰丛洼地+中起伏度+石灰岩	1 019.25	22	2 025.12	45	2 331.71	48	303.25	13
峰丛洼地+低起伏度+石灰岩	702.18	23	2 130.7	51	1 975.67	54	331.2	19
峰丛洼地+高起伏度+石灰岩	288.99	6	1 525.49	24	472.52	8	229.99	3
峰丛洼地+高起伏度+复合碳酸盐岩	83.08	1	84.6	1	742.5	10		
峰丛洼地+低起伏度+白云岩	66.67	1	300.02	7	560.96	12	16.46	1

小流域类型	富水流域		亏水流域		严重缺水流域		盈水流域	
	面积/km²	数量/个	面积/km²	数量/个	面积/km²	数量/个	面积/km²	数量/个
峰丛洼地+中起伏度+复合碳酸盐岩	27.55	1	433.96	10	495.55	11	124.99	3
峰丛洼地+中起伏度+白云岩			130.49	3	454.1	10		
峰丛洼地+高起伏度+白云岩					117.53	1		
峰丛洼地+低起伏度+复合碳酸盐岩			57.74	2	477.67	8	40.1	1
非喀斯特地貌+中起伏度+石灰岩	410.53	7	292.31	5			40.25	1
非喀斯特地貌+低起伏度+石灰岩	131.88	5	306.66	7			206.82	9
非喀斯特地貌+中起伏度+复合碳酸盐岩	71.8	2	85.37	1			105.72	2
非喀斯特地貌+中起伏度+白云岩							22.84	1
非喀斯特地貌+高起伏度+石灰岩							71.13	2
非喀斯特地貌+低起伏度+复合碳酸盐岩	15.42	1	62.57	2				

附表 11　各类型喀斯特小流域土壤赋存

小流域类型	富土		缺土		严重缺土	
	面积/km²	数量/个	面积/km²	数量/个	面积/km²	数量/个
峰丛洼地+低起伏度+白云岩	315.61	9	325.44	6	303.06	6
峰丛洼地+低起伏度+复合碳酸盐岩	297.93	5	227.98	4	49.6	2
峰丛洼地+低起伏度+石灰岩	1 779.9	53	1 651.56	41	1 708.29	53
峰丛洼地+高起伏度+白云岩					117.53	1
峰丛洼地+高起伏度+复合碳酸盐岩			287.52	5	622.66	7
峰丛洼地+高起伏度+石灰岩	809.56	11	1 236.49	19	470.94	11
峰丛洼地+中起伏度+白云岩	101.75	2	247.48	5	235.36	6
峰丛洼地+中起伏度+复合碳酸盐岩	302.88	6	292.27	8	486.9	11
峰丛洼地+中起伏度+石灰岩	895.19	22	2 022.48	43	2 761.66	63
岩溶槽谷+低起伏度+白云岩	1 112.12	39	377.24	14	341.64	14
岩溶槽谷+低起伏度+复合碳酸盐岩	1 721.48	47	1 183.61	30	216.69	11
岩溶槽谷+低起伏度+石灰岩	549.59	20	1 296.25	41	311.67	19

续表

小流域类型	富土		缺土		严重缺土	
	面积/km²	数量/个	面积/km²	数量/个	面积/km²	数量/个
岩溶槽谷+高起伏度+白云岩	25.74	2	249.83	5	320.82	8
岩溶槽谷+高起伏度+复合碳酸盐岩	1 036.01	14	4 242.88	56	1 542.75	28
岩溶槽谷+高起伏度+石灰岩	1 457.25	30	3 639.88	67	1 520.44	32
岩溶槽谷+中起伏度+白云岩	950.74	21	1 161.62	25	565.53	13
岩溶槽谷+中起伏度+复合碳酸盐岩	3 797.65	70	5 556.72	114	1 730.38	43
岩溶槽谷+中起伏度+石灰岩	2 179.98	56	3 089.62	72	1 987.36	52
岩溶断陷盆地+低起伏度+白云岩	60.8	3	91.97	2		
岩溶断陷盆地+低起伏度+复合碳酸盐岩	215.98	5	33.77	1	179.91	3
岩溶断陷盆地+低起伏度+石灰岩	40.43	2	128.51	4	124.68	5
岩溶断陷盆地+高起伏度+复合碳酸盐岩			259.64	2	184.95	2
岩溶断陷盆地+高起伏度+石灰岩	59.84	1	684.59	14	307.52	8
岩溶断陷盆地+中起伏度+白云岩			57.61	3		
岩溶断陷盆地+中起伏度+复合碳酸盐岩	450.71	8	969.13	18	134.27	3
岩溶断陷盆地+中起伏度+石灰岩	214.07	8	794.19	20	323.91	10
岩溶高原+低起伏度+白云岩	916.58	26	1 320.95	41	648.53	27
岩溶高原+低起伏度+复合碳酸盐岩	1 849.38	42	4 258.78	104	2 516.82	64
岩溶高原+低起伏度+石灰岩	2 984.13	79	5 359.01	144	3 175.86	89
岩溶高原+高起伏度+白云岩	77.76	2	92.66	3	92.3	2
岩溶高原+高起伏度+复合碳酸盐岩	46.03	1	994.11	17	1 047.79	13
岩溶高原+高起伏度+石灰岩	159.21	2	1 181.57	19	971.54	14
岩溶高原+中起伏度+白云岩	603.94	8	1 235.39	25	730.72	20
岩溶高原+中起伏度+复合碳酸盐岩	1 810.23	37	6 302.26	123	3 586.81	75
岩溶高原+中起伏度+石灰岩	1 255.22	31	5 758.75	108	4 869.31	106
岩溶峡谷+低起伏度+白云岩	3.46	1	37.62	2	38.05	4
岩溶峡谷+低起伏度+复合碳酸盐岩	715	14	336.75	8	63.61	2
岩溶峡谷+低起伏度+石灰岩	1 109.95	28	644.44	25	270.34	8
岩溶峡谷+高起伏度+白云岩			146.34	4	222	5
岩溶峡谷+高起伏度+复合碳酸盐岩	177.9	3	716.56	11	929.34	15

小流域类型	富土		缺土		严重缺土	
	面积/km²	数量/个	面积/km²	数量/个	面积/km²	数量/个
岩溶峡谷+高起伏度+石灰岩	613.46	14	3 080.02	51	1 313.3	27
岩溶峡谷+中起伏度+白云岩			72.45	3	185.27	5
岩溶峡谷+中起伏度+复合碳酸盐岩	332.44	7	1 634.24	30	1 310.9	31
岩溶峡谷+中起伏度+石灰岩	1 191.92	29	2 247.01	52	1 858.05	51

附表 12　不同类型喀斯特小流域生物量赋存状况

小流域类型	总生物量/10⁶t	生物量密度/(t/hm²)	小流域最大生物量密度/(t/hm²)	小流域最小生物量密度/(t/hm²)
峰丛洼地+低起伏度+白云岩	4.18	44.25	67.19	24.01
峰丛洼地+低起伏度+复合碳酸盐岩	2.08	36.12	59.44	16.80
峰丛洼地+低起伏度+石灰岩	21.15	41.14	88.98	19.26
峰丛洼地+高起伏度+白云岩	0.60	51.03	51.03	51.03
峰丛洼地+高起伏度+复合碳酸盐岩	4.40	48.32	85.99	34.88
峰丛洼地+高起伏度+石灰岩	10.66	42.37	63.63	23.24
峰丛洼地+中起伏度+白云岩	3.32	56.83	78.63	31.27
峰丛洼地+中起伏度+复合碳酸盐岩	5.13	47.42	77.20	26.34
峰丛洼地+中起伏度+石灰岩	27.13	47.77	88.30	19.20
岩溶槽谷+低起伏度+白云岩	7.80	42.58	78.59	17.82
岩溶槽谷+低起伏度+复合碳酸盐岩	12.17	38.97	67.32	17.97
岩溶槽谷+低起伏度+石灰岩	9.05	41.94	72.44	12.08
岩溶槽谷+高起伏度+白云岩	4.21	70.55	89.11	49.68
岩溶槽谷+高起伏度+复合碳酸盐岩	35.84	52.53	90.88	24.59
岩溶槽谷+高起伏度+石灰岩	32.80	49.56	83.30	16.71
岩溶槽谷+中起伏度+白云岩	13.93	52.02	82.26	17.87
岩溶槽谷+中起伏度+复合碳酸盐岩	57.36	51.74	83.82	16.95
岩溶槽谷+中起伏度+石灰岩	32.36	44.59	82.60	12.74
岩溶断陷盆地+低起伏度+白云岩	0.62	40.41	44.52	16.58
岩溶断陷盆地+低起伏度+复合碳酸盐岩	1.67	38.96	67.29	22.44
岩溶断陷盆地+低起伏度+石灰岩	1.42	48.53	58.16	32.26

小流域类型	总生物量/10⁶t	生物量密度/(t/hm²)	小流域最大生物量密度/(t/hm²)	小流域最小生物量密度/(t/hm²)
岩溶断陷盆地+高起伏度+复合碳酸盐岩	1.89	42.56	48.08	34.84
岩溶断陷盆地+高起伏度+石灰岩	5.27	50.05	67.57	35.40
岩溶断陷盆地+中起伏度+白云岩	0.20	33.99	51.70	29.09
岩溶断陷盆地+中起伏度+复合碳酸盐岩	6.32	40.65	54.51	29.53
岩溶断陷盆地+中起伏度+石灰岩	6.28	47.16	70.64	25.88
岩溶高原+低起伏度+白云岩	9.60	33.26	71.77	2.96
岩溶高原+低起伏度+复合碳酸盐岩	35.86	41.58	83.20	6.08
岩溶高原+低起伏度+石灰岩	53.74	46.66	96.85	12.43
岩溶高原+高起伏度+白云岩	2.18	83.09	88.19	77.66
岩溶高原+高起伏度+复合碳酸盐岩	12.68	60.71	96.44	24.21
岩溶高原+高起伏度+石灰岩	13.19	57.05	76.53	21.68
岩溶高原+中起伏度+白云岩	14.25	55.45	98.29	27.52
岩溶高原+中起伏度+复合碳酸盐岩	62.42	53.35	101.20	21.95
岩溶高原+中起伏度+石灰岩	65.97	55.51	105.58	14.84
岩溶峡谷+低起伏度+白云岩	0.23	29.04	55.52	21.41
岩溶峡谷+低起伏度+复合碳酸盐岩	4.03	36.10	60.73	11.90
岩溶峡谷+低起伏度+石灰岩	6.45	31.85	69.11	9.89
岩溶峡谷+高起伏度+白云岩	1.91	51.84	64.72	38.39
岩溶峡谷+高起伏度+复合碳酸盐岩	9.06	49.66	67.37	28.16
岩溶峡谷+高起伏度+石灰岩	22.64	45.23	93.83	12.53
岩溶峡谷+中起伏度+白云岩	1.20	46.56	61.55	23.85
岩溶峡谷+中起伏度+复合碳酸盐岩	14.20	43.31	92.33	22.25
岩溶峡谷+中起伏度+石灰岩	21.60	40.78	84.97	14.67
非喀斯特地貌+低起伏度+复合碳酸盐岩	0.30	39.00	43.54	31.13
非喀斯特地貌+低起伏度+石灰岩	2.46	38.18	57.56	24.83
非喀斯特地貌+高起伏度+石灰岩	0.44	61.18	61.46	60.67
非喀斯特地貌+中起伏度+白云岩	0.12	50.57	50.57	50.57
非喀斯特地貌+中起伏度+复合碳酸盐岩	1.59	60.32	94.82	43.12
非喀斯特地貌+中起伏度+石灰岩	3.54	47.64	73.00	28.13

附表 13　喀斯特小流域类型的坡耕地分布特征

小流域类型	面积/万亩	坡耕地占流域比例/%
峰丛洼地+低起伏度+白云岩	37.97	26.81
峰丛洼地+低起伏度+复合碳酸盐岩	24.04	27.85
峰丛洼地+低起伏度+石灰岩	121.03	15.70
峰丛洼地+高起伏度+白云岩	4.22	23.95
峰丛洼地+高起伏度+复合碳酸盐岩	37.48	27.45
峰丛洼地+高起伏度+石灰岩	59.54	15.77
峰丛洼地+中起伏度+白云岩	21.38	24.38
峰丛洼地+中起伏度+复合碳酸盐岩	44.55	27.45
峰丛洼地+中起伏度+石灰岩	119.43	14.02
岩溶槽谷+低起伏度+白云岩	49.62	18.07
岩溶槽谷+低起伏度+复合碳酸盐岩	104.61	22.34
岩溶槽谷+低起伏度+石灰岩	89.25	27.58
岩溶槽谷+高起伏度+白云岩	9.87	11.04
岩溶槽谷+高起伏度+复合碳酸盐岩	227.65	22.25
岩溶槽谷+高起伏度+石灰岩	246.17	24.80
岩溶槽谷+中起伏度+白云岩	72.01	17.93
岩溶槽谷+中起伏度+复合碳酸盐岩	343.51	20.66
岩溶槽谷+中起伏度+石灰岩	313.07	28.76
岩溶断陷盆地+低起伏度+白云岩	7.67	33.47
岩溶断陷盆地+低起伏度+复合碳酸盐岩	21.46	33.30
岩溶断陷盆地+低起伏度+石灰岩	12.59	28.58
岩溶断陷盆地+高起伏度+复合碳酸盐岩	23.25	34.87
岩溶断陷盆地+高起伏度+石灰岩	39.22	24.86
岩溶断陷盆地+中起伏度+白云岩	2.72	31.45
岩溶断陷盆地+中起伏度+复合碳酸盐岩	89.30	38.31
岩溶断陷盆地+中起伏度+石灰岩	58.84	29.45
岩溶高原+低起伏度+白云岩	111.29	25.71
岩溶高原+低起伏度+复合碳酸盐岩	397.33	30.71
岩溶高原+低起伏度+石灰岩	441.67	25.56
岩溶高原+高起伏度+白云岩	3.19	8.08
岩溶高原+高起伏度+复合碳酸盐岩	81.42	26.00
岩溶高原+高起伏度+石灰岩	75.99	21.91
岩溶高原+中起伏度+白云岩	96.73	25.09

续表

小流域类型	面积/万亩	坡耕地占流域比例/%
岩溶高原+中起伏度+复合碳酸盐岩	538.15	30.67
岩溶高原+中起伏度+石灰岩	466.70	26.18
岩溶峡谷+低起伏度+白云岩	3.96	33.35
岩溶峡谷+低起伏度+复合碳酸盐岩	62.65	37.45
岩溶峡谷+低起伏度+石灰岩	129.68	42.70
岩溶峡谷+高起伏度+白云岩	12.09	21.88
岩溶峡谷+高起伏度+复合碳酸盐岩	85.95	31.42
岩溶峡谷+高起伏度+石灰岩	224.43	29.88
岩溶峡谷+中起伏度+白云岩	13.88	35.91
岩溶峡谷+中起伏度+复合碳酸盐岩	167.63	34.10
岩溶峡谷+中起伏度+石灰岩	277.37	34.91
非喀斯特地貌+低起伏度+复合碳酸盐岩	2.10	17.95
非喀斯特地貌+低起伏度+石灰岩	12.07	12.47
非喀斯特地貌+高起伏度+石灰岩	0.04	0.36
非喀斯特地貌+中起伏度+白云岩	0.45	13.19
非喀斯特地貌+中起伏度+复合碳酸盐岩	3.94	9.98
非喀斯特地貌+中起伏度+石灰岩	15.75	14.13

附表 14　不同类型喀斯特小流域平均坝坡比　　　　单位:%

小流域类型	平均坝坡比
峰丛洼地+低起伏度+白云岩	26.37
峰丛洼地+低起伏度+复合碳酸盐岩	33.67
峰丛洼地+低起伏度+石灰岩	18.21
峰丛洼地+高起伏度+白云岩	10.62
峰丛洼地+高起伏度+复合碳酸盐岩	3.29
峰丛洼地+高起伏度+石灰岩	2.54
峰丛洼地+中起伏度+白云岩	7.35
峰丛洼地+中起伏度+复合碳酸盐岩	8.59
峰丛洼地+中起伏度+石灰岩	5.41
岩溶槽谷+低起伏度+白云岩	23.29
岩溶槽谷+低起伏度+复合碳酸盐岩	25.07
岩溶槽谷+低起伏度+石灰岩	19.56
岩溶槽谷+高起伏度+白云岩	1.70

续表

小流域类型	平均坝坡比
岩溶槽谷+高起伏度+复合碳酸盐岩	2.75
岩溶槽谷+高起伏度+石灰岩	3.13
岩溶槽谷+中起伏度+白云岩	8.45
岩溶槽谷+中起伏度+复合碳酸盐岩	7.23
岩溶槽谷+中起伏度+石灰岩	6.26
岩溶断陷盆地+低起伏度+白云岩	40.57
岩溶断陷盆地+低起伏度+复合碳酸盐岩	21.03
岩溶断陷盆地+低起伏度+石灰岩	10.31
岩溶断陷盆地+高起伏度+复合碳酸盐岩	6.06
岩溶断陷盆地+高起伏度+石灰岩	3.10
岩溶断陷盆地+中起伏度+白云岩	8.62
岩溶断陷盆地+中起伏度+复合碳酸盐岩	7.25
岩溶断陷盆地+中起伏度+石灰岩	4.72
岩溶高原+低起伏度+白云岩	35.58
岩溶高原+低起伏度+复合碳酸盐岩	27.24
岩溶高原+低起伏度+石灰岩	22.72
岩溶高原+高起伏度+白云岩	2.98
岩溶高原+高起伏度+复合碳酸盐岩	4.00
岩溶高原+高起伏度+石灰岩	3.04
岩溶高原+中起伏度+白云岩	10.74
岩溶高原+中起伏度+复合碳酸盐岩	8.82
岩溶高原+中起伏度+石灰岩	8.44
岩溶峡谷+低起伏度+白云岩	37.27
岩溶峡谷+低起伏度+复合碳酸盐岩	26.25
岩溶峡谷+低起伏度+石灰岩	22.23
岩溶峡谷+高起伏度+白云岩	4.37
岩溶峡谷+高起伏度+复合碳酸盐岩	3.35
岩溶峡谷+高起伏度+石灰岩	3.26
岩溶峡谷+中起伏度+白云岩	10.06
岩溶峡谷+中起伏度+复合碳酸盐岩	7.75
岩溶峡谷+中起伏度+石灰岩	7.27
非喀斯特地貌+低起伏度+复合碳酸盐岩	12.48
非喀斯特地貌+低起伏度+石灰岩	37.56

小流域类型	平均坝坡比
非喀斯特地貌+高起伏度+石灰岩	0.25
非喀斯特地貌+中起伏度+白云岩	4.58
非喀斯特地貌+中起伏度+复合碳酸盐岩	4.17
非喀斯特地貌+中起伏度+石灰岩	8.47

附表15 各类型喀斯特小流域土地利用综合程度指数

喀斯特小流域类型	平均值
峰丛洼地+低起伏度+白云岩	228.32
峰丛洼地+低起伏度+复合碳酸盐岩	222.78
峰丛洼地+低起伏度+石灰岩	199.85
峰丛洼地+高起伏度+白云岩	208.67
峰丛洼地+高起伏度+复合碳酸盐岩	209.14
峰丛洼地+高起伏度+石灰岩	185.07
峰丛洼地+中起伏度+白云岩	207.38
峰丛洼地+中起伏度+复合碳酸盐岩	210.53
峰丛洼地+中起伏度+石灰岩	190.34
岩溶槽谷+低起伏度+白云岩	206.14
岩溶槽谷+低起伏度+复合碳酸盐岩	212.27
岩溶槽谷+低起伏度+石灰岩	219.08
岩溶槽谷+高起伏度+白云岩	199.75
岩溶槽谷+高起伏度+复合碳酸盐岩	204.13
岩溶槽谷+高起伏度+石灰岩	203.10
岩溶槽谷+中起伏度+白云岩	198.58
岩溶槽谷+中起伏度+复合碳酸盐岩	204.68
岩溶槽谷+中起伏度+石灰岩	210.88
岩溶断陷盆地+低起伏度+白云岩	238.81
岩溶断陷盆地+低起伏度+复合碳酸盐岩	233.23
岩溶断陷盆地+低起伏度+石灰岩	218.61
岩溶断陷盆地+高起伏度+复合碳酸盐岩	229.46
岩溶断陷盆地+高起伏度+石灰岩	204.91
岩溶断陷盆地+中起伏度+白云岩	229.41
岩溶断陷盆地+中起伏度+复合碳酸盐岩	232.01

喀斯特小流域类型	平均值
岩溶断陷盆地+中起伏度+石灰岩	220.64
岩溶高原+低起伏度+白云岩	241.31
岩溶高原+低起伏度+复合碳酸盐岩	234.82
岩溶高原+低起伏度+石灰岩	222.17
岩溶高原+高起伏度+白云岩	195.68
岩溶高原+高起伏度+复合碳酸盐岩	211.65
岩溶高原+高起伏度+石灰岩	205.53
岩溶高原+中起伏度+白云岩	215.02
岩溶高原+中起伏度+复合碳酸盐岩	219.33
岩溶高原+中起伏度+石灰岩	213.65
岩溶峡谷+低起伏度+白云岩	241.21
岩溶峡谷+低起伏度+复合碳酸盐岩	232.15
岩溶峡谷+低起伏度+石灰岩	228.40
岩溶峡谷+高起伏度+白云岩	201.89
岩溶峡谷+高起伏度+复合碳酸盐岩	215.41
岩溶峡谷+高起伏度+石灰岩	205.76
岩溶峡谷+中起伏度+白云岩	221.86
岩溶峡谷+中起伏度+复合碳酸盐岩	214.14
岩溶峡谷+中起伏度+石灰岩	216.00
非喀斯特地貌+低起伏度+复合碳酸盐岩	203.51
非喀斯特地貌+低起伏度+石灰岩	216.21
非喀斯特地貌+高起伏度+石灰岩	173.25
非喀斯特地貌+中起伏度+白云岩	210.55
非喀斯特地貌+中起伏度+复合碳酸盐岩	201.78
非喀斯特地貌+中起伏度+石灰岩	209.58

附表 16　各类型喀斯特小流域人口分布特征

小流域类型	人口数/万人	平均人口数/万人	人口密度/(人/km²)
峰丛洼地+低起伏度+白云岩	37.28	1.78	395
峰丛洼地+低起伏度+复合碳酸盐岩	12.68	1.15	220
峰丛洼地+低起伏度+石灰岩	61.50	0.42	120

小流域类型	人口数/万人	平均人口数/万人	人口密度/（人/km²）
峰丛洼地+高起伏度+白云岩	2.07	2.07	176
峰丛洼地+高起伏度+复合碳酸盐岩	12.09	1.01	133
峰丛洼地+高起伏度+石灰岩	24.02	0.59	95
峰丛洼地+中起伏度+白云岩	8.15	0.63	139
峰丛洼地+中起伏度+复合碳酸盐岩	18.59	0.74	172
峰丛洼地+中起伏度+石灰岩	44.20	0.35	78
岩溶槽谷+低起伏度+白云岩	42.21	0.63	231
岩溶槽谷+低起伏度+复合碳酸盐岩	88.10	1.00	282
岩溶槽谷+低起伏度+石灰岩	48.43	0.61	224
岩溶槽谷+高起伏度+白云岩	4.08	0.27	68
岩溶槽谷+高起伏度+复合碳酸盐岩	86.69	0.88	127
岩溶槽谷+高起伏度+石灰岩	83.32	0.65	126
岩溶槽谷+中起伏度+白云岩	33.14	0.56	124
岩溶槽谷+中起伏度+复合碳酸盐岩	178.77	0.79	161
岩溶槽谷+中起伏度+石灰岩	144.19	0.80	199
岩溶断陷盆地+低起伏度+白云岩	2.75	0.55	180
岩溶断陷盆地+低起伏度+复合碳酸盐岩	8.97	1.00	209
岩溶断陷盆地+低起伏度+石灰岩	5.38	0.49	183
岩溶断陷盆地+高起伏度+复合碳酸盐岩	13.19	3.30	297
岩溶断陷盆地+高起伏度+石灰岩	15.71	0.68	149
岩溶断陷盆地+中起伏度+白云岩	2.43	0.81	422
岩溶断陷盆地+中起伏度+复合碳酸盐岩	46.99	1.62	302
岩溶断陷盆地+中起伏度+石灰岩	28.78	0.76	216
岩溶高原+低起伏度+白云岩	165.05	1.76	572
岩溶高原+低起伏度+复合碳酸盐岩	533.72	2.54	619
岩溶高原+低起伏度+石灰岩	285.29	0.91	248
岩溶高原+高起伏度+白云岩	1.71	0.24	65
岩溶高原+高起伏度+复合碳酸盐岩	41.82	1.35	200
岩溶高原+高起伏度+石灰岩	38.44	1.10	166
岩溶高原+中起伏度+白云岩	43.91	0.83	171
岩溶高原+中起伏度+复合碳酸盐岩	227.68	0.97	195
岩溶高原+中起伏度+石灰岩	230.35	0.94	194
岩溶峡谷+低起伏度+白云岩	4.20	0.60	531

小流域类型	人口数/万人	平均人口数/万人	人口密度/（人/km²）
岩溶峡谷+低起伏度+复合碳酸盐岩	38.87	1.62	349
岩溶峡谷+低起伏度+石灰岩	52.74	0.86	260
岩溶峡谷+高起伏度+白云岩	5.15	0.57	140
岩溶峡谷+高起伏度+复合碳酸盐岩	35.07	1.21	192
岩溶峡谷+高起伏度+石灰岩	81.40	0.88	163
岩溶峡谷+中起伏度+白云岩	6.54	0.82	254
岩溶峡谷+中起伏度+复合碳酸盐岩	86.10	1.27	263
岩溶峡谷+中起伏度+石灰岩	153.30	1.16	289
非喀斯特地貌+低起伏度+复合碳酸盐岩	0.84	0.28	108
非喀斯特地貌+低起伏度+石灰岩	8.54	0.41	132
非喀斯特地貌+高起伏度+石灰岩	0.17	0.08	23
非喀斯特地貌+中起伏度+白云岩	0.33	0.33	143
非喀斯特地貌+中起伏度+复合碳酸盐岩	1.87	0.37	71
非喀斯特地貌+中起伏度+石灰岩	14.09	1.08	190

附表17　各类型喀斯特小流域石漠化状况

岩性类型	总面积/万 hm²	石漠化土地比例/%	平均石漠化面积/10² hm²	平均石漠化程度指数
峰丛洼地+低起伏度+白云岩	4.22	44.65	20.07	3.83
峰丛洼地+低起伏度+复合碳酸盐岩	2.64	45.94	24.04	3.33
峰丛洼地+低起伏度+石灰岩	15.20	29.57	10.34	2.83
峰丛洼地+高起伏度+白云岩	0.40	34.11	40.09	3.34
峰丛洼地+高起伏度+复合碳酸盐岩	3.10	34.03	25.81	2.93
峰丛洼地+高起伏度+石灰岩	4.04	16.04	9.85	2.50
峰丛洼地+中起伏度+白云岩	3.05	52.11	23.43	3.94
峰丛洼地+中起伏度+复合碳酸盐岩	4.13	38.18	16.52	3.10
峰丛洼地+中起伏度+石灰岩	14.74	25.96	11.52	2.81
岩溶槽谷+低起伏度+白云岩	3.17	17.30	4.73	2.51
岩溶槽谷+低起伏度+复合碳酸盐岩	4.31	13.82	4.90	2.37
岩溶槽谷+低起伏度+石灰岩	2.90	13.44	3.62	2.34
岩溶槽谷+高起伏度+白云岩	0.35	5.95	2.36	2.15
岩溶槽谷+高起伏度+复合碳酸盐岩	8.60	12.60	8.77	2.31
岩溶槽谷+高起伏度+石灰岩	10.11	15.27	7.84	2.34

岩性类型	总面积/万 hm²	石漠化土地比例/%	平均石漠化面积/10² hm²	平均石漠化程度指数
岩溶槽谷+中起伏度+白云岩	3.96	14.77	6.71	2.36
岩溶槽谷+中起伏度+复合碳酸盐岩	12.62	11.38	5.56	2.31
岩溶槽谷+中起伏度+石灰岩	12.12	16.70	6.73	2.40
岩溶断陷盆地+低起伏度+白云岩	0.72	46.99	14.36	3.69
岩溶断陷盆地+低起伏度+复合碳酸盐岩	1.21	28.24	13.48	2.67
岩溶断陷盆地+低起伏度+石灰岩	0.93	31.60	8.43	2.98
岩溶断陷盆地+高起伏度+复合碳酸盐岩	0.74	16.63	18.48	2.46
岩溶断陷盆地+高起伏度+石灰岩	3.40	32.34	14.79	3.44
岩溶断陷盆地+中起伏度+白云岩	0.29	50.42	9.68	3.72
岩溶断陷盆地+中起伏度+复合碳酸盐岩	3.52	22.66	12.14	2.66
岩溶断陷盆地+中起伏度+石灰岩	3.65	27.39	9.60	2.85
岩溶高原+低起伏度+白云岩	6.93	24.02	7.38	2.70
岩溶高原+低起伏度+复合碳酸盐岩	16.30	18.90	7.76	2.46
岩溶高原+低起伏度+石灰岩	33.15	28.78	10.63	2.76
岩溶高原+高起伏度+白云岩	0.39	14.69	5.51	2.30
岩溶高原+高起伏度+复合碳酸盐岩	3.59	17.19	11.58	2.50
岩溶高原+高起伏度+石灰岩	5.55	24.01	15.86	2.64
岩溶高原+中起伏度+白云岩	4.36	16.96	8.22	2.47
岩溶高原+中起伏度+复合碳酸盐岩	22.60	19.32	9.62	2.49
岩溶高原+中起伏度+石灰岩	31.51	26.52	12.86	2.71
岩溶峡谷+低起伏度+白云岩	0.35	44.37	5.02	3.86
岩溶峡谷+低起伏度+复合碳酸盐岩	3.28	29.39	13.66	2.87
岩溶峡谷+低起伏度+石灰岩	4.49	22.18	7.36	2.76
岩溶峡谷+高起伏度+白云岩	2.54	69.05	28.26	4.24
岩溶峡谷+高起伏度+复合碳酸盐岩	4.84	26.52	16.68	2.79
岩溶峡谷+高起伏度+石灰岩	13.50	26.97	14.67	2.85
岩溶峡谷+中起伏度+白云岩	1.66	64.45	20.76	4.28
岩溶峡谷+中起伏度+复合碳酸盐岩	7.58	23.13	11.15	2.73
岩溶峡谷+中起伏度+石灰岩	12.79	24.14	9.69	2.75
非喀斯特地貌+低起伏度+复合碳酸盐岩	0.03	3.81	0.99	2.08

岩性类型	总面积/ 万 hm²	石漠化土地 比例/%	平均石漠化 面积/10²hm²	平均石漠化 程度指数
非喀斯特地貌+低起伏度+石灰岩	0.11	1.72	0.53	2.07
非喀斯特地貌+高起伏度+石灰岩	0.04	5.08	1.81	2.09
非喀斯特地貌+中起伏度+白云岩	0.001	0.51	0.12	2.01
非喀斯特地貌+中起伏度+复合碳酸盐岩	0.15	5.87	3.09	2.13
非喀斯特地貌+中起伏度+石灰岩	0.07	0.90	0.51	2.02

附表18　主要喀斯特小流域代表性统计

序号	主要代表性小流域	代表的关键脆弱性相似的小流域类型	代表流域总 面积/万 km²
1	岩溶槽谷+中起伏度 +石灰岩	岩溶槽谷+高起伏度+石灰岩、岩溶槽谷+高起伏度+复合碳酸盐岩、岩溶槽谷+中起伏度+复合碳酸盐岩、岩溶槽谷+中起伏度+白云岩、岩溶高原+中起伏度+石灰岩、岩溶高原+中起伏度+复合碳酸盐岩、岩溶高原+中起伏度+白云岩、岩溶高原+高起伏度+石灰岩、岩溶高原+高起伏度+复合碳酸盐岩、岩溶峡谷+高起伏度+石灰岩、岩溶峡谷+中起伏度+石灰岩、岩溶峡谷+高起伏度+复合碳酸盐岩、岩溶峡谷+中起伏度+复合碳酸盐岩、岩溶断陷盆地+低起伏度+石灰岩、峰丛洼地+中起伏度+复合碳酸盐岩、岩溶断陷盆地+中起伏度+石灰岩	8.31
2	峰丛洼地+中起伏度 +石灰岩	峰丛洼地+低起伏度+石灰岩、峰丛洼地+高起伏度+石灰岩	1.33
3	峰丛洼地+低起伏度 +白云岩	岩溶断陷盆地+中起伏度+白云岩	0.1
4	岩溶断陷盆地+中起 伏度+复合碳酸盐岩	岩溶断陷盆地+高起伏度+复合碳酸盐岩、岩溶峡谷+低起伏度+复合碳酸盐岩、岩溶峡谷+低起伏度+石灰岩、岩溶断陷盆地+低起伏度+复合碳酸盐岩	0.56
5	岩溶峡谷+中起伏度 +白云岩		0.03
6	岩溶高原+低起伏度 +白云岩	岩溶高原+低起伏度+复合碳酸盐岩	1.15
7	岩溶高原+低起伏度 +石灰岩	岩溶槽谷+低起伏度+石灰岩、岩溶槽谷+低起伏度+复合碳酸盐岩、岩溶槽谷+低起伏度+白云岩	1.86
8	岩溶峡谷+高起伏度 +白云岩	岩溶断陷盆地+高起伏度+石灰岩、峰丛洼地+中起伏度+白云岩	0.2
合计			13.54

附表19 主要类型喀斯特小流域关键脆弱性特征

关键脆弱性	指标	单位	峰丛洼地+低起伏度+白云岩	峰丛洼地+中起伏度+石灰岩	岩溶槽谷+中起伏度+石灰岩	岩溶断陷盆地+中起伏度+复合碳酸盐岩	岩溶高原+低起伏度+白云岩	岩溶高原+低起伏度+石灰岩	岩溶峡谷+高起伏度+白云岩	岩溶峡谷+中起伏度+白云岩
地表水赋存状况	河网丰度		0.44	0.57	0.58	0.59	0.77	0.66	0.45	0.49
	富水流域	个	1	22	18	4	11	43	1	0
	亏水流域	个	7	45	105	19	56	123	3	6
	严重缺水流域	个	12	48	47	5	13	96	5	2
	盈水流域	个	1	13	10	1	14	50	0	0
土壤赋存状况	富土	个	9	22	56	8	26	79	0	0
	缺土	个	6	43	72	18	41	144	4	3
	严重缺土	个	6	63	52	3	27	89	5	5
植被赋存状况	生物量密度	t·hm^{-2}	43.15	48.17	44.09	40.82	34.32	46.71	51.55	47.34
重要土地利用特征	坡耕地比例	%	28.94	14.30	28.76	39.38	26.78	26.18	22.86	36.59
	坝坡比		26.37	5.41	6.26	7.25	35.58	22.72	4.37	10.06
	土地利用综合程度指数		228.32	190.34	210.88	232.01	241.31	222.17	201.89	221.86
人地关系状况	人口密度	人·km^{-2}	352.86	83.43	193.20	313.07	718.99	295.24	154.33	219.25
	石漠化程度指数		3.83	2.81	2.40	2.66	2.70	2.76	4.24	4.28